甘肃省"十四五"职业教育省级规划教材建设项目

地理信息技术综合实训教程

主　编◎杨军义
副主编◎陈维林　管威虎
主　审◎刘宗波　陈冠臣

西南交通大学出版社
·成都·

图书在版编目（CIP）数据

地理信息技术综合实训教程 / 杨军义主编. -- 成都：西南交通大学出版社，2025.4. -- ISBN 978-7-5774-0191-1

Ⅰ．P208.2

中国国家版本馆 CIP 数据核字第 2024X2T528 号

Dili Xinxi Jishu Zonghe Shixun Jiaocheng
地理信息技术综合实训教程

	策划编辑 / 张　波
	责任编辑 / 姜锡伟
主　编 / 杨军义	助理编辑 / 赵思琪
	责任校对 / 左凌涛
	封面设计 / GT 工作室

西南交通大学出版社出版发行

（四川省成都市金牛区二环路北一段 111 号西南交通大学创新大厦 21 楼　610031）
营销部电话：028-87600564　　028-87600533
网址：https://www.xnjdcbs.com
印刷：成都中永印务有限责任公司

成品尺寸　185 mm×260 mm
印张　13.5　　字数　336 千
版次　2025 年 4 月第 1 版　　印次　2025 年 4 月第 1 次

书号　ISBN 978-7-5774-0191-1
定价　45.00 元
审图号：GS 川（2025）25 号

课件咨询电话：028-81435775
图书如有印装质量问题　本社负责退换
版权所有　盗版必究　举报电话：028-87600562

前　言

地理信息系统（Geographic Information System，GIS）是解决空间问题的工具、方法和技术。从学科的角度，GIS 是在地理学、地图学、测量学和计算机科学等学科的基础上发展起来的一门学科，具有独立的学科体系；从功能的角度，GIS 具有空间数据的获取、编辑、存储、显示、处理、分析、输出和应用等功能；从系统学的角度，GIS 具有完整的结构、技术、功能和应用，是一个综合性的科学研究和技术应用系统。

随着计算机技术、信息技术、空间技术、大数据挖掘技术及网络技术的发展，GIS 广泛应用于测绘工程、资源管理、城乡规划、灾害监测、交通运输、水利水电、环境保护及国防建设等多个领域，并深入地理信息的政府管理、行业生产、大众化应用等各个方面。在众多的 GIS 软件平台中，ArcGIS 地理信息系统平台是最具代表性的 GIS 软件平台之一。ArcGIS 凭借其多层次性、可扩展性、可编程性、开放性以及强大的空间分析功能强，已经成为提升高校、企业、政府科研与服务水平的重要工具。

本教材旨在改变传统实验教材功能讲解碎片化的不足，通过整合教学内容，实现教学内容项目化；以任务为驱动，实现课程结构模块化；注重实践操作，实现理论与实践教学一体化。本教材以 ArcGIS 10.8.2 为教学平台，设计了多个综合案例，每个案例从应用背景、基础知识、学习目标、案例数据、任务要求、操作步骤 6 个方面循序渐进讲解，充分体现了相应的知识要点与能力要求，重点培养学生解决实际地理空间问题的能力。

本教材由甘肃工业职业技术学院杨军义负责总体设计、分工与定稿，并负责编写项目一、项目二、项目三；甘肃工业职业技术学院陈维林负责编写项目四；三和数码测绘地理信息技术有限公司管威虎负责编写项目五。

本教材由兰州现代职业学院刘宗波教授与三和数码测绘地理信息技术有限公司陈冠臣正高级工程师共同主审。刘宗波教授系甘肃省领军人才、全国测绘地理信息教指委委员，在职业教育专业建设与课程研发方面经验丰富；陈冠臣正高级工程师作为中国百强地理信息企业负责人，在企业管理与技术应用方面成果显著。两位专家凭借深厚的理论积淀与丰富的实践经验，严格把关教材内容，确保其兼具科学性、专业性与实用性，既符合教学要求，又紧贴行业前沿，为教材质量提供了有力保障。

由于作者水平有限，书中难免存在疏漏之处，敬请读者批评指正。

编　者
2024 年 12 月

本书案例数据请扫码获取

目 录

项目 1　空间数据数字化采集与入库 - 1 -
　　任务 1-1　矢量化 - 1 -
　　任务 1-2　自动矢量化 - 14 -
　　任务 1-3　属性连接 - 23 -
　　任务 1-4　地籍数据入库及质量检查 - 29 -

项目 2　地图投影与坐标转换 - 38 -
　　任务 2-1　地图动态投影 - 38 -
　　任务 2-2　坐标转换 - 45 -

项目 3　空间分析 - 54 -
　　任务 3-1　粮食产量预测分析 - 54 -
　　任务 3-2　住房选址分析 - 60 -
　　任务 3-3　城市土地利用变更分析 - 72 -
　　任务 3-4　农作物生长适宜区分析 - 77 -
　　任务 3-5　基于交通网络模型的可达性分析 - 89 -
　　任务 3-6　基于泰森多边形的平均降雨量计算 - 99 -

项目 4　三维分析与可视化 - 104 -
　　任务 4-1　数据转换与 DEM 生成 - 104 -
　　任务 4-2　明暗等高线制作 - 122 -
　　任务 4-3　地形分析 - 131 -
　　任务 4-4　水文分析 - 147 -
　　任务 4-5　ArcScene 三维可视化 - 155 -

项目 5　地图制图 ·· - 163 -
　　任务 5-1　土地利用现状图制作 ·· - 163 -
　　任务 5-2　地形晕渲图制作 ·· - 177 -
　　任务 5-3　旅游资源分布图制作 ·· - 186 -

参考文献 ·· - 203 -

附　　录 ·· - 204 -
　　附录 A　ArcGIS 基本概念 ·· - 204 -
　　附录 B　ArcGIS 常用快捷键 ·· - 206 -
　　附录 C　ArcGIS 使用注意事项 ·· - 207 -

项目 1　空间数据数字化采集与入库

任务 1-1　矢量化

一、应用背景

矢量化是一种 GIS 数据采集与输入的重要手段，在科学研究和项目生产中有着广泛的应用。将栅格格式数据转换为矢量格式数据的过程称为矢量化。屏幕矢量化是利用 ArcGIS 或其他软件提供的工具通过屏幕对扫描后的栅格地图进行矢量化，其实质是以扫描地图作为底图，识别目标要素所在像素位置坐标，并将其转化为矢量数据。数据矢量化采集分为图形数据采集和属性数据采集。此外，在矢量化工作中还需按规范和需求组织数据的结构。数据组织的好坏将直接影响 GIS 系统的性能。数据组织就是按照一定的方式和规则对数据进行采集、处理、存储的过程。

二、基础知识

ArcGIS 中主要有 Shapefile、Coverage 和 Geodatabase 三种数据组织方式。Shapefile 由存储空间数据的 Shape 文件、存储属性数据的 dBase 表，以及存储空间数据与属性数据关系的 shx 文件组成；Coverage 的空间数据存储在一系列二进制文件中，属性数据和拓扑数据存储在 INFO 表中，目录合并了二进制文件和 INFO 表，成为 Coverage 要素类，在 ArcGIS 10.0 以上版本只支持对 Coverage 数据的显示，不能对该数据进行编辑操作；Geodatabase 是 ArcGIS 数据模型发展的第三代产物，它是面向对象的数据模型，能够表示要素的自然行为和要素之间的各种复杂关系，也是当前数据组织最为推荐的一种数据模型。

1. Shapefile 文件介绍

Shapefile 格式是 ArcGIS 比较早的一种矢量数据格式，一个数据只能是一种类型，即点层只能存放点数据，线层只能存放线数据，面层只能存放面数据。一个数据至少由以下 3 种文件组成：

（1）shp：用于存储要素几何的主文件，是必需文件。
（2）shx：用于存储要素几何索引的索引文件，是必需文件。
（3）dbf：用于存储要素属性信息的 dBase 表，是必需文件。

几何与属性是一对一的关系，这种关系基于记录编号。dBase 文件中的属性记录必须与主文件中的记录采用相同的顺序。各文件必须具有相同的文件名称，例如：roads.shp、roads.shx、roads.dbf。

在 ArcCatalog（或任何 ArcGIS 程序）中查看 Shapefile 时，仅能看到一个代表 Shapefile

的文件，但可以使用 Windows 资源管理器查看所有与 Shapefile 相关联的文件。复制 Shapefile 时，建议在 ArcCatalog 中或者使用地理处理工具执行该操作。如果在 ArcGIS 之外复制 Shapefile，要确保完全复制组成该 Shapefile 的所有文件，否则数据文件可能会出错。Shapefile 文件由多个文件组成，每个文件的数据量大小均被限制为 2 GB 以内。具体而言，"*.dbf"文件和"*.shp"文件均不得超过 2 GB，但所有组成文件的总大小可以超过 2 GB。

Shapefile 数据是一种常见的地理数据格式，几乎主流的 GIS 软件都支持该数据格式，是一种非常好的数据交换格式。但该数据存在以下缺点：

（1）Shapefile 数据能表达的几何数据简单，仅包含点、线、面、体；而地理数据库是仓库，可以存放点、线、面、体、注记、要素数据集、镶嵌数据集、网络、关系类、工具箱、地址定位器等丰富的几何类型和关系等。

（2）Shapefile 数据不支持注记和高级功能，如拓扑检查。

（3）Shapefile 数据字段名只有 10 个字，汉字只能在 3 个字以内（ArcGIS 10.0 以下版本，可以为 5 个汉字），文件最大为 2 GB。

（4）Shapefile 数据字段没有别名，地理数据库（如 MDB、GDB）数据字段有别名，要素类有别名。

（5）Shapefile 数据文件不支持圆弧、弧段和复杂曲线，把地理数据库中圆弧、弧段、复杂曲线导出成 shp 格式，图形面积和长度会有所变化。

基于以上 5 点可知道，Shapefile 数据的使用有一定的局限性，在使用该数据格式时要特别注意 Shapefile 数据自身的缺点，ArcGIS 建议采用 Geodatabase 格式替代 Shapefile 数据格式。使用者可根据实际情况确定使用数据的格式类型。

2. 地理数据库介绍

地理数据库是用于保存数据集的"容器"，主要有以下 3 种类型：

（1）文件地理数据库：在文件系统中以文件夹形式存储，每个数据集都以文件形式保存，整个数据库最多可扩展至 1 TB，单表记录超过 3 亿条记录，且性能极佳，建议使用地理数据库而不是个人地理数据库文件。文件夹扩展名为"*.gdb"，简称 GDB，是单机数据库的一种，可以跨平台使用，只支持一个用户编辑使用。

（2）个人地理数据库：所有的数据集都存储在 Microsoft Access 数据库文件中。该数据文件最大为 2 GB，但其实只适合存储小于 250 MB 的文件，且单表记录建议不要超过 10 万条记录。若文件大小超过 250 MB，针对数据的处理和分析性能将严重降低。该数据可直接使用微软 Office 的 Access 数据库管理软件打开浏览（只能在 Windows 平台上使用，不能跨平台）。文件的扩名为"*.mdb"，简称 MDB，是单机数据库，只支持一个用户编辑使用。

（3）ArcSDE 地理数据库：基于 ArcSDE 空间数据库引擎，将空间数据存储于 Oracle、Microsoft SQL Server、IBM DB2、IBM Informix 或 PostgreSQL 等关系数据库中。这些多用户地理数据库需要使用 ArcSDE，在数据量大小和并发用户数量方面没有限制。

综上，建议使用文件地理数据库，因为同样的数据放在 GDB 中的存储空间更小。GDB 支持的空间更大，速度更快，ArcGIS 对 GDB 的支持也更好。MDB 在更新字段时若出现错误，则只会提示出错但不会提示错误的原因，而 GDB 则会告诉用户哪个字段因为什么而出错。此外，ESRI 新发布的 64 位 ArcGIS Pro 桌面版平台已不支持 MDB 空间数据库。

3. 空间数据库建立的一般流程

建立地理数据库的第一步是设计地理数据库，包含地理要素类、要素数据集、非空间对象表、几何网络类、关系类及空间参考系统等。完成地理数据库的设计之后，就可以利用目录开始建立数据库，流程为：建立空的地理数据库→建立其组成项（包括建立关系表、要素类、要素数据集等）→向地理数据库各项加载数据。

（1）设计地理数据库。

地理数据库的设计是一个非常重要的过程，应根据项目的需要进行规划和反复设计。在设计地理数据库之前，必须考虑以下几个问题：在数据库中存储什么数据，数据存储采用什么投影，是否需要建立数据的修改规则，如何组织对象类和子类，是否需要在不同类型对象间维护特殊的关系，数据库中是否包含网络，数据库是否存储定制对象。分析完上述问题后，就可以开始地理数据库的建立工作。

（2）建立地理数据库。

借助 ArcCatalog 或者集成在 ArcMap 中的目录，可以采用以下 3 种方法来创建一个新的地理数据库。选择何种方法，取决于建立地理数据库的数据源是否在地理数据库中存放定制对象。实际操作中，经常联合几种或所有方法来创建地理数据库。

① 新建地理数据库：在某些情况下，可能会遇到没有任何可装载的数据，或者已经有的数据只能满足数据库的部分设计。这时，可以用 ArcCatalog 建立一个新的地理数据库。

② 移植已经存在的数据到地理数据库：对于已经存在的多种格式的数据（Shapefile、Coverage、INFO Table、dBase Tables、ArcStrom、Map LIBARISN、ArcSED 等），可以通过 ArcCatalog 来转换并输入到地理数据库中，并进一步定义数据库，包括建立几何网络（Geometric Networks）、子类型（Subtypes）、属性域（Attribute Domains）等。

③ 用 CASE 工具建立地理数据库：可以用 CASE 工具建立新的定制对象，或从 UML（Unified Modeling Language，一种标准的图形化建模语言，它是面向对象分析与设计的一种标准表示）图中产生地理数据库模式。

本任务着重介绍建立本地文件地理数据库的一般过程和方法，有关 CASE 工具建立地理数据库的部分及 ArcSDE 等内容可参考相关资料，在此不赘述。

（3）建立地理数据库的基本组成项。

一个地理数据库的基本组成项包括关系表、要素类、要素数据集。当数据库中建立了这 3 项，并加载了数据之后，一个简单的地理数据库就建成了。

（4）向地理数据库加载各项数据。

可以在 ArcGIS 中建立新的对象，或将已经存在的 Shapefile、Coverage、INFO Tables 和 dBaseTable 导入到地理数据库中。

（5）进一步定义地理数据库。

对于数据库中加载的数据，可以在适当的字段上建立索引，以提高查询效率。在建立了数据库的基本组成项后，还可进一步建立更高级的项，例如：空间要素的几何网络、空间要素或非空间要素类之间的关系类等。一个地理数据库只有定义了这些高级项，才能显示出 Geodatabase 在数据组织和应用上的强大优势。

4. 地理配准

通常会使用位于所需地图坐标系中的现有空间数据（参考图层，位置和空间参考正确的栅格或矢量数据）对空间参考缺失或错误的栅格数据进行地理配准。此过程包括识别一系列地面控制点，以将栅格数据集的位置与参考图层的位置连接起来。控制点在栅格数据集和参考图层中都可以精确识别定位的位置。控制点一般选择易于识别的位置，如道路或河流交叉点、小溪口、岩石露头、土地的堤坝尽头、已建成场地的一角、街道拐角或者两个灌木篱墙的交叉点等。控制点用于构建将栅格数据集从现有位置转移到空间正确位置的多项式变换，建立栅格数据集上的控制点（起点）与相应的对齐参考图层控制点（终点）之间的连接。

ArcGIS 提供了 3 种地理配准和空间校正的方法，具体见表 1-1-1。在实际应用中一般多使用仿射变换。需注意的是，仿射变换至少需要 3 个控制点，但一般要求 4 个点及以上，因为第 4 个点属于检核点，能计算出配准和校正的残差是否超限，而 3 个点无法计算残差。

表 1-1-1 校正变换方法对比

变换名称	最少位移连接数	功能	描述
仿射变换	≥3	缩放、旋转、平移、倾斜	可对数据进行不同程度的缩放、旋转、平移和倾斜变换
相似变换	≥2	缩放、旋转、平移	可对数据进行缩放、旋转和平移，但不会只对轴进行缩放，也不会产生任何倾斜。变换前后要素保持原有的横纵比
射影（投影）变换	≥4	缩放、旋转、平移、倾斜	变换前后共点、共线、相切、拐点以及切线的不连续性保持不变

三、学习目标

（1）掌握 ArcGIS 软件常用数据格式的类型和区别。
（2）掌握地理配准的过程。
（3）掌握空间数据建库和矢量化的一般流程。

四、案例数据

案例数据位于"…\任务 1-1 矢量化"文件夹，具体说明见表 1-1-2。

表 1-1-2 案例数据说明

名称	格式	坐标系	说明
校园平面图	*.jpg	—	矢量化底图

五、任务要求

1. 地理配准

要求对本任务案例中的某校园栅格地图进行地理配准，首先使用表 1-1-3 提供的特征点

（选取 4 个点以上）对图像进行地理配准，将配准后的数据导出（坐标系设置为"Xian_1980_3_Degree_GK_Zone_35"，分辨率设置为 0.2 m）。最后查看配准后的总残差是否小于 0.2 m，若大于 0.2 m 则说明配准的精度不够，需检查修改添加的控制点。

表 1-1-3　特征点

序号	位置	X	Y
1	1#实验楼西南角	35 574 195.857	3 826 700.904
2	2#教学楼东南角	35 574 375.639	3 826 672.728
3	办公楼西北角	35 574 460.623	3 826 611.345
4	学生餐饮中心东南角	35 574 729.819	3 826 486.369
5	1#住宅楼西北角	35 574 453.020	3 826 777.700
6	3#公寓楼西南角	35 574 201.658	3 826 570.899
7	体育文化中心东南角	35 574 521.249	3 826 551.823

2. 新建数据库和图层

新建一个地理数据库，在数据库里新建对应的图层和字段，图层坐标系设置为"Xian_1980_3_Degree_GK_Zone_35"，新建的图层和字段见表 1-1-4、表 1-1-5。

表 1-1-4　图层

序号	图层名	图层说明（别名）	要素类型
1	tree	树木	point
2	campus_bound	校园边界	polyline
3	road	道路中线	polyline
4	teach_building	教学楼	polygon
5	office_building	行政楼	polygon
6	residence	住宅楼	polygon
7	dormitory	宿舍楼	polygon
8	service_facilities	服务设施	polygon
9	vegetation	植被	polygon

要求以上部分图层，如 teach_building、office_building、residence、dormitory、service_facilities，需添加以下属性字段。

表 1-1-5　字段

序号	字段名	字段类型	字段长度	字段说明
1	FName	Text	40	建筑物名称
2	FStructure	Text	6	建筑物结构
3	FLayer	Short Integer	2	层数

3. 矢量化

基于配准的校园栅格地图分层矢量化校园地物，并完善属性值。

六、操作步骤

地理配准

1. 查看坐标

打开 ArcGIS，加载"××校园平面图.jpg"矢量化底图，查看右下角坐标，在 ArcGIS 软件中加载的栅格数据如果未配准，栅格数据左上角的坐标则为（0,0），坐标东西为 X 轴，南北为 Y 轴。向东移动鼠标发现 X 坐标为正数且数值变大，向南移动鼠标发现 Y 坐标为负数且数值变小。图 1-1-1 所示为未配准栅格数据坐标。

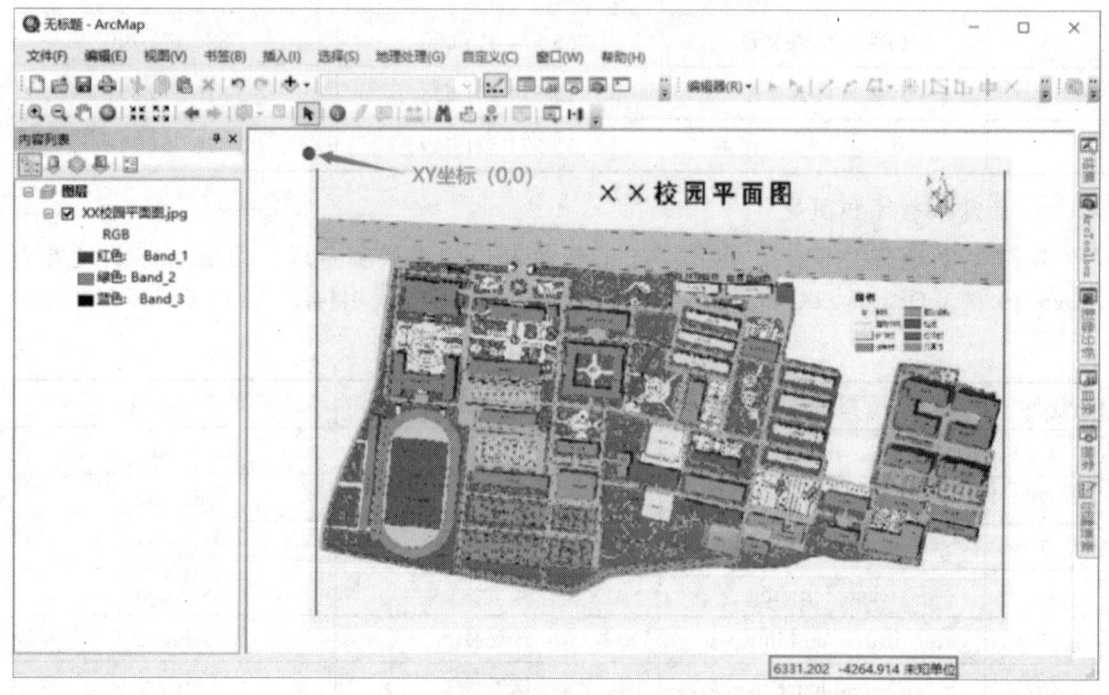

图 1-1-1 未配准栅格数据坐标

2. 地理配准

首先在工具栏空白处鼠标右键点击加载【地理配准】工具条，在表 1-1-3 特征点列表中选取 4 个特征点（注：特征点须分布在地图的四周，不宜集中在某一区域），接着在【地理配准】工具条上点击【添加控制点】，在矢量化底图上找到和特征点列表中对应的地物。找到对应的地物位置后，鼠标左键点击【添加控制点】（注：添加控制点时需把地图放大到能看到像素方格的尺度），紧接着鼠标右键点击【输入 X 和 Y】菜单，在弹出的对话框中输入该点对应的 X 坐标和 Y 坐标，点击【确定】。图 1-1-2 所示为添加控制点操作。以相同操作继续添加 3 个控制点。

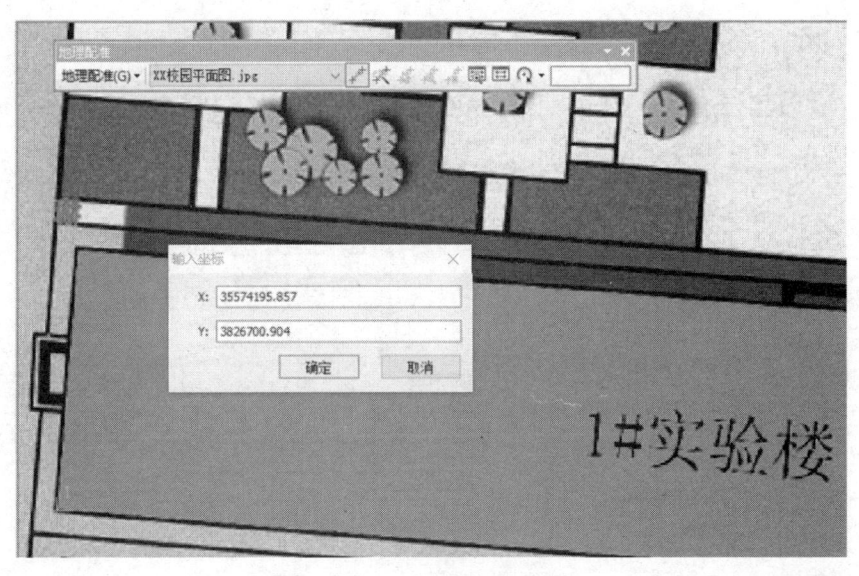

图 1-1-2　添加控制点操作

3. 查看链接表

点击【地图配准】工具条中【查看链接表】工具,打开链接表,查看配准结果,如图 1-1-3 所示。检查残差是否超限(一般误差不能大于 1 个像素的尺寸,本案例总残差要求小于 0.2 m),并删除残差较大的链接,重新添加满足精度要求的控制点,直至结果合格为止。

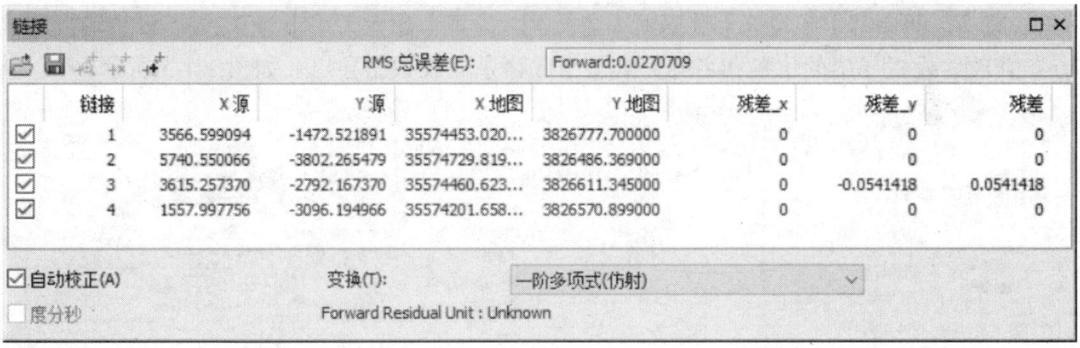

图 1-1-3　控制点链接表

4. 导出配准后的地图

上一步配准后的地图空间位置是临时性的,如需永久性地保存地图的空间位置还需导出地图。设置数据框的坐标步骤为:首先,鼠标右键点击【内容列表】的【图层】,在点击【属性】菜单后弹出【数据框 属性】面板;然后,依次点击【坐标系】→【投影坐标系】→【Gauss Kruger】→【Xian 1980】,选择"Xian_1980_3_Degree_GK_Zone_35";最后,点击【确定】完成数据框坐标的设置,如图 1-1-4 所示。这一步操作的目的是使导出的数据坐标和数据框保持一致。

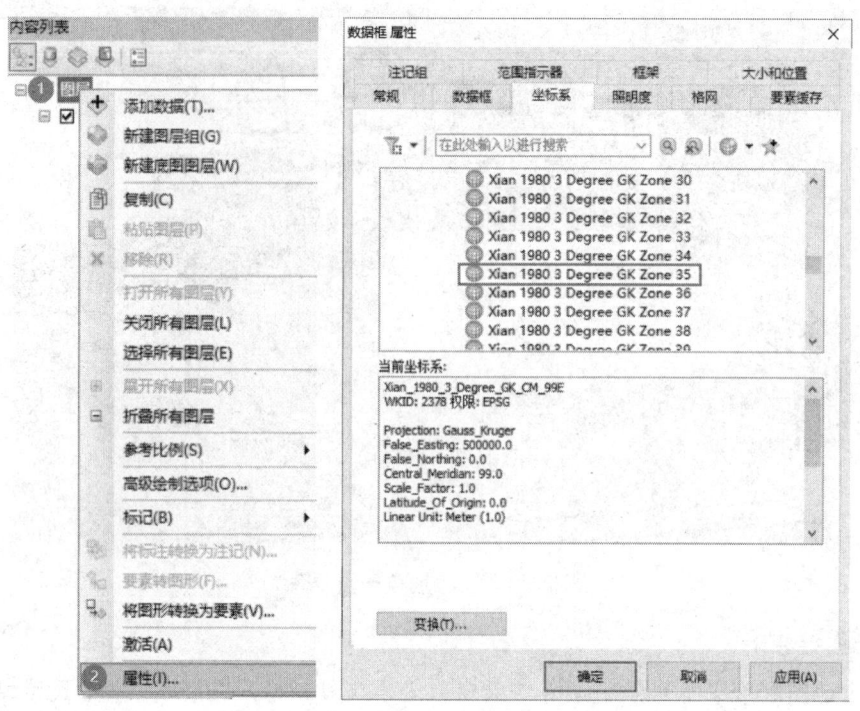

图 1-1-4　设置数据库坐标

鼠标右键点击配准后的图层,在弹出的菜单中依次选择【数据】→【导出数据】,弹出对话框,在【空间参考】中勾选【数据框(当前)】,设置【像元大小】为 0.2 m,设置输出格式为"TIFF",设置导出的位置和名称,点击【保存】完成数据导出,如图 1-1-5 所示。

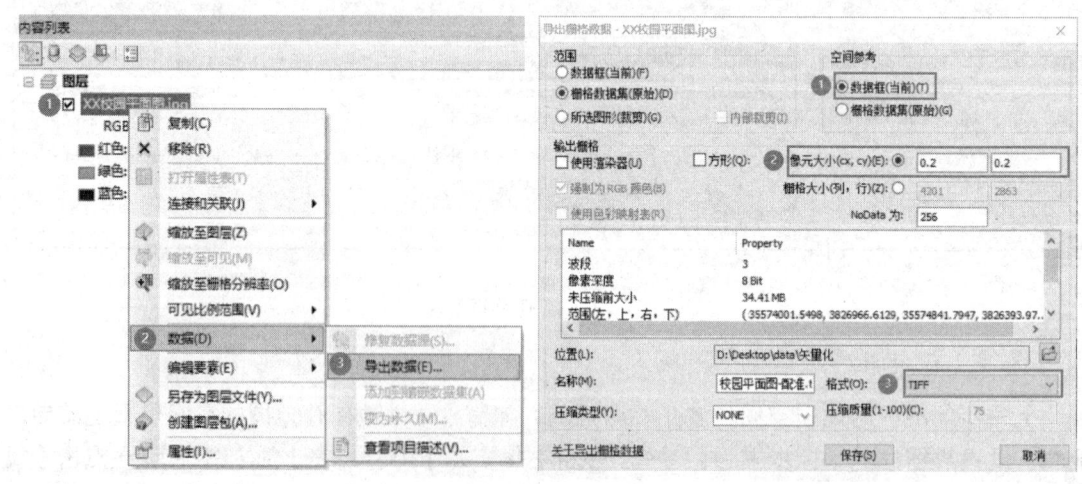

图 1-1-5　导出配准数据

查看导出的数据,发现有一个和导出的数据名称一样的*.tfw 或*.tfwx 文件,用记事本打开该文件,有 6 行记录,如图 1-1-6 所示。

第 1 行:影像 X 轴方向的分辨率。

第 2 行:影像按左上角 X 轴方向的旋转角度。

第3行：影像按左上角 Y 轴方向的旋转角度。

第4行：影像 Y 轴方向的分辨率，前面加一个负号，因为影像没有配准时，坐标原点（X=0，Y=0）在左上角，配准后原点在左下角。

第5行：影像左上角 X 坐标。

第6行：影像左上角 Y 坐标。

注：该*.tfw 文件不能丢失，否则栅格数据无法显示正确的坐标。

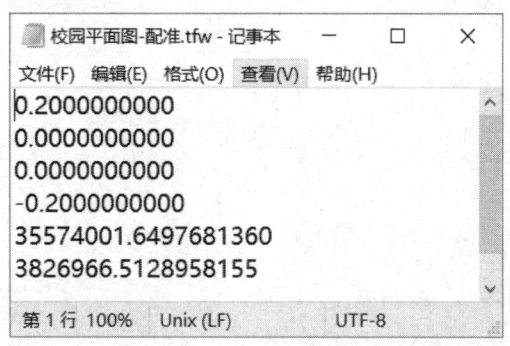

图 1-1-6　配准文件信息

5. 新建地理数据库

如图 1-1-7 所示，在 ArcCatalog 目录树中选择【矢量化】文件夹，依次选择【新建】→【文件地理数据库】，输入文件地理数据库的名称，如 "CampusData"，生成一个后缀名为*.gdb 的文件夹。这时，该数据库是不包含任何内容的空地理数据库。

建立数据库

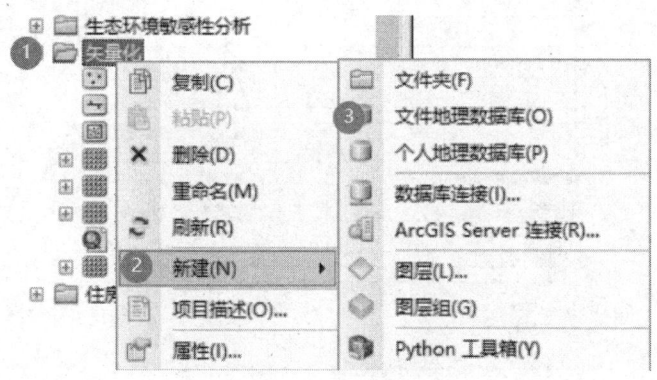

图 1-1-7　新建地理数据库

6. 新建图层和字段

在新建的数据库上，鼠标右键依次点击【新建】→【要素类】，打开【新建要素类】对话框，按表 1-1-4 要求的图层名称、图层说明、要素类型设置新建要素类的名称和参数，如图 1-1-8 所示。点击【下一页】，设置图层的坐标系为 "Xian_1980_3_Degree_GK_Zone_35"，如图 1-1-9 所示。点击【下一页】，设置 XY 容差为 0.001 m，这表示间距小于 1 mm 的点则认为坐标相同。

继续点击【下一页】到添加字段面板，按表 1-1-5 的要求添加和设置图层的字段名、字段类型、字段长度，如图 1-1-10 所示。以同样的方式新建其他图层和字段。

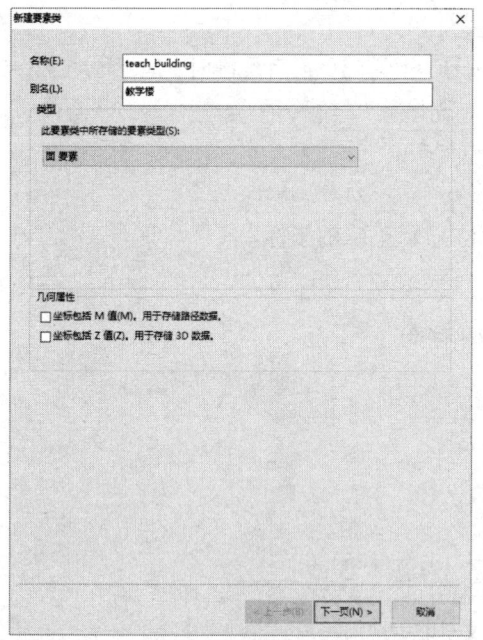
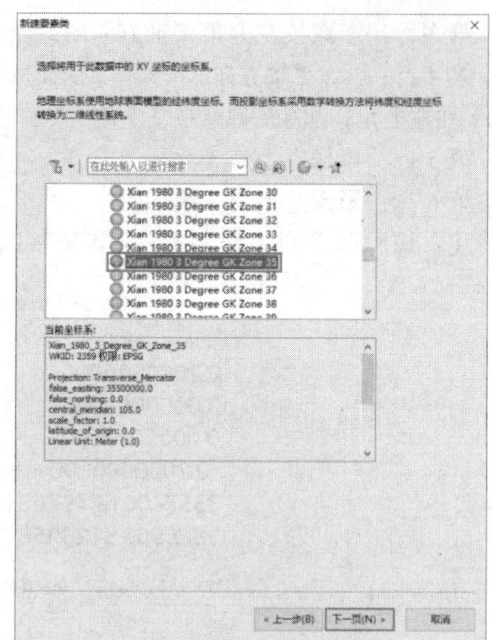

图 1-1-8　新建图层　　　　　　　图 1-1-9　设置图层坐标系

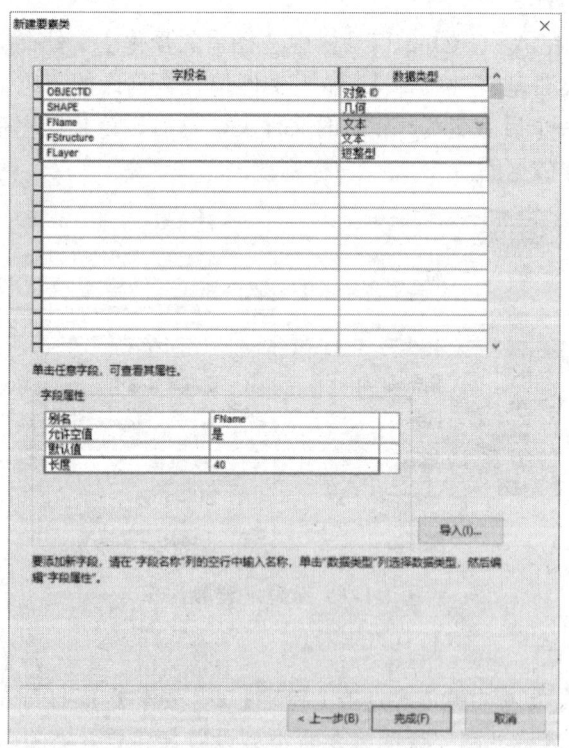

图 1-1-10　添加图层字段

7. 启动编辑

地图编辑操作需要在编辑会话中进行。在编辑会话期间，可以创建或修改矢量要素或属性表信息。进行编辑时，需要启动编辑会话，并在完成后结束编辑会话。编辑操作只针对单个 ArcGIS 数据框架中的单个工作空间，即不能同时编辑存储在多个文件夹或者数据库中的数据。编辑开始前，先检查 ArcGIS 主窗体中是否有【编辑器】工具条，若未显示【编辑器】工具条，则要添加【编辑器】工具条。添加编辑工具有以下 3 种方法：

（1）在工具栏中点击 【编辑器】工具条按钮，打开【编辑器】工具条。
（2）点击主菜单【自定义】→【工具条】→【编辑器】，打开【编辑器】工具条。
（3）在工具栏处点击鼠标右键，在弹出的菜单中点击【编辑器】菜单，打开【编辑器】工具条。

【编辑器】工具条如图 1-1-11 所示，每个功能按钮的名称及功能描述见表 1-1-6。

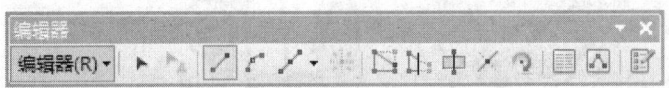

图 1-1-11　编辑器工具条

表 1-1-6　编辑器工具条详解

图标	名称	功能描述
编辑器(R)▼	编辑器	编辑命令菜单
▶	编辑工具	在编辑会话中选择并编辑要素
▶A	编辑注记工具	选择并编辑地理数据库注记要素
/	直线段	创建直线
⌒	端点弧段	创建圆弧工具，结束点在圆弧
⌒	弧段	创建圆弧工具，结束点在端点
/	中点	在线段的中点处创建点或折点
▱	追踪	通过追踪现有要素创建线段
∧	直角	绘制直角工具
⊘	距离-距离	在距其他两点的特定距离处创建点或折点
⊘	方向-距离	用已知点的方向和距离创建点或折点
✕	交叉点	在两条线的交叉处创建点或折点
⌒	正切曲线段	创建与前一线段相切的圆弧
⌒	贝塞尔曲线段	创建贝塞尔曲线要素
✳	点	向编辑草图添加点
▱	编辑折点	查看、选择及修改组成可编辑要素形状的折点和线段
▱	整形要素工具	通过在选定要素上构造草图整形线或面
▥	裁剪面工具	通过绘制线分割一个或多个选定的面要素
✕	分割工具	将选定的线要素分割为两个要素
↻	旋转工具	交互式或按角度测量值旋转所选要素
▮	属性	打开属性窗口
⌃	草图属性	打开编辑草图属性窗口
▱	创建要素	打开创建要素窗口

8. 创建图层要素（矢量化）

在编辑器工具条中，依次点击【编辑器】→【开始编辑】启动编辑会话，点击【创建要素】按钮，接着在打开的【创建要素】面板中选择要编辑的图层，然后在地图视图中根据矢量化栅格地图的轮廓绘制和编辑数据，如图 1-1-12 所示。以同样的方式按图层逐一矢量化需要采集的全部地物要素。

矢量化操作

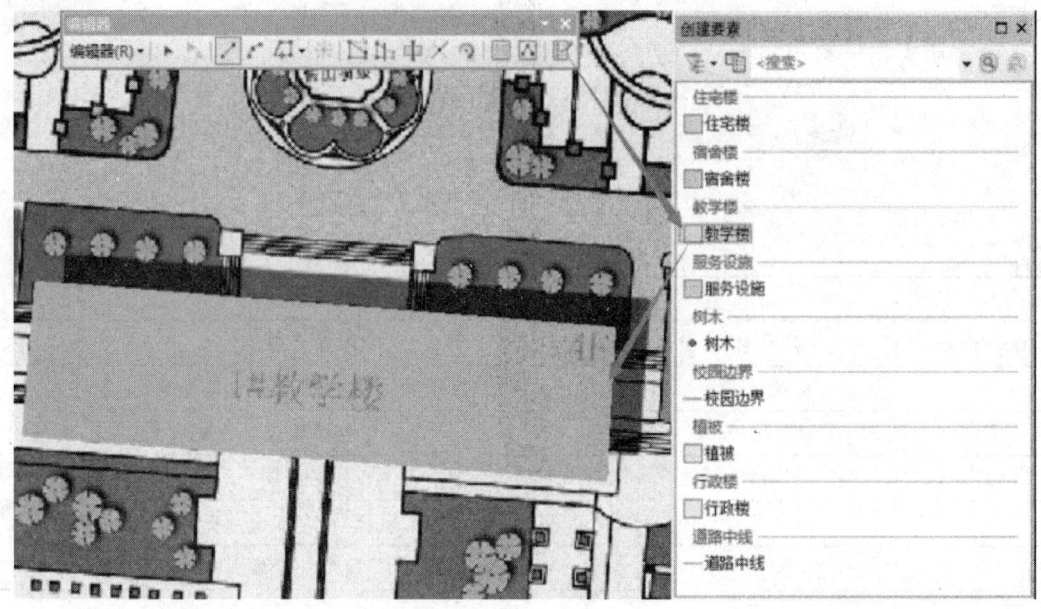

图 1-1-12　编辑要素

在编辑图层要素时还需打开【捕捉】工具，通过捕捉功能，在创建彼此连接的要素时可以使编辑操作更加精确、误差更小。开启捕捉后，鼠标指针靠近边、折点和其他几何元素时便会吸附和捕捉到这些元素，可以很容易地根据其他要素的位置定位要素。随着鼠标在地图中的移动，它将自动捕捉到点、端点、折点和边。在【编辑器】工具条中，依次点击【编辑器】→【捕捉】，弹出【捕捉】工具条，如图 1-1-13 所示。

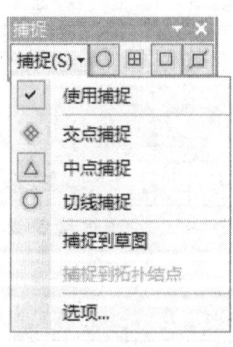

图 1-1-13　捕捉工具条

9. 编辑属性

属性编辑包括属性数据结构的编辑和属性内容的修改。其中，属性数据结构的编辑包括字段的新建与删除等；属性内容的修改包括修改单个要素的属性信息和批量修改同一要素类的多个要素的属性信息。

首先开启编辑状态，在【内容列表】窗口中，右键点击要编辑的图层，如“教学楼”，点击【打开属性表】，然后在目标要素对应的行记录中输入对应的内容，如图 1-1-14 所示。

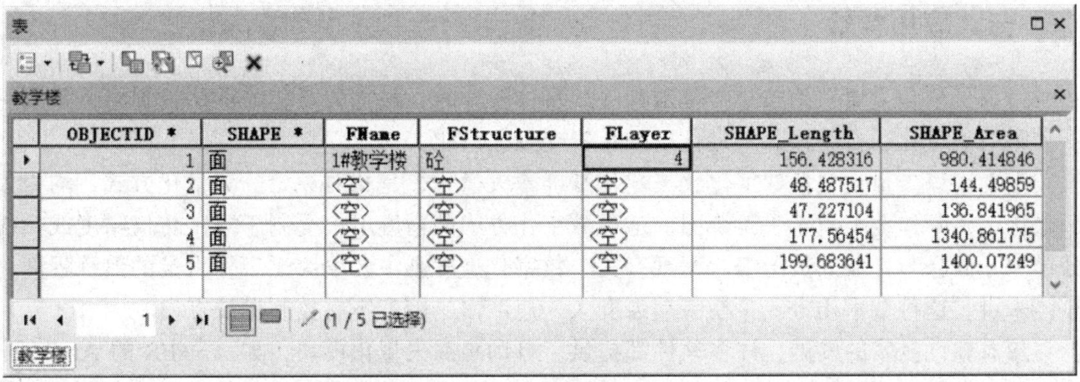
表

教学楼

	OBJECTID *	SHAPE *	FName	FStructure	FLayer	SHAPE_Length	SHAPE_Area
▸	1	面	1#教学楼	砼	4	156.428316	980.414846
	2	面	<空>	<空>	<空>	48.487517	144.49859
	3	面	<空>	<空>	<空>	47.227104	136.841965
	4	面	<空>	<空>	<空>	177.56454	1340.861775
	5	面	<空>	<空>	<空>	199.683641	1400.07249

1 (1 / 5 已选择)

教学楼

图 1-1-14　编辑属性表

10. 保存与停止编辑

当所有图层和字段内容编辑完成，或者需要停止工作时，依次点击【编辑器】→【保存编辑内容】→【停止编辑】。建议每隔几分钟就保存一次编辑，避免因出现断电或软件、系统崩溃等意外而造成编辑的数据丢失或损坏。

任务 1-2　自动矢量化

一、应用背景

目前矢量化主要采用扫描屏幕跟踪法。具体操作时，根据矢量化原图的情况可分别采用手动跟踪矢量化、自动跟踪矢量化以及人机交互矢量化。

手动跟踪矢量化包括数字化仪矢量化和屏幕矢量化，是相对原始的矢量化方式，均为人工操作，实际作业类似于手工绘图。这种数字化方式的精度不仅受制于数字化仪精度或扫描分辨率，而且与作业人员的细心程度有关，数字化速度则主要取决于工作人员的熟练程度。总体来讲，这种数字化方式存在劳动强度大、速度慢、精度不易控制等缺点。

随着软件技术的发展，许多软件都提供了自动跟踪矢量化模块，如 ArcGIS 的 ArcScan、RV2 的 Auto Tracing、CorelDraw 的 CorelTrace 等。自动跟踪矢量化在解放劳动力的同时，极大程度地减少了人为因素对数字化精度产生的影响。但目前的自动跟踪矢量化还称不上是全自动矢量化，这是因为计算机还不能很好地处理线划交叉（如道路与等高线、道路与道路）或虚断（如境界线的虚部、等高线注记压盖处）等问题，导致自动跟踪出错，其数字化的结果达不到实际要求，后续处理工作量往往非常大，有时甚至超过手动跟踪全过程。因此，自动跟踪矢量化方式的实用性受到较大的限制。

ArcScan 是指屏幕扫描矢量化，将扫描的图件进行屏幕跟踪，形成矢量化文件，是 GIS 矢量数据的主要生产方式之一。使用 ArcScan 可以达到半自动化跟踪目的，在减少工作量的同时又能保证一定的精度。ArcGIS 的 ArcScan 在大批量矢量化作业中有着较高的效率，可以极大地减轻工作量，利用最优化的方式从栅格数据中提取线性特征的中心线，以提高数字化的准确率，从而可以高效率地获得高质量的矢量数据。

二、基础知识

在自动矢量化之前，需要对栅格地图进行简单的预处理。栅格的预处理是为矢量化之前栅格数据的标准化做准备工作，其中涉及了影像二值化、清除噪点和不应矢量化的栅格元素。它还包括添加一些新要素或者填补孔洞和间距以改进输入数据，这将有助于矢量化工作的顺利完成。ArcScan 功能提供了执行上述工作的工具，这些工具在栅格清理菜单和栅格绘画工具栏中可以轻松找到。与此同时，ArcScan 还提供有关绘画、擦除单元以及导出到新栅格文件的功能。ArcScan 自动矢量化流程如图 1-2-1 所示。

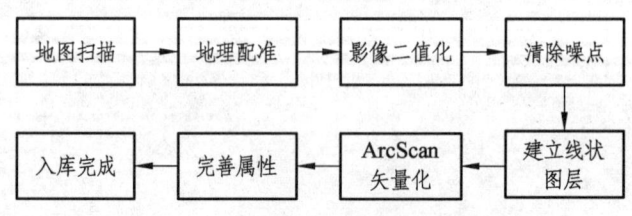

图 1-2-1　ArcScan 自动矢量化流程

1. 影像二值化

将需要矢量化的栅格图数据二值化是 ArcScan 使用的要点之一。这里的二值化，其实就是将栅格数据的符号化方案设置为两种颜色分类显示。可以通过 Photoshop 软件对栅格图像进行处理再导入 ArcGIS 软件进行重分类。如果栅格数据没有空间投影信息，数字化前要先进行地理坐标配准。

2. 清除噪点等无用信息

用于自动矢量化的原始数据往往都是纸质版地形图，里面的等高线等地物容易出现破损或折痕等现象，在扫描数字化后变成数字栅格图后，图面往往存在破损、污浊等干扰信息，所以需要对无用信息进行清理。ArcScan 模块中的【栅格清理】工具是移除无效栅格单元的最常见方法，主要利用【栅格绘画】工具栏上的【擦除】和【魔术橡皮擦】工具擦除一系列相连的像元，还可通过【像元选择】中的【选择相连像元】，批量选择部分像元后进行删除。在使用过程中，可能受到内存或者操作步数的影响，使得擦除工具有一定的次数限制，在擦除一定次数后需要及时保存清理结果。

3. ArcScan 数字化栅格

将多余像元清理干净后，接下来是数字化的核心步骤——ArcScan 数字化栅格。这一过程中，首先需要对矢量化参数进行设置，主要包括两部分内容：① 选择 ArcScan 模块中的【矢量化设置】功能，调整线宽、噪点级别、压缩容差、平滑权重等数值。② 选择 ArcScan 模块中的【矢量化选项】功能，调整矢量化方法，中心线或轮廓线。鉴于栅格图像质量的差异，上述两项设置往往需要经过多次试验，以达到最佳效果。最终，选择【矢量化—生成要素】功能键，达到数字化栅格处理目的。

三、学习目标

（1）掌握基于图幅图廓坐标的栅格影像地理配准方法。
（2）掌握栅格影像二值化处理步骤和方法。
（3）掌握 ArcScan 参数设置的含义以及 ArcScan 工作的流程。

四、案例数据

案例数据位于"…\任务 1-2 自动矢量化"文件夹，具体说明见表 1-2-1。

表 1-2-1　案例数据说明

名称	格式	坐标系	说明
识别制图	*.jpg	—	用于自动矢量化道路

五、任务要求

针对不同的矢量化栅格地图，ArcScan 的参数设置有一定差异，一般需通过实验和测试确定自动矢量化参数的设置。针对本案例，完成自动矢量化的要求如下：

（1）利用 Photoshop 对"识别制图.jpg"文件进行灰度设置和裁剪工作。

（2）对"识别制图.jpg"文件进行地理配准，校正文件输出成*.tif 格式。

（3）新建线图层文件，并设置坐标系参数。

（4）反复实验相关矢量化参数，对比不同参数的实验效果。

（5）矢量化以后，完成矢量化数据的分类，如行政界线、河流的区别。

六、操作步骤

1. 制作灰度图

扫描后的栅格影像需要进行灰度设置。设置成灰度格式有利于 ArcScan 地图识别。因此，在扫描后图片装入 ArcGIS 之前，利用 Photoshop 软件对文件"识别制图.jpg"进行灰度设置。

图像预处理

打开 Photoshop 软件，将扫描好的文件"识别制图.jpg"文件拖入软件中，在【图像】菜单栏下依次点击【模式】→【灰度】，在弹出的对框中选择【扔掉】，将彩色图片调整灰度图片，利用裁剪工具修改地图的范围，裁剪空边，最后保存名称为"识别制图-灰度.jpg"，如图 1-2-2 所示。

图 1-2-2 Photoshop 软件中设置扫描地图灰度格式

2. 地理配准

扫描后，栅格影像不具有数学基础，需在 ArcGIS 中利用【地理配准】工具进行校正。和任务 1-1 中的地理配准不同的是，该道路分布图没有已知的控制点坐标，但可以通过图廓的坐标格网得出，如地图左上角"十字"格网的坐标为"(500000, 3900000)"，如图 1-2-3 所示。同样的方式可分析得出其他"十字"格网的坐标，这样通过【地理配准】工具添加 4 个控制点坐标可完成地理配准，最后将配准好的栅格图导出，设置分辨率为 20 m，名称设置为"识别制图-灰度-已配准.tif"。导出过程可参照任务 1-1 中导出的配准数据操作。

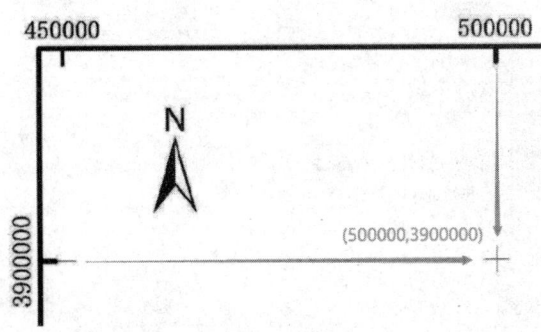

图 1-2-3 读取格网坐标值

将"识别制图-灰度-已配准.tif"文件定义坐标为"CGCS2000_3_Degree_GK_CM_105E"。在 ArcToolbox 工具箱中点击【定义投影】工具，在弹出的对话框中选择对应的投影坐标系。如图 1-2-4 所示。

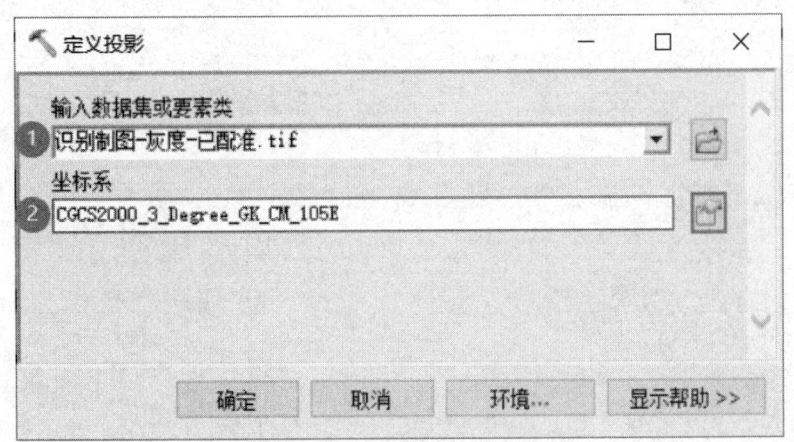

图 1-2-4 定义投影

3. 图像二值化

在 ArcGIS 文件中添加"识别制图-灰度-已配准.tif"栅格文件，在图层中右键该栅格图层选择【属性】，选择【符号系统】选项卡，在【显示】列表中选择【已分类】，【类别】设置为"2"，如图 1-2-5 所示。

ArcScan 矢量化操作

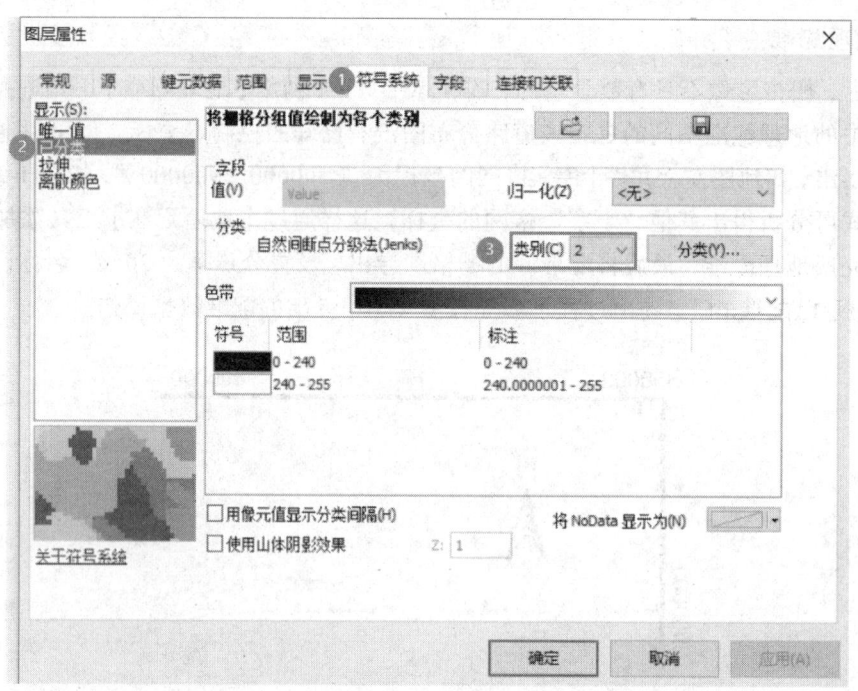

图 1-2-5 二值化设置

如默认分级的效果设置不理想，可点击【分类】按钮，进一步设置中断值的区间。【分类】可选择"手动""等间隔""定义的间隔""分位数""自然间断点分级法""几何间隔""标准差"等方法。为了达到较好的效果一般使用"手动"分类，如图 1-2-6 所示。

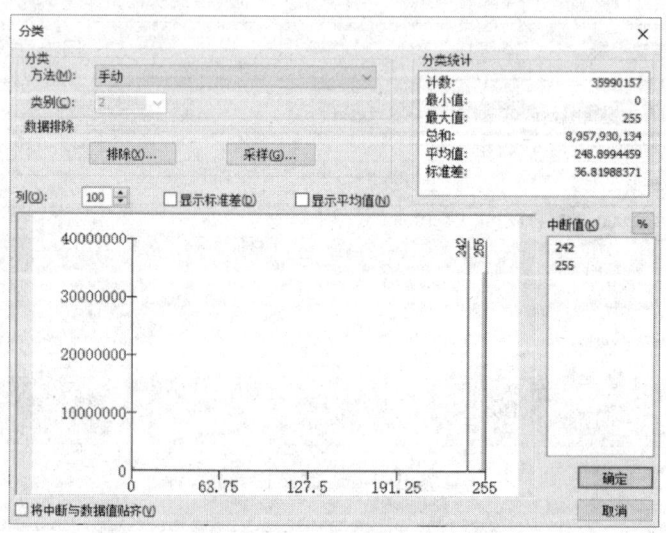

图 1-2-6 设置中断值

4. ArcScan 矢量化设置

（1）矢量化设置。

在使用 ArcScan 之前要确保 ArcScan 扩展模块被激活，在【自定义】菜单下的【扩展模块】勾选【ArcScan】模块，选中后 ArcScan 被激活。

在矢量化之前，首先新建一个名为"矢量化线.shp"的线状图层用来存储河流，并设置坐标为"CGCS2000_3_Degree_GK_CM_105E"，接着在【编辑器】工具条中点击【开始编辑】。这时【ArcScan】工具条中的工具被激活，依次点击【矢量化】→【矢量化设置】，在弹出对话框中设置相关参数，如图1-2-7所示，其中最大线宽度的值可通过【ArcScan】工具条上的【栅格线宽度】量测得到。

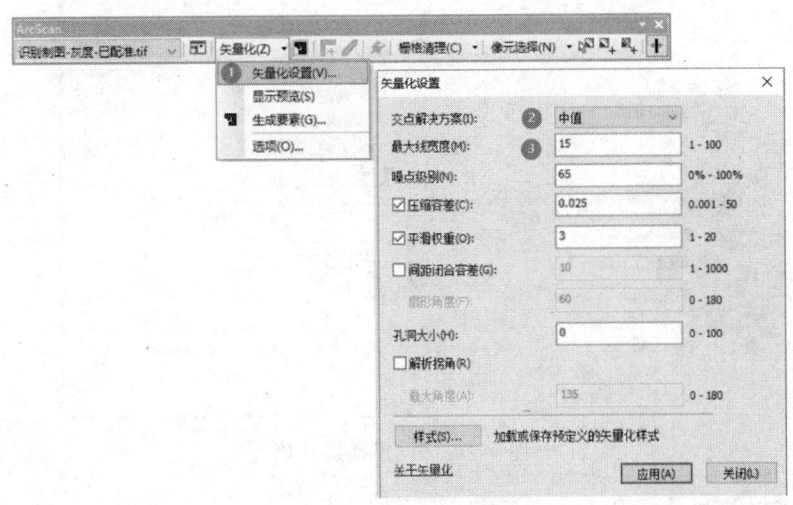

图1-2-7　矢量化参数设置

（2）捕捉环境设置。

ArcScan使用经典编辑捕捉环境，而不是捕捉工具栏中的设置。依次点击【编辑器】→【选项】，勾选【使用经典捕捉】开启经典捕捉，如图1-2-8所示。依次点击【编辑器】→【捕捉】，然后点击【捕捉窗口】，显示【捕捉环境】窗口，支持手动矢量化过程的栅格捕捉属性位于【捕捉环境】窗口中的【栅格】列表下，如图1-2-9所示。

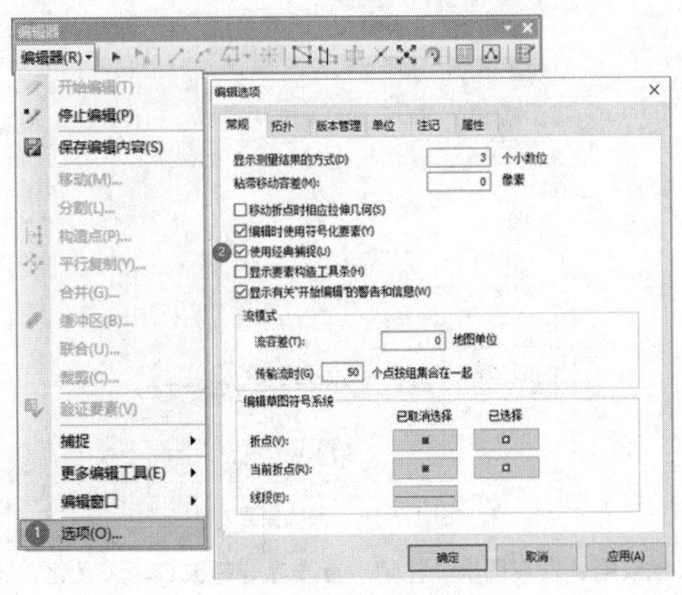

图1-2-8　开启经典捕捉

- 19 -

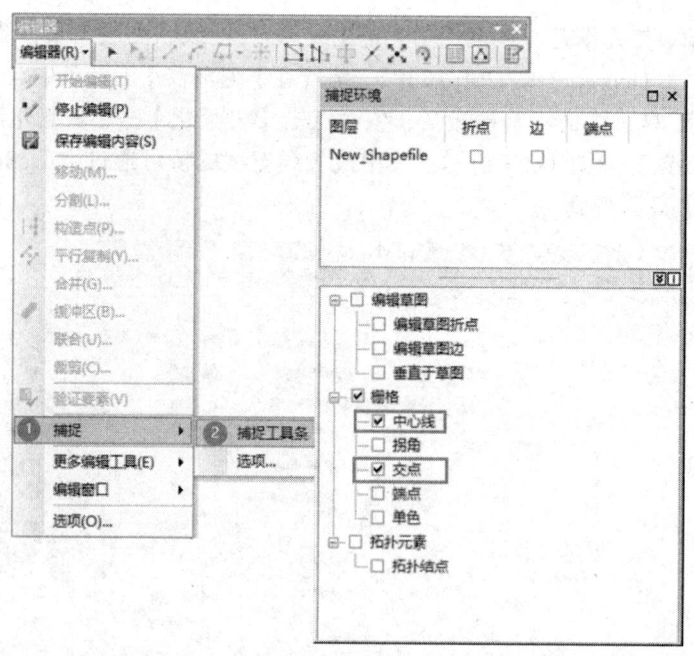

图 1-2-9　设置捕捉环境

5. ArcScan 矢量化操作

（1）全自动矢量化。

在编辑状态下，首先在【创建要素】面板里点击新建的【矢量化线】图层，接着在【ArcScan】点击工具条上的【显示预览】，可预览生成的结果数据。接着点击　【生成要素】，在弹出对话框中点击【确定】，完成全自动矢量化，如图 1-2-10 所示。

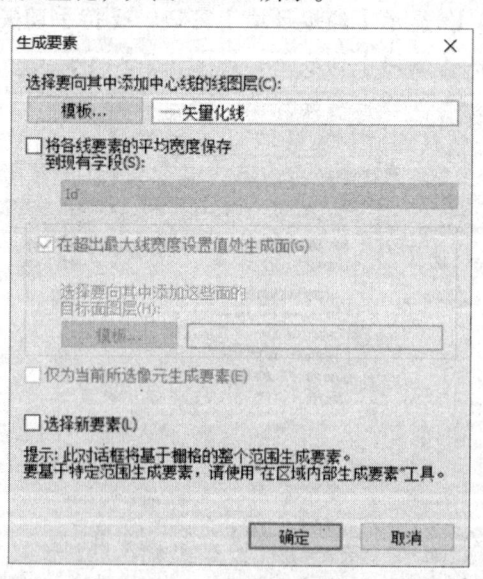

图 1-2-10　生成要素

检查生成的矢量数据，发现图廓、注记、行政界等都被自动矢量化，还需进一步删除和处理冗余数据，如图 1-2-11 所示。

图 1-2-11 全自动矢量化的成果

（2）半自动矢量化（交互式矢量化）。

对于图面信息复杂的栅格数据，如若采用全自动矢量化，对结果数据的删除、分类、清洗、整理工作量巨大，并不一定能提高矢量化工作的效率。因此，对于图面信息复杂的栅格数据采用半自动矢量化方法，即对规整的线条或区域采用自动化矢量采集，对于复杂的区域交由人工判断与矢量化采集。

在编辑状态下，首先在【创建要素】面板里点击【矢量化线】图层，接着点击【ArcScan】工具条上的 【矢量化追踪】，如图 1-2-12 所示。随后，移动鼠标到栅格地图的某一区域，然后点击鼠标开始矢量化追踪，如图 1-2-13 所示。

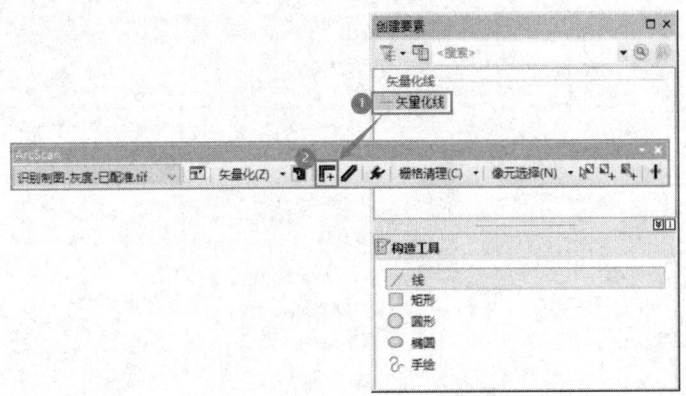

图 1-2-12 切换自动追踪矢量化

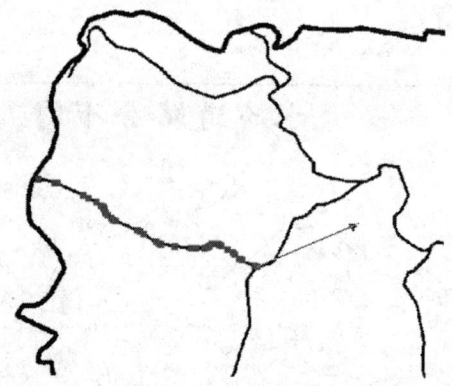

图1-2-13　自动追踪矢量化

当栅格图面复杂或线段中断时,需交由人工判断线条的走向,这时持续按下键盘上的"S"键,再点击矢量化,直到图面规整区域时,放开"S"键继续自动矢量化追踪。重复上述操作,直到所有要素矢量化完成,最后保存编辑完成任务,如图1-2-14所示。

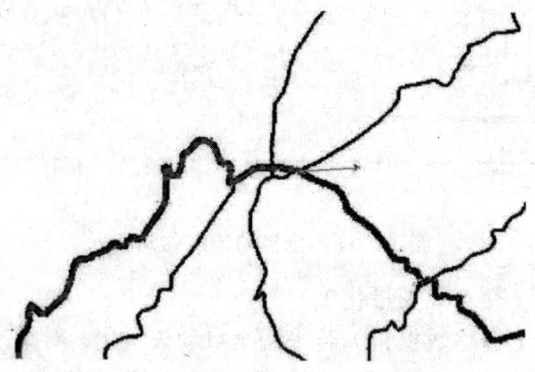

图1-2-14　按"S"键人工矢量化

任务 1-3 属性连接

 一、应用背景

ArcGIS 的属性连接,也称属性挂接,是基于一个共同字段,将两个数据表进行连接合并,可以是要素类与要素类的合并,也可以是表和要素类的合并。通过属性连接,将另外一个要素类或者表的信息与目标要素类进行合并,使用起来就像是一张表一样。如农业专家将土地利用数据与土壤类型、灌溉数据或气象数据结合起来,然后利用新增字段的属性信息进行查询、显示、分析等操作。

 二、基础知识

属性连接是基于关系型数据库的数据操作,是将数据快速导入数据库的一种方法。属性连接通常基于两个表的公共属性或字段将一个表的字段追加到另一个表中,可以选择基于属性或预定义的地理数据库关系类来定义连接,也可以按位置定义连接(也称作空间连接)。对于要连接的地理数据库数据,如果已在地理数据库中为其定义了一个关系类,将只列出基于关系类的连接,可将多个表或图层连接到一个表或图层,还可将关系类连接与属性连接混合使用。移除某个连接表时,同时会移除在该表之后所连接的表中的所有数据,但会保留之前所连接的表中的数据。移除连接后,基于追加列的符号系统或标注会恢复到默认状态。

1. 属性连接条件

属性连接的方式分为一对一和多对一、一对多和多对多的关系。

(1)一对一和多对一的关系。

在 ArcGIS 中连接表时,将在图层属性表和包含要连接的信息表之间建立一对一或多对一的关系。

(2)一对多和多对多的关系。

使用存在一对多或多对多关系的数据时,应使用关联或关系类来建立数据集之间的关系。但是,也可在这种情况下创建连接。在这种情况下创建连接时,会根据数据的来源、工具和其他特定图层设置的工作方式而存在差别。如果使用地理数据库数据创建连接,则返回所有匹配记录;如果使用 Shapefile 或 dBase 表等非数据库数据创建连接,则只返回第一条匹配记录。

如果使用地理数据库数据创建了一对多或多对多连接,则在生成的报表中可以看到多条记录,每个匹配项对应一条记录。在符号化连接图层、标注、识别要素、生成图表和使用"查找"或"超链接"工具时,如果使用连接字段可以看到多个匹配项。如果使用连接图层作为地理处理工具的输入或用在导出操作中,则将使用多条匹配记录。

2. 属性连接条件

ArcGIS 下使用属性连接功能的前提条件是进行匹配的字段类型须相同，且存在字段值相同的数据项。其中，字段类型相同是指两个表使用关联的字段都是数值型字段（不区分长整数、短整数和双精度）或字符串字段，不能将一个字符串字段和一个数值型字段连接一起。属性连接不会生成新表，只是通过连接字段，把另一个表字段临时性匹配在当前表后面（注：两个表之间只能建立一个连接，如果建立其他字段连接，需要先删除，删除后连接表字段就自动消失，连接只能通过一个字段）。数据连接相当于就是数据库中的视图（View），在物理层面是两个表，但是可作为一个表来使用。属性连接功能可以用于代码填名称、名称填代码、属性输入 Excel 录入等。因此，属性数据录入也可以通过在 Excel 表格录入后，通过属性连接功能进行挂接，但必须存在一个字段用于匹配和一一对应。如果要永久性匹配和合并表，则可在数据列表中通过导出对应的数据实现。

3. 连接 Excel 注意问题

（1）Excel 的格式须转换为 03 版的 *.xls 格式。

（2）在 ArcGIS 中打开 Excel 工作簿时，Excel 中所有内容均为只读。

（3）读取到的字段名称是从工作表中各列的首行中获取，字段名中不得含有空格或者特殊字符，否则该列数据内容将全部为空。如果在 ArcGIS 下看到 Excel 的工作表中某一列数据全部为空，其原因是字段名有空格；如果有其他特殊字符，则在 ArcMap 的字段顺序和 Excel 不一样。

（4）Excel 与标准数据库管理机制不一样，它不会在输入数据时，强制字段的类型。因此，在 Excel 中指定的字段类型对于在 ArcGIS 中显示的字段类型不起任何决定作用。ArcGIS 读取 Excel 文件表单中的字段类型是由该字段的前八行（除第一行为字段名外）值扫描决定的。如果在单个字段中扫描到混合数据类型，则该字段将以字符型字段的形式返回，并且其中的值将被转换为字符串。如果发现一列数据中存在很多空值，原因可能是字段的类型不对。解决方法是在第二行到第九行任意一行前面加半角的英文单引号"'"可以强制将该列变成字符串类型，这样即可正确地完成操作。

（5）在 ArcGIS 中，数值字段将被转换为双精度数据类型，即使如 1、2、3 等短整数，也不会定义成整数型。

（6）Excel 中文本类型字段的长度最长是 255，超过 255 自动截断，只取前 255 个字符。解决方法是将 Excel 表导入到 Access 数据库中，再连接对应的 MDB 中的表。

三、学习目标

（1）掌握 ArcGIS 关联表的连接基本原理和方法。

（2）掌握 ArcGIS 中关联表的创建、字段设置、技术要点等。

（3）掌握连接矢量图层的输出和保存。

（4）基于连接的图层要素制作简单地图。

四、案例数据

案例数据位于"…\任务 1-3 属性连接"文件夹，具体说明见表 1-3-1。

表 1-3-1 案例数据说明

名称	格式	坐标系	说明
天水市挂接数据	*.xls	—	挂接表格
天水市属性挂接	*.mdb	CGCS2000_3_Degree_GK_CM_105E	个人地理数据库，包含"天水市行政区划"图层

 ## 五、任务要求

数据连接是 GIS 数据库操作的最基本技能，也是 GIS 数据输入的最重要的方式之一。数据的存储格式和存储方式存在较大差异，如 Excel、MDB、PDF、Word 格式等。数据输入必须将数据转化为 ArcGIS 可以识别的标准格式。本任务要求将没有地理位置的天水市粮食产量文本数据挂接到有空间位置的矢量数据。

 ## 六、操作步骤

1. 数据检查

在 ArcGIS 中打开"天水市属性挂接.mdb"文件中"制图"要素类，打开"天水市行政区划"文件。在【内容列表】中选择"天水市行政区划"图层，点击【打开属性列表】，如图 1-3-1 所示。检查属性列表中的连接关键字段，本次连接的关键字段为【PAC】或【NAME】字段，分别代表行政县区代码和行政县区名称。检查行政县区代码和行政县区名称是否有空值和重复值，如果存在空值、重复值等应该及时修改。

属性连接

图 1-3-1 矢量图层属性表

打开 Excel 文件"天水市挂接数据.xls"，如图 1-3-2 所示，检查"县域""编码"属性项目是否存在空值、重复值等。"县域"和"编码"分别代表县区行政区代码和县区名称，连接表一般不允许重复或者空值。

ID	县域	编码	公元1995	公元1996	公元1997	公元1998	公元1999	公元2000	公元2001	公元2002
1	清水县	620521	8.03	10.8	4.78	10.98	9.64	9.31	10.53	10.02
2	秦安县	620522	10.1	12.51	5.61	12.67	8.48	6.08	11.13	11.25
3	甘谷县	620523	9.26	13.31	4.87	10.1	7.89	7.2	9.9	9.9
4	武山县	620524	5.6	8.18	4.35	5.07	6.43	7.51	8.47	8.01
5	张家川回	620525	6.08	7.96	6.53	7.31	6.31	7.6	8.14	8.36
6	秦州区	620502	14.55	15.02	8.56	13.98	13.73	13.05	14.46	13.08
7	麦积区	620503	9.71	10.4	5.8	10.71	9.38	7.09	9.88	9.13

图 1-3-2　Excel 表记录

2. 数据连接

在【内容列表】中选择“天水市行政区划”图层，依次点击【连接和关联】→【连接】，弹出【连接数据】对话框，如图 1-3-3 所示。

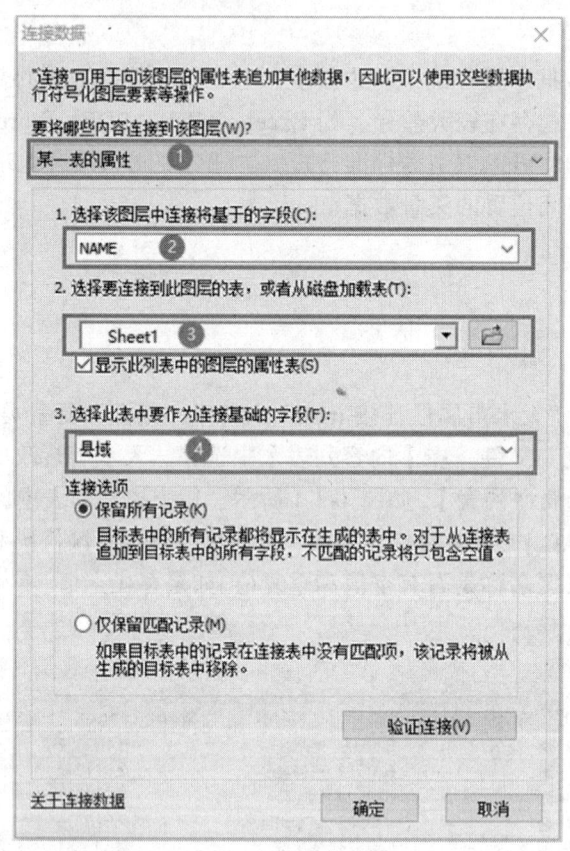

图 1-3-3　连接数据选项

（1）在【要将哪些内容连接到该图层】下拉列表中有两个选项，分别为“某一表的属性”和“基于空间位置的另一图层数据”。本次实验通过关键字段连接某一表的属性，因此选择“某一表的属性”。

（2）【1.选择该图层中连接将基于的字段】是属性连接的关键字段，在下拉列表中选择“NAME”字段。

（3）在【2.选择需要连接到此图层的表，或者从磁盘加载】下拉列表中选择“天水市挂接数据.xls”文件的“Sheet1”表。

（4）在【选择此表中要作为连接基础的字段】下拉列表中选择该连接文件中的关键字段为"县域"字段。

正确选择连接项后，点击【验证连接】，检查连接选项的匹配情况，是否存在重复、遗漏、错误等连接问题。不同的操作环境，应当对连接数据的一对一、一对多、多对一、多对多的关系进行检查，包括被连接矢量数据和用于连接的属性数据，应尽量避免空值、关键字段不相等、重复值等异常情况导致连接错误。图 1-3-4 所示为连接验证结果，其中 7 个字段均已连接。

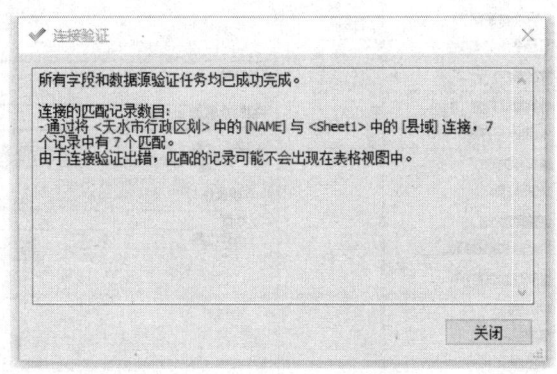

图 1-3-4　连接验证

3. 数据导出

连接后的数据需要重新导出为新的数据，这样连接的属性数据可以永久保存在新的文件中。在【内容列表】中右键选择"天水市行政区划"图层，在弹出的菜单中依次点击【数据】→【导出数据】。弹出的【导出数据】对话框如图 1-3-5 所示，点击【确定】即可完成连接属性数据的永久性保存和导出。

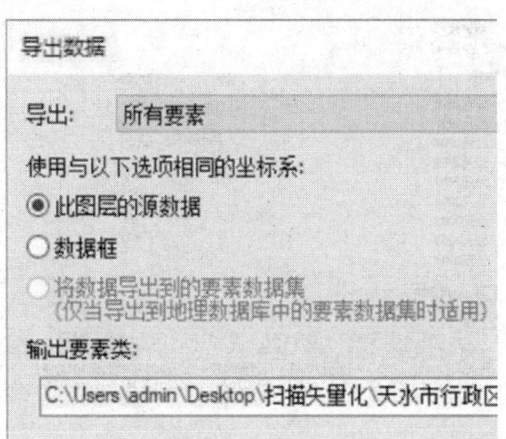

图 1-3-5　导出数据

4. 添加字段

为了研究 1995—2018 年天水市各县区粮食平均产量，可利用 ArcGIS 字段计算器求得这期间的平均产量。在【内容列表】中右键选择"天水市行政区划"图层，在弹出的菜单中点击【打开属性表】，在弹出的属性表左上角点击【表选项】按钮，在弹出菜单中点击【添加字段】,在弹出的【添加字段】对话框中输入字段名称为"平均值",字段类型设置为"浮点型",如图 1-3-6 所示。

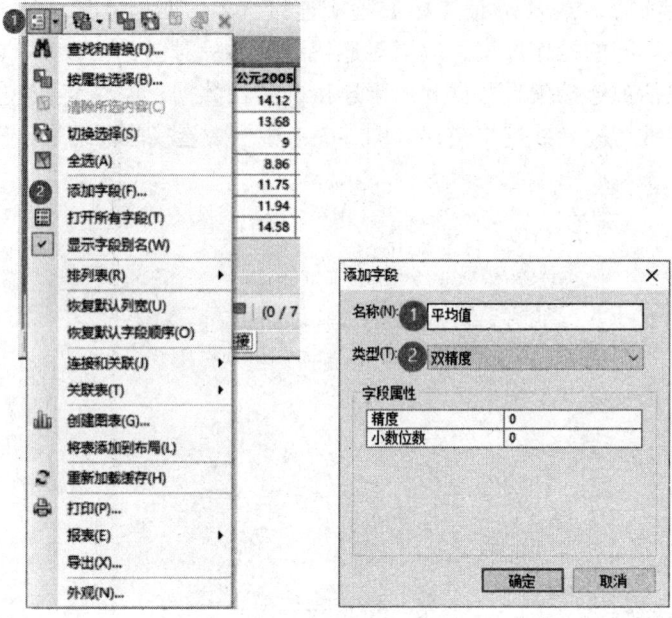

图 1-3-6　添加字段

5. 字段计算器

在新建的"平均值"字段上鼠标右键选择【字段计算器】,在弹出的【字段计算器】对话框代码块中输入图 1-3-7 所示代码,点击【确定】求得粮食平均产量。

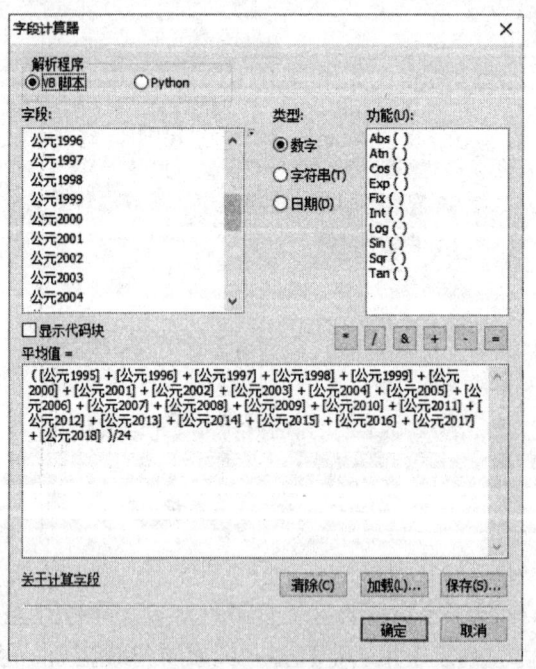

图 1-3-7　字段计算器

任务 1-4　地籍数据入库及质量检查

 一、应用背景

地籍数据库是我国自然资源信息化的重要组成部分，随着城乡地籍信息化的逐步发展和深入，地籍数据调查已经成为一项常态化的工作内容。只有建立并完善一个具有科学性、标准性、规范性和高质量的地籍数据库，才能提高地籍管理工作的效率。利用 ArcGIS 软件进行建库与质检，能使 CAD 等原始数据格式转换及分层处理更简便、快捷和准确性高。同时，通过数据入库前查找点线面的拓扑错误，消除了矢量数据的遗漏、冗余和错误等问题，从而达到提高入库数据质量的目的。

 二、基础知识

1. 地籍的含义

地籍就是记载每宗地的位置、四至、界址、面积、质量、权属、利用现状或用途等基本情况的簿册。简言之，地籍就是土地的户籍，是指国家监管的、以土地权属为核心的、以地块为基础的土地及其附着物的权属、位置、数量、质量和利用现状等土地基本信息的集合，用图、数、表等形式表示。随着社会和经济的发展，地籍不但为土地税收和土地产权保护服务，还要为城市规划、土地利用、房地产交易、交通、管线建设等多方面提供基础资料。

2. 拓扑的含义

拓扑（Topology）是指空间数据的位置关系，如等高线不能相交、行政区不能重叠、界址点不能重复、行政界线必须是行政区（面）的边界等，这些都是拓扑。完整的 GIS 软件（如 ArcGIS、MapGIS 和 SuperMap）都有拓扑功能。CAD 软件没有拓扑功能。虽然 CAD 有强大的作图功能和数据编辑等功能，但 CAD 属性管理比较弱。所以空间数据建库与拓扑检查，一般都使用 GIS 软件。

3. 拓扑的主要作用

拓扑主要用于确保空间关系的正确性，并帮助用户处理数据以提高空间数据的质量。在很多情况下，拓扑也用于分析空间关系，如融合带有相同属性值的相邻多边形之间的边界；裁剪时，两个图层之间不能有拓扑错误，否则裁剪结果就可能是错误的。

拓扑的主要功能就是保证数据质量，用于数据空间检查。但拓扑检查可能会修改数据，所以拓扑检查前一定要备份数据。

在拓扑检查之前需注意以下问题：

（1）确保勾选了所有扩展模块：在【自定义】菜单→【扩展模块】勾选所有扩展模块。

（2）坐标系问题：所有参与拓扑检查数据必须有相同且正确的坐标系，此外数据框的坐标系和数据坐标系最好一致。

4. ArcGIS 中拓扑的几个基本概念

（1）拓扑容差（Tolerance）：拓扑容差是要素折点之间的最小距离（一般默认为 0.001 m）。小于等于拓扑容差值的点被定义为重合点，并被捕捉在一起。大于拓扑容差检查出来的是错误，小于等于拓扑容差时，数据会自动被修正。由于 XY 容差也是 XY 坐标之间所允许的最小距离，如果两个坐标之间的距离在此范围内，它们会被视为同一坐标，所以一般拓扑检查时拓扑容差就是 XY 容差，不做任何修改，一旦修改拓扑容差，数据实际的 XY 容差也会被修改。

（2）脏区（Dirty Area）：在初始拓扑校验后，如果数据或者拓扑规则被修改，会产生新的变化，叫作脏区。所以当拓扑规则或数据被修改时，一定要验证拓扑。当修改所有拓扑错误后，建议马上删除拓扑（因为拓扑会锁定数据，继而影响数据的正常使用）。

（3）拓扑规则（Topology Rule）：定义地理数据库中一个要素类或两个不同要素类之间的拓扑关系约束，一个拓扑至少有一个拓扑规则。

（4）要素等级：等级越高，移动要素越少，最高等级为 1，最低级别为 50。有多个要素图层时，等级低的向等级高的靠拢，此时修改等级低的数据。当有多个数据时，由要素等级确定修改哪个数据。

5. 创建拓扑的要求

ArcGIS 的拓扑都是基于空间数据库 Geodatabase（如 MDB，GDB，SDE）的，shapefile 文件不能直接进行拓扑检查，只有存储到地理数据库中的要素数据集下，才能进行拓扑检查。要进行拓扑检查时，先建立要素数据集（Feature Dataset），把需要检查的数据放在同一要素集下，要素集和检查数据的数据基础（坐标系统、XY 容差、坐标范围）要一致，直接拖入即可。若拖出数据集，有拓扑时须先删除拓扑。

一个拓扑中可以有多个要素类数据，但一个要素类数据只能参加一个拓扑，不能参加多个拓扑；一个拓扑只能在同一个要素数据集内检查，不能在多个数据集中进行。拓扑经常会锁定数据，当有拓扑时，数据重命名、删除和移动位置都无法操作，字段计算器和计算几何必须在开始编辑之后才可以使用（在没有拓扑时可以直接使用），拓扑检查和修改完错误后，需删除建立的拓扑。

6. 面层拓扑检查注意事项

面层要素在拓扑检查之前，推荐先使用 ArcToolbox 工具箱中"修复几何（RepairGeometry）"工具修复几何，下面介绍几种几何问题和此工具将执行的相应修复的内容：

（1）空几何：从要素类中删除空几何要素记录。要保留具有空几何的记录，应取消选中工具对话选项删除几何为空的要素，或在脚本中将"delete_null"参数设置为"KEEP_NULL"。

（2）短线段：删除几何的短线段。

（3）不正确的环走向：更新几何以获得正确的环走向。修复几何把面的外多边形自动修改为顺时针，内多边形自动修改为逆时针。面的多边形方向不对是一种严重的拓扑错误。在 ArcGIS 中无论怎样编辑图形，ArcGIS 都能自动纠正成正确的方向，但其他软件，如 MapGIS 等平台转成的 Shapefile 数据，不一定是 ArcGIS 要求的方向，可以使用修复几何自动纠正。

① 不正确的线段方向：更新几何以获得正确的线段方向。

② 自相交：融合面中的叠置区域。

③ 非闭合环：通过连接环的端点将非闭合环闭合。
④ 空的部分：删除要素中 null 或空的部分。
⑤ 重复折点：删除其中一个折点。
⑥ 不匹配的属性：更新 Z 坐标或 M 坐标以实现匹配。
⑦ 不连续的部分：根据现有的不连续部分创建多部分。
⑧ 空的 Z 值：将 Z 设置为 0。
在修复工具之前一定要备份数据，修复完成则无法恢复到之前状态。

三、学习目标

（1）掌握拓扑数据集创建流程。
（2）掌握拓扑错误修改方法。
（3）掌握地籍数据库对拓扑质量的要求。

四、案例数据

案例数据位于"…\任务 1-4 地籍数据入库及质量检查"文件夹，具体说明见表 1-4-1。

表 1-4-1　案例数据

名称	格式	坐标系	说明
宗地	Shapefile 面要素	Xian_1980_3_Degree_GK_CM_108E	地籍调查的基本单元，用于拓扑分析
房屋	Shapefile 面要素	Xian_1980_3_Degree_GK_CM_108E	用于生活居住的各类房屋用地及其附属设施用地，用于拓扑分析
界址线	Shapefile 线要素	Xian_1980_3_Degree_GK_CM_108E	土地的权属范围线，用于拓扑分析
界址点	Shapefile 点要素	Xian_1980_3_Degree_GK_CM_108E	宗地权属界线的拐点，用于拓扑分析

五、任务要求

地籍数据库主要由宗地、房屋、界址线、界址点等图层组成，为了建设一个高精度、高质量的地籍数据库，要求如下：
（1）宗地与宗地不能相互压盖。
（2）房屋与房屋不能相互压盖。
（3）房屋必须在宗地范围里面。
（4）界址点必须在界址线的节点上。
（5）界址线必须和宗地边重合。

图 1-4-1 所示是一个存在拓扑错误的地籍数据示例。

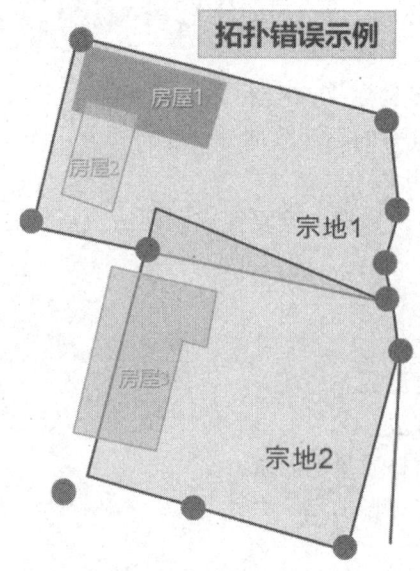

图 1-4-1 拓扑错误示例

六、操作步骤

1. 创建地理数据库

地籍数据库建立

在 ArcCatalog 目录树中选择"地籍数据"文件夹，点击鼠标右键弹出菜单，依次点击【新建】→【文件地理数据库】或【个人地理数据库】，如图 1-4-2 所示。继续输入数据库的名称如"拓扑检查"，生成一个后缀名为*.mdb 或*.gdb 的文件，这时建立了一个空的地理数据库。

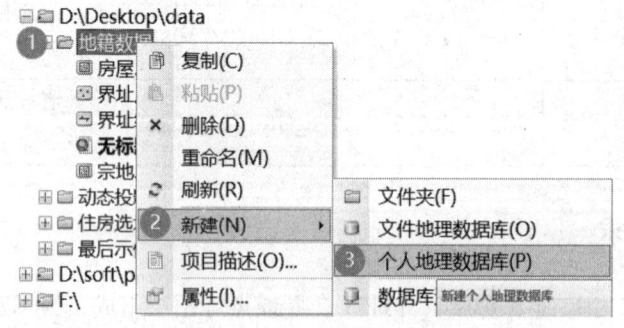

图 1-4-2 新建地理数据库

2. 新建要素数据集

新建要素数据集时，必须先指定数据集的空间参考，数据集中的所有图层必须和数据集有相同的坐标参考。在上一步建立的地理数据库上点击鼠标右键，依次点击【新建】→【要素数据集】，在弹出的【新建要素数据集】对话框中，输入要素数据集名称为"topo"，点击【下一页】，选择要素数据集的坐标为"Xian_1980_3_Degree_GK_CM_108E"，一直点击【下一页】，其他面板内容按默认设置，最后点击【完成】，这时建立了一个空的地理数据集，如图 1-4-3 所示。

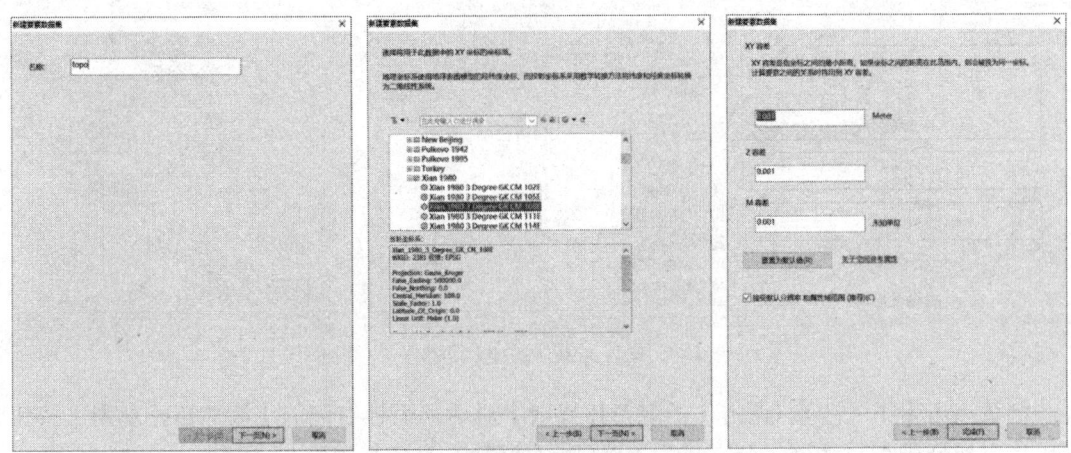

图 1-4-3　新建要素数据集

3. 将数据导入数据集

将"宗地""房屋""界址线""界址点"4 个图层导入到上一步建立的数据集中。鼠标右键点击"topo"数据集，在弹出的菜单中依次点击【导入】→【要素类（多个）】，在弹出的【要素类至地理数据库（批量）】对话框中，在"输入要素"中添加 4 个地籍数据图层，点击【确定】执行数据入库操作，如图 1-4-4 所示。

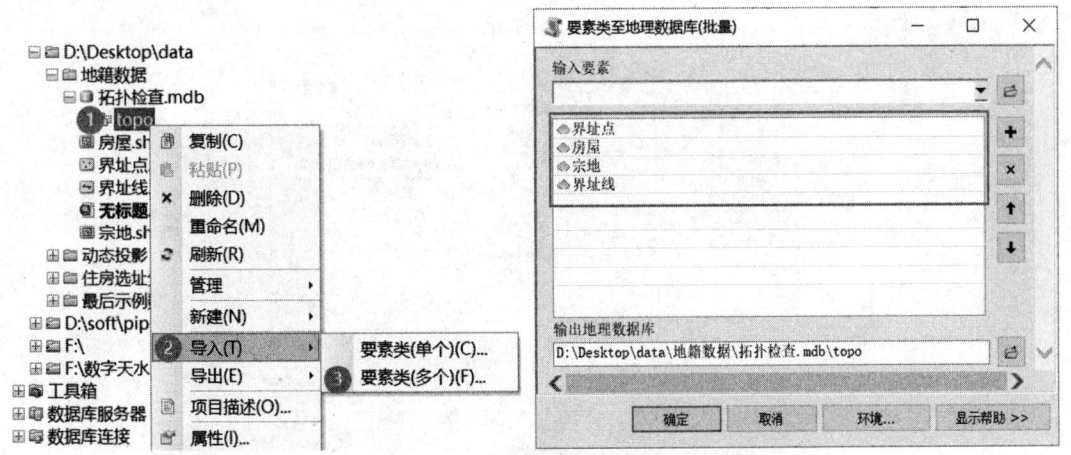

图 1-4-4　将数据导入数据集

4. 建立拓扑

数据导入完成后，鼠标右键数据集，在弹出的菜单中点击【新建】→【拓扑】，弹出的【新建拓扑】对话框中，点击【下一步】，在【选择要参与到拓扑中的要素类】下勾选所有需参与拓扑检查的图层，如图 1-4-5 所示。

拓扑检查与处理

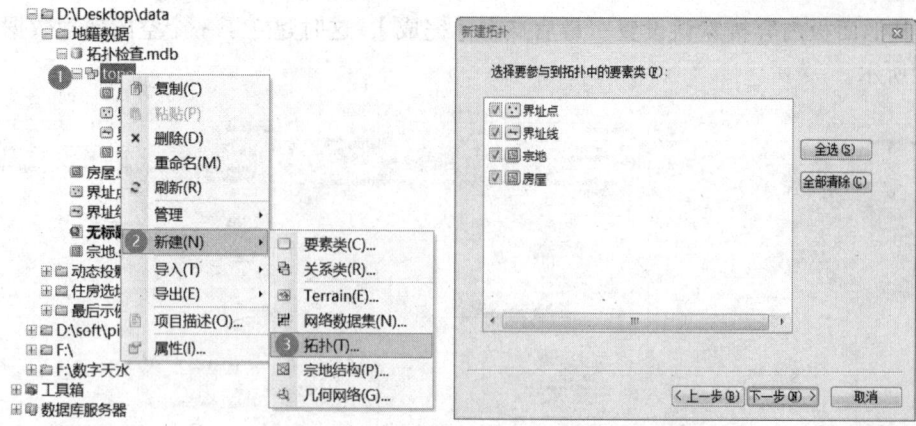

图 1-4-5 新建拓扑

继续点击【下一步】，点击【指定拓扑规则】对话框面板右侧的【添加拓扑规则】按钮，弹出【添加规则】对话框，分别按图 1-4-6 所示添加 5 类拓扑规则。

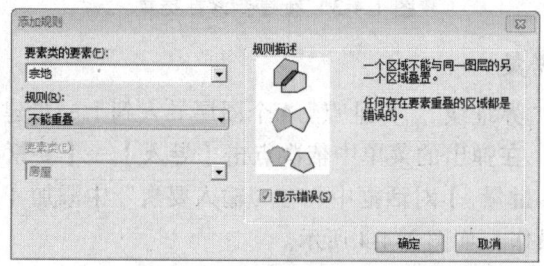

（a）宗地

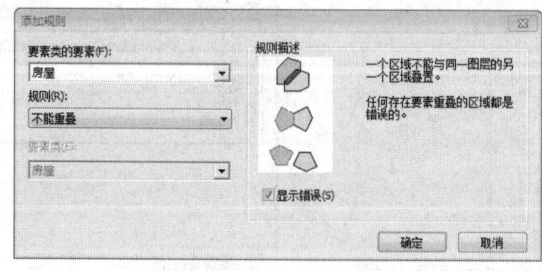

（b）房屋（不能重叠）

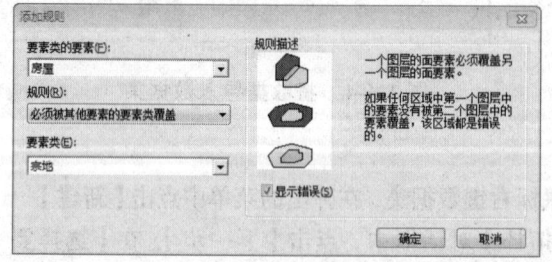

（c）房屋（必须被其他要素的要素类覆盖）

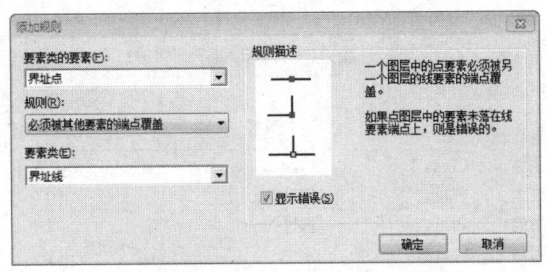

(d)界址点

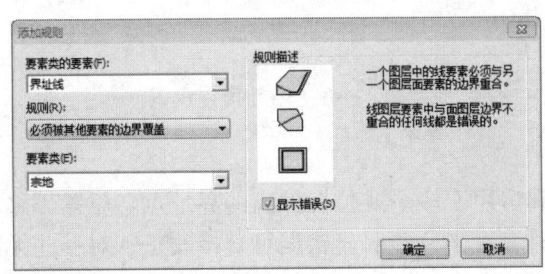

(e)界址线

图 1-4-6 添加拓扑规则

添加完拓扑规则后,点击【下一步】,一直到【完成】,弹出【已创建新拓扑。是否要立即验证?】的对话框,点击【是】,即可将拓扑数据自动添加到地图视图中。图中标记为红色的点线面就是拓扑错误的要素,需检查修改,如图 1-4-7 所示。

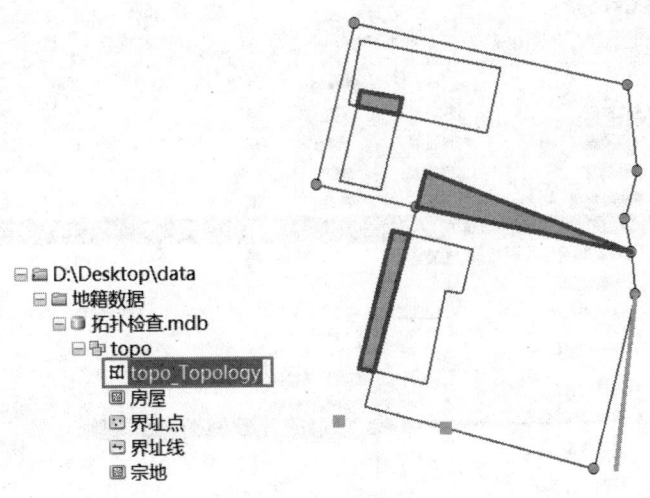

图 1-4-7 标记的拓扑错误

5. 拓扑错误查询

进行拓扑验证后,需要检查与处理拓扑错误。首先加载【拓扑】工具条,并开启编辑,这时拓扑工具栏被激活。点击【拓扑】工具条中的【错误检查器】,弹出【错误检查器】对话框,点击【立即搜索】即可查询出所有的拓扑错误,如图 1-4-8 所示。

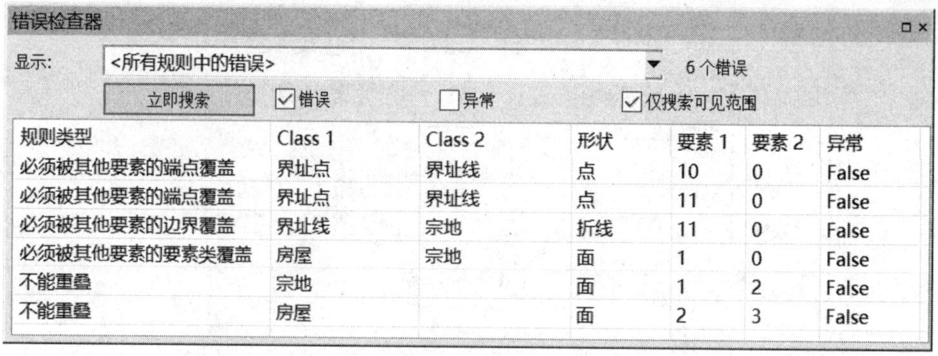

图 1-4-8 拓扑错误查询

6. 拓扑错误处理

将互相压盖的宗地和房屋、多余或位置偏离的界址点、位置偏移界址线等错误要素逐个定位与修改（注：修改时，对于一些明显错误可直接改正，对一些无法确定如何修改的错误还需进一步外业调查，再做修改。本案例只作修改错误示例）。修改错误的方式有两种，一种是直接编辑，另一种是在【错误检查器】面板中修改。如图 1-4-9 所示，鼠标右键选择"宗地"的拓扑错误类型，在弹出的菜单中选择【合并】，选择要合并的要素，点击【确定】完成错误修改。修改完错误后，可点击【拓扑】工具条中的【验证当前范围中的拓扑】，检查错误是否已经修改成功，若红色的拓扑标识消失则说明拓扑错误修改成功。

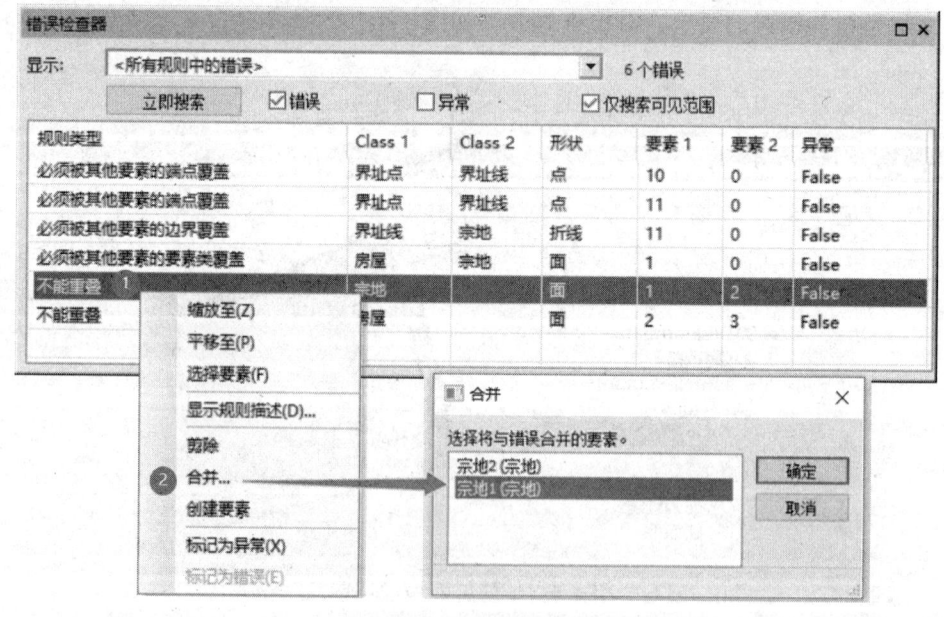

图 1-4-9 拓扑错误修改

逐一定位并修改错误，直至所有拓扑错误消除。图 1-4-10 所示是拓扑错误处理前后地籍数据。

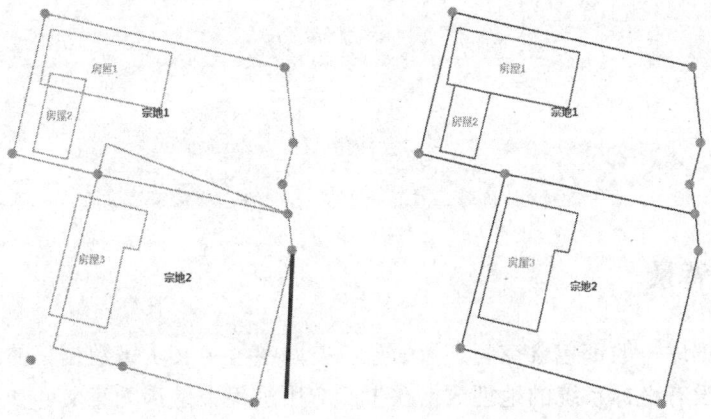

图 1-4-10　拓扑错误修改前后比对

项目 2　地图投影与坐标转换

任务 2-1　地图动态投影

一、应用背景

空间地理数据库一般都包含空间参考信息。空间参考定义了该数据集的地理坐标系统或投影坐标系统，没有坐标系统的地理数据在生产应用过程中是毫无意义的。由于数据在使用过程中，不同坐标系统的数据无法同时在一个系统中加载，因此坐标系统的统一必然涉及坐标转换，需要对现有数据进行坐标系统定义或进行坐标系统及投影转换，针对不同精度要求对数据进行相应的地图投影和坐标转换在实际应用中显得尤其重要。

二、基础知识

当空间数据没有定义坐标投影或原来定义错误，则须定义坐标投影或调整坐标投影。当不同来源、不同坐标系的空间数据要在一起使用、相互参照时，则需坐标转换，如果涉及不同的地图投影，还需投影变换。

1. 坐　　标

坐标（Coordinate）是用于描述地理实体位置的一系列数值，隶属于坐标系（Coordinate System, CS）。坐标系为控制坐标的数学法则，其中包括坐标轴的个数、名称、方向、单位及其顺序。当坐标用于描述地图上实体的位置时，坐标则隶属于或者基于坐标参考系（Coordinate Reference System, CRS）。坐标参考系是与物理对象无关的抽象数学概念，通过大地基准与地球或其他载体（如船舶等）相关联，坐标参考系则成为和地球空间相关联的坐标系。坐标操作（Coordinate Operation）用于将基于一个坐标参考系的坐标值转换到相对于另一个坐标参考系的坐标值。

图 2-1-1 所示为坐标系空间参考抽象模型。

2. 坐标参考系

通过大地基准与地球相关联的坐标系，称为坐标参考系。多数坐标参考系包含坐标系。坐标系是对包含测量单位在内的坐标轴的定义，是与地球没有确定联系的数学抽象概念。提到坐标系时一般都是指坐标参考系。坐标系通过大地基准与地球相关联。大地基准用于确定坐标系与地球之间的关系，它是将坐标系的数学抽象概念以坐标形式描述地球上或者近地球实体位置的基础。

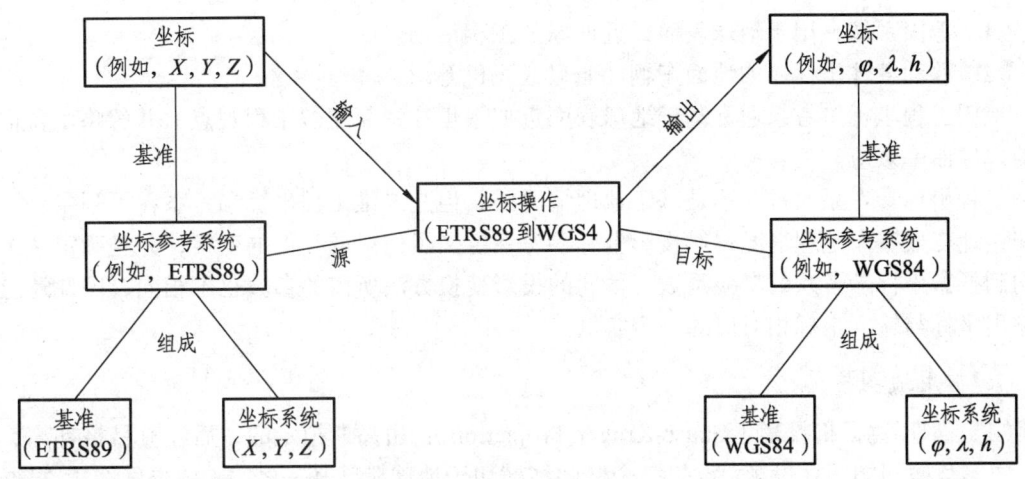

图 2-1-1 空间参考抽象模型

坐标参考系、坐标系和大地基准都有几种类型。每种坐标系都与特定的坐标参考系类型相对应，同样，每种大地基准也都与特定的坐标参考系类型相对应。因此，每种坐标系都与特定的大地基准相对应。

依据对地球曲率的处理方式，常见的坐标参考系有地理坐标系统（Geographic Coordinate System，GCS）和投影坐标系统（Projected Coordinate System，PCS）。此外，还包括工程、影像、参数和复合等多种类型的坐标系统。

3. 地理坐标系

地理坐标系是使用经纬度来描述地球上某一点所处的位置的，是一种三维球面坐标系，单位为角度单位。在赤道范围内，地球被划分为360°（称为经度），通常表示为本初子午线以东或以西多少度。国际规定，通过英国格林尼治天文台的子午线为本初子午线（首子午线），是计算经度的起点，该线的经度为0°，向东0°~180°的叫作东经，向西0°~180°的叫作西经。纬度从赤道起算，赤道纬度为0°，纬线离赤道越远，纬度越大，极点的纬度为90°。赤道以北叫北纬，赤道以南叫南纬。

4. 投影坐标系

由于地球表面是不可展开的曲面，即曲面上的各点不能直接表示在平面上。因此，在球面坐标系上进行测量非常困难，必须采用地图投影的方法，将球面坐标转换成平面坐标。

投影坐标系是定义在二维平面上的坐标系，具有恒定的长度、角度和面积，是一个平面坐标系，通常以米为单位。投影坐标系是基于地理坐标系的，而地理坐标系又是基于椭球体的。

5. 地心坐标参考系（Geocentric CRS）

地心坐标参考系基于大地基准，采用三维空间观点来处理地球曲率，从而避开曲率建模。地心坐标参考系的原点为地球质心。

6. 工程坐标参考系（Engineering CRS）

工程坐标参考系是一种用于确定工程建设中各种物体（如建筑物、道路、桥梁等）位置的坐标系统。一般用于如下两种当地坐标参考系的建模：

（1）地固系统，用于地球表面或近地球的工程活动。

（2）移动载体坐标，如地面车辆、船只或飞机等。

地固工程坐标参考系通常基于地球表面近似平坦这一简化的工程观点，并忽略了特征几何的地球曲率效应。

工程坐标参考系通常并不是基于地理情况的，但是二维工程坐标参考系在下列条件下可以间接地变成基于地理情况：对投影坐标参考系定义了仿射或类似的变换，并且确定从工程格网到投影坐标参考系的变换系数。不同的投影变换方法所需的参数也不相同，因此还应提供输出坐标与输入坐标相对应的一个实例。

7. 常用地图投影

（1）高斯-克吕格投影（Gauss-Kruger Projection）：由高斯拟定的，后经克吕格补充、完善，即等角横切椭圆柱投影。设想一个椭圆柱横切于地球椭球某一经线（中央经线），根据等角条件，用解析法将中央经线两侧一定经差范围内地球椭球体面上的经纬网投影到椭圆柱面上，并将此椭圆柱面展为平面所得到的一种等角投影。通常，按经差6°或3°分为六度带或三度带。

（2）通用墨卡托投影（Universal Transverse Mercator projection，UTM）：UTM 是一种等角横轴割圆柱投影，椭圆柱割地球为南纬80°、北纬84°两条等高圈，投影后两条相割的经线上没有变形，而中央经线上长度比为 0.999 6，美国于1948年完成这种通用投影系统的计算。与高斯-克吕格投影相似，该投影角度没有变形，中央经线为直线，且为投影的对称轴，中央经线的比例因子取 0.999 6 是为了保证离中央经线约 330 km 处有两条不失真的标准经线。UTM 投影分带方法与高斯-克吕格投影相似，是自西经180°起每隔经差6°自西向东分带，将地球划分为 60 个投影带。

8. 我国常用坐标系

我国目前常用的国家大地坐标系主要有：1954 北京坐标系、1980 西安坐标系、2000 国家大地坐标系等。

（1）1954 北京坐标系。

1954 北京坐标系采用克拉索夫斯基椭球，其坐标原点位于俄罗斯的普尔科沃，采用分区分期局部平差的平差方法。

此坐标系存在以下问题：

① 椭球参数有较大误差。

② 参考椭球面与我国大地水准面存在着自西向东明显的系统性倾斜。

③ 几何大地测量和物理大地测量应用的参考面不统一。

④ 定向不明确。

（2）1980 西安坐标系。

1980 西安坐标系采用国际大地测量与地球物理联合会（International Union of Geodesy and Geophysics，IUGG）1975 年推荐的参考椭球，即 IUGG1975 椭球。此椭球坐标原点位于陕西省泾阳县永乐镇（简称西安原点），采用天文大地网整体平差方法。其特点如下：

① 参心大地坐标系是在 1954 北京坐标系的基础上建立起来的。

② 地球椭球面在中国境内与大地水准面能达到最佳吻合，为多点定位。
③ 定向明确。
④ 大地原点地处我国中部。
⑤ 大地高程基准采用 1956 年黄海高程。

（3）2000 国家大地坐标系。

2000 国家大地坐标系采用的参考椭球为 CGCS2000（China Geodetic Coordinate System 2000）椭球，此参考椭球属于地心坐标系。椭球参数如下：

长半轴：a=6 378 137 m；

短半轴：b=6 356 752.314 14 m；

极曲率半径：c=6 399 593.625 86 m；

第一偏心率：e=0.081 819 191 042 8；

扁率：f=1/298.257 222 101；

地心引力常数：GM=(39 860 044±1)×10^7 m^3/s^2（国际大地测量与地球物理联合会第 18 届大会地心引力常数的推荐值）；

自转角速度：ω=7.292 115×10^{-5} rad/s。

9. 动态投影

所谓动态投影是指改变 ArcGIS 中的数据框（Data Frame）的空间参考或是对后加载到 ArcGIS 工作区中数据的自动投影变换。ArcGIS 的数据框的坐标系默认为第一个加载到当前数据框的空间数据的坐标系，后加入的数据，如果和当前数据框坐标系不同，则 ArcGIS 会自动做投影变换，把后加入的数据投影变换到当前坐标系下显示，但此时数据文件所存储的实际数据坐标系并没有改变，只是显示形态上的变化，是一种临时性投影变换，因此叫作动态投影。这一点最明显的例子就是在输出数据时，用户可以选择是按数据源的坐标系统导出，或者是按当前数据框的坐标系导出数据。数据的投影信息与数据框的投影信息有两个，不完全一致。

数据有坐标系，数据框也有坐标系。新建一个文档后，数据框默认和第一个加载的数据一致，以后再添加数据时，数据框坐标系不变，除非专门修改数据框坐标系。当数据的坐标系和数据框坐标不一致时，数据会动态投影到数据框上。

三、学习目标

（1）掌握查看空间数据坐标参考信息的方法。
（2）能区分空间数据是地理坐标系还是投影坐标系。
（3）掌握 ArcGIS 中动态投影的原理。
（4）能使用动态投影方法完成坐标转换。

四、案例数据

案例数据位于"…\任务 2-1 地图动态投影"文件夹，具体说明见表 2-1-1。

表 2-1-1　案例数据

名称	格式	坐标系	说明
甘肃省省界	Shapefile 面要素	GCS_WGS_1984	用于动态投影转换

 五、任务要求

将坐标系为"GCS_WGS_1984"的"甘肃省省界"数据，基于动态投影方法转换为"WGS_1984_World_Mercator"投影坐标系，并通过导出数据的方法实现永久性坐标投影变换。

 六、操作步骤

打开 ArcGIS，添加"甘肃省省界"图层到地图视窗。

地图动态投影

1. 查看坐标参考信息

在【内容列表】中点击【图层】，鼠标右键点击【属性】菜单，在弹出的【数据框 属性】对话框中依次点击【坐标系】→【图层】→【GCS_WGS_1984】，可以看出"甘肃省省界"图层的坐标为"GCS_WGS_1984"地理坐标系，单位为度（Degree），如图 2-1-2 所示。

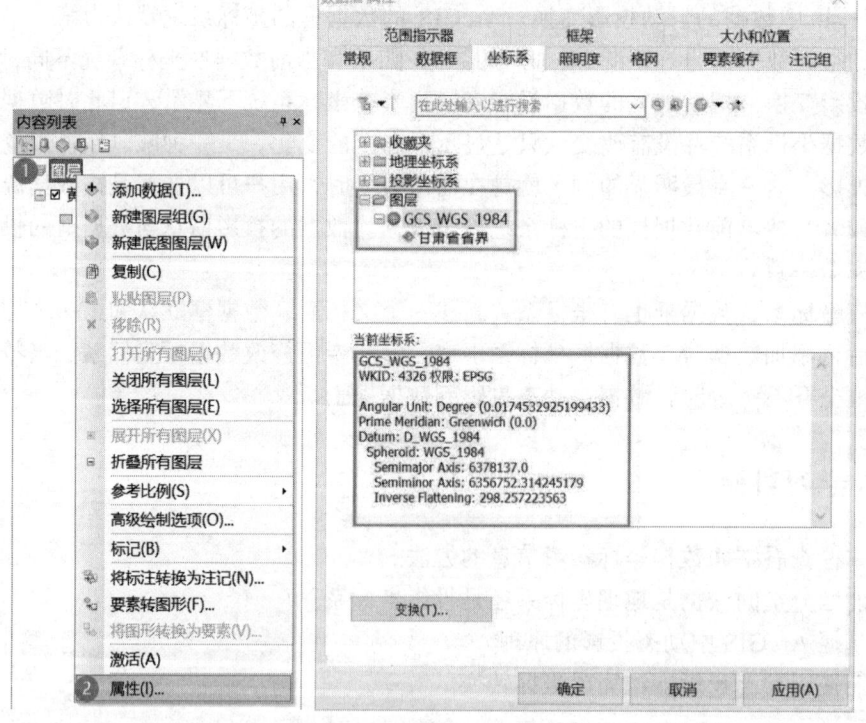

图 2-1-2　查看数据坐标信息

2. 动态投影

将"GCS_WGS_1984"地理坐标转化为"WGS_1984_World_Mercator"投影坐标系（注：

这两种坐标的参考椭球体都是"D_WGS_1984",因此可通过动态投影准确转换坐标),具体操作是在【数据框 属性】对话框中,依次点击【坐标系】→【投影坐标系】→【World】→【WGS_1984_World_Mercator】坐标,点击【确定】,完成动态投影,如图 2-1-3 所示。

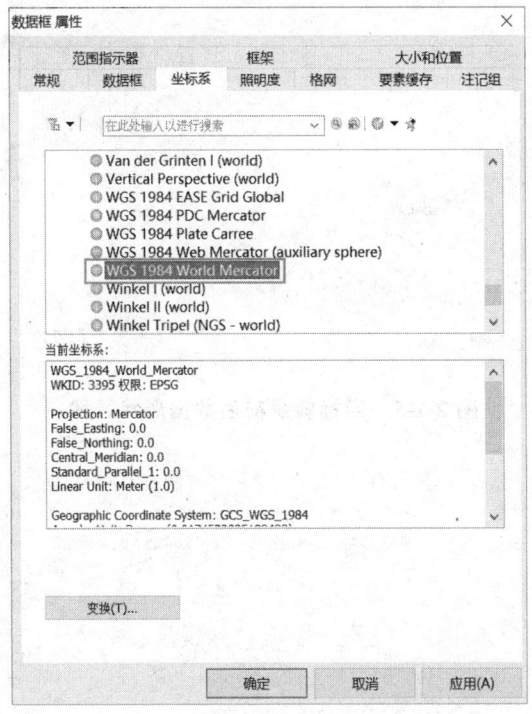

图 2-1-3　设置数据框坐标

3. 导出数据

上一步完成的投影变换是临时的,如若永久转化还需导出图层,在图层中选中"甘肃省省界"图层,鼠标右键依次点击【数据】→【导出数据】,在弹出的【导出数据】对话框中,在【使用与以下选型相同的坐标系】中选中【数据框】,点击【确定】,即完成永久性坐标投影变换,如图 2-1-4 所示。

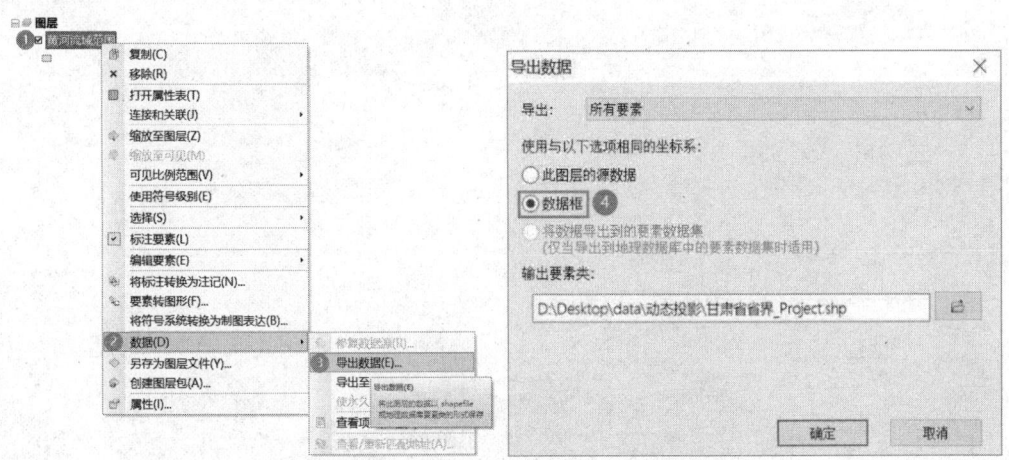

图 2-1-4　通过导出数据实现永久性坐标变换

4. 观察投影变换前后图形

同时打开两个 ArcGIS 软件，分别加载投影变换前后的数据，发现图形的形状有所不同，同一地理数据在投影坐标下比地理坐标下显得"高"，如图 2-1-5 所示。

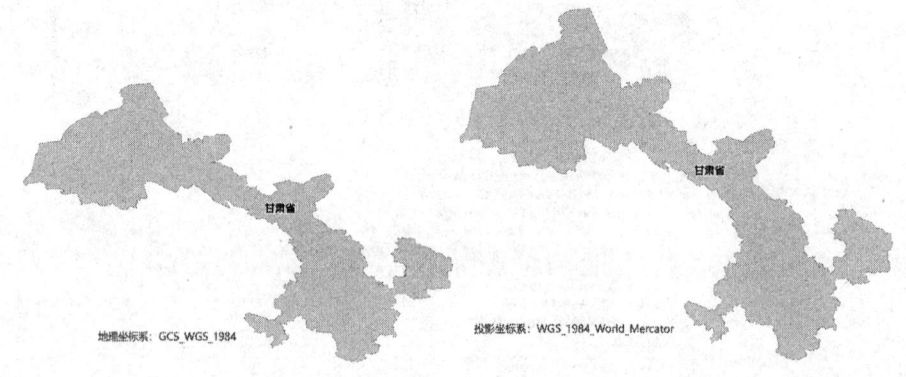

图 2-1-5　坐标转换前后数据形状区别

任务 2-2　坐标转换

一、应用背景

在实际的科学研究和生产应用中，常常需要在不同椭球体之间进行坐标的转换，但不同椭球体或基准面不能直接进行坐标转换，原因在于各参考椭球体长短半轴不一致。如不能直接将1980西安坐标系直接转成2000国家大地坐标系，需要输入坐标转换参数完成转换。具体的方法有以下两种：

（1）收集已知坐标转换参数完成转换。

（2）测得5个以上同名点坐标（也是控制点，第5个点是验证点），再通过空间校正完成坐标转换。

二、基础知识

1. 坐标系转换

在不同的椭球之间直接转换坐标既不严密也不精确。相比而言，比较严密的方法有七参数法，即三个平移因子（X平移、Y平移、Z平移），三个旋转因子（X旋转、Y旋转、Z旋转），一个比例因子（也叫尺度变化K）。通常的做法是：在工作区内找三个以上的已知点，如利用已知点的1954北京坐标系和WGS-84坐标系，通过一定的数学模型，求解出七参数，若多选几个已知点，采用平差的方法可以获得较好的精度。如果区域范围不大，最远点间的距离不大于30 km（经验值），则可以只用三参数，即只考虑三个平移因子（X平移，Y平移，Z平移），而将旋转因子（X旋转，Y旋转，Z旋转）都视为0，比例因子（尺度变化K）视为1，所以三参数只是七参数的一种特例。1954北京坐标系和1980西安坐标系也是不同的两种大地基准面，不同的参考椭球体，它们之间的转换也是同理。在ArcGIS中提供了三参数、七参数转换法。在同一个椭球里的转换也要严密，在同一个参考椭球体的不同坐标系中转换需要用到四参数转换，计算四参数需要两个已知点。

2. 参数转换的含义

三参数转换含义：参照系转换时，比较简单的转换方法是所谓的三参数转换法。这种转化方法依据的数学模型是认为两种大地参照系之间仅仅是空间的坐标原点发生了平移，而不考虑其他因素，如图2-2-1所示。这种方法必然产生三个参数，即X、Y、Z三个方向的平移量。三参数转换法计算简单，但精度较低，一般用在不同的地心空间直角坐标系之间的转换。如果区域范围不大，一般最远点间的距离不大于30 km。

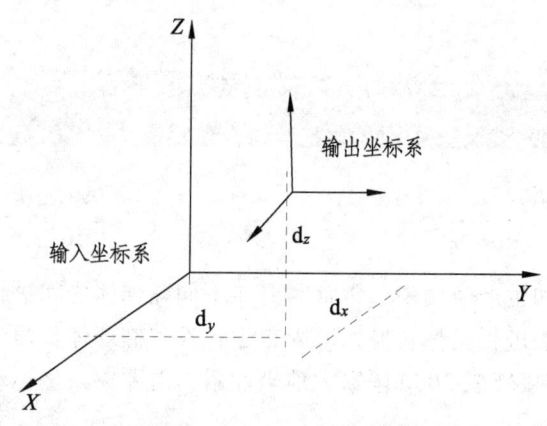

图 2-2-1 三参数转换图示

七参数转换含义：七参数依据的数学模型不仅考虑了坐标系的平移，还考虑了坐标系旋转和尺度不一等因素。所以，需要的参数除了三个平移量外，还要三个旋转参数（又称三个尤拉角）和比例因子（又称尺度因子）。转换原理如图 2-2-2 所示。三个平移量用 ΔX、ΔY、ΔZ 表示；三个旋转参数用 R_x，R_y，R_z 表示；比例因子用 S 表示。其中，比例因子表示从原坐标系转换到新坐标系的尺度伸缩量。一般情况下，平移因子的单位为米（与坐标系单位保持一致），旋转因子的单位是秒，比例因子的单位为百万分之一。总的来说，有三个平移因子（X 平移、Y 平移、Z 平移），三个旋转因子（X 旋转、Y 旋转、Z 旋转），一个比例因子（也叫尺度变化 K），一般最远点间的距离不大于 150 km。

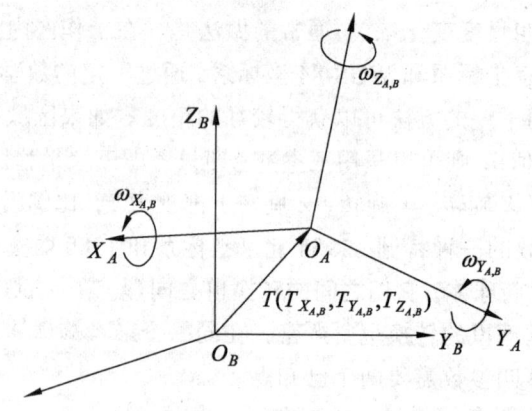

图 2-2-2 七参数转换图示

不同地方的参数是不一样的，各个地方测绘主管单位基本都有坐标转换参数，但属于内部保密参数，不对外公开。在 ArcGIS 软件中应用的参数转换法说明见表 2-2-1。

表 2-2-1 ArcGIS 的坐标参数说明

序号	方法名称	参数个数	描述
1	GeoCentric_Translation	3	基于地心的三参数转换法
2	Molodensky	3	莫洛坚斯基公式简化方法
3	Molodensky_Abridged	3	简化的莫洛坚斯基-巴德卡斯转换法
4	Position_Vector	7	位置矢量法

续表

序号	方法名称	参数个数	描述
5	Coordinate_Frame	7	基于地心的七参数转换法
6	Molodensky_Badekas	10	莫洛坚斯基-巴德卡斯投影转换方法，一种十参数的空间坐标转换模型
7	China_3D_7P	7	三维七参数转换模型，用于不同坐标系与2000国家大地坐标系（CGC2000）之间的转换。适用于全国及省级椭球面3度及以上不同地球椭球基准下的大地坐标系间控制点坐标转换。模型涉及三个平移参数，三个旋转参数和一个比例因子参数，同时需要顾及两种大地坐标系所对应的两个地球椭球体长半轴和扁率差
8	China_2D_7P	7	二维七参数转换模型，用于不同坐标系与2000国家大地坐标系（CGC2000）之间的转换。适用于全国及省级适用于椭球面3度及以上不同地球椭球基准下的大地坐标系统间控制点坐标转换。模型涉及三个平移参数，三个旋转参数和一个比例因子参数。对于1954北京坐标系、1980西安坐标系向2000国家大地坐标系的转换，由于两个参心系下的大地高的精度较低，建议采用二维七参数转换
9	China_2D_4P	4	二维四参数转换模型，用于不同坐标系与2000国家大地坐标系（CGC2000）之间的转换。适用于省级及以下局部2度以内局部范围控制点坐标转换。模型涉及三个平移参数和一个比例因子参数
10	PROJ4 Transmethod	0	PROJ4 Transmethod投影转换算法，该算法基于PROJ4第三方投影转换工具，从而支持更多的投影转换操作，满足更多海外用户的数据投影转换需求。该投影转换算法只支持有对应EPSG Code的投影之间的转换

同名点坐标转换法，也称为同名点法，是一种基于已知控制点的坐标变换方法，用于将一个坐标系统中的点转换到另一个坐标系统。在进行坐标转换时，至少需要两个或更多的同名点，即在两个坐标系统中都已知坐标的点。这些点通常是地面上的明显特征点，如交叉点、角点等，它们可以在两套坐标系统中被准确识别并测量。坐标转换的基本原理是通过同名点建立坐标系统之间的数学关系，然后将这种关系应用到其他点的坐标转换上。这个过程可以是线性的，也可以是非线性的，具体取决于坐标系统的差异及变换的复杂性。同名点坐标转换法的关键，在于同名点的选择和转换模型的准确性。选取的同名点要分布合理，代表性强，且数量足以确保转换的精度和可靠性。此外，不同的变换模型对数据的拟合能力和复杂性也不同，选择时需要综合考虑多种因素。

三、学习目标

（1）学习坐标转换参数的意义，掌握三参数法和七参数法坐标转换的过程。

(2)掌握同名点坐标转换法转换的原理和过程。

四、案例数据

案例数据位于"…\任务 2-2 坐标转换"文件夹，具体说明见表 2-2-2。

表 2-2-2 案例数据

名称	格式	坐标系	说明
XiAn80.gdb	*.gdb	Xian_1980_3_Degree_GK_Zone_38	文件地理数据库，包含"DLTB"和"road"2 个图层
七参数.txt	*.txt	—	坐标转换 7 参数
同名点坐标_CGCS2000	Shapefile 点要素	CGCS2000_3_Degree_GK_Zone_38	外业测得的 5 个同名点

五、任务要求

基于七参数法和同名点坐标转换法两种方法，完成坐标参考从"XiAn80"到"CGCS2000"坐标系统的准确转换。

六、操作步骤

定义坐标转换参数

1. 七参数法

打开 ArcGIS，加载"DLTB"图层到地图视窗。
（1）创建自定义地理（坐标）转换方法。
已知的七参数如下（这里提供的参数是模拟参数，不做真实项目使用）：

D_x 平移（m）：52.452；

D_y 平移（m）：30.12；

D_z 平移（m）：3.255；

R_x 旋转（s）：0.51；

R_y 旋转（s）：-1.205；

R_z 旋转（s）：2.6；

S 尺度（×10^{-6}）：3.102。

七参数一旦定义好，可以用于 1980 西安坐标系转 2000 国家坐标系，也可以用于 2000 国家坐标系转 1980 西安坐标系。打开 ArcToolbox 工具箱，依次点击【数据管理工具】→【投影和变换】，弹出【创建自定义地理（坐标）变换】对话框，在【地理（坐标）变换名称】中填入自定义坐标参数的名称"xian80_cgcs2000"，接着在【输入地理坐标系】中选择原始数据的坐标系统，在【输出地理坐标系】中选择要转换的目标坐标系统，在【自定义地理（坐标）变换】中的【方法】下拉框中选择"COORDINATE_FRAME"，即选择了布尔沙七参数法转换模型，依次填入已知的七个参数值，点击【确定】，如图 2-2-3 所示。

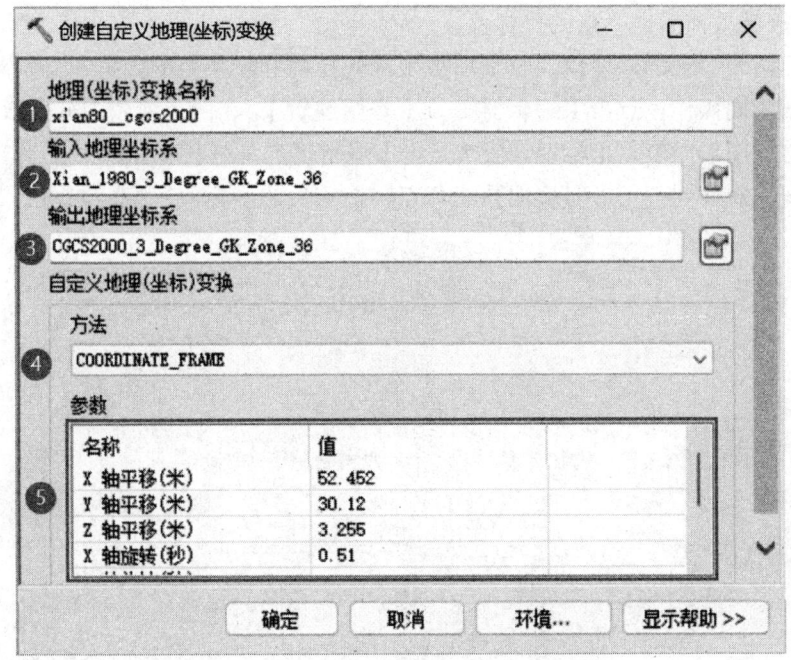

图 2-2-3 创建自定义地理（坐标）变换

（2）投影变换。

在 ArcToolbox 工具箱中依次点击【数据管理工具】→【投影和变换】，在弹出的【投影】对话框里先选择要转换的图层，接着设置输出路径和输出坐标，这时【地理（坐标）变换】会自动将第一步设置好的七参数转换方法填入下方的列表中，点击【确定】完成坐标转换，如图 2-2-4 所示。

投影变换

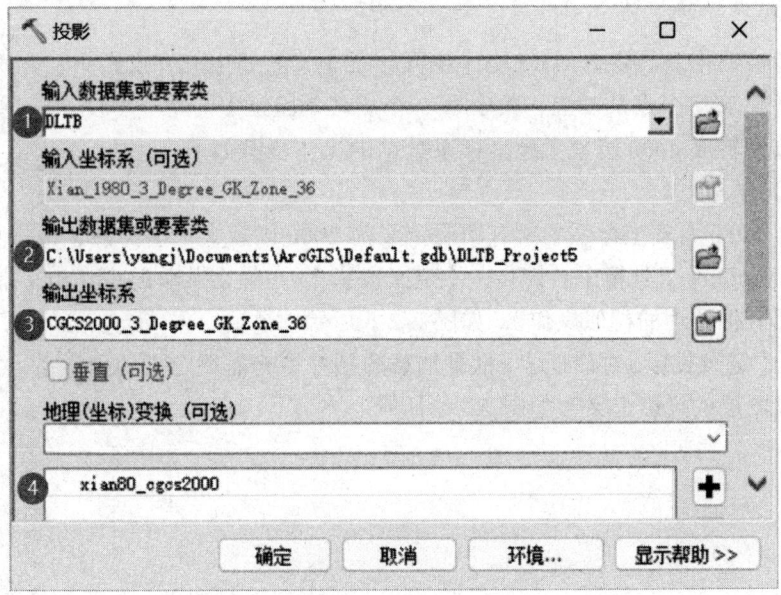

图 2-2-4 投影变换

（3）比较转换前后同一点的坐标值。

同时打开两个 ArcGIS 窗口，分别加载坐标转换前和转换后的数据，分别对打开的两个窗口执行如下相同操作：点击【编辑器】→【开始编辑】，在两个视图中分别双击同一图形，这时会显示出该图形的节点坐标值，依次点击【编辑折点】→【草图属性】，弹出【编辑草图属性】对话框，观察同一图形对应的同一节点转换前后的坐标值变换，如图 2-2-5 所示。

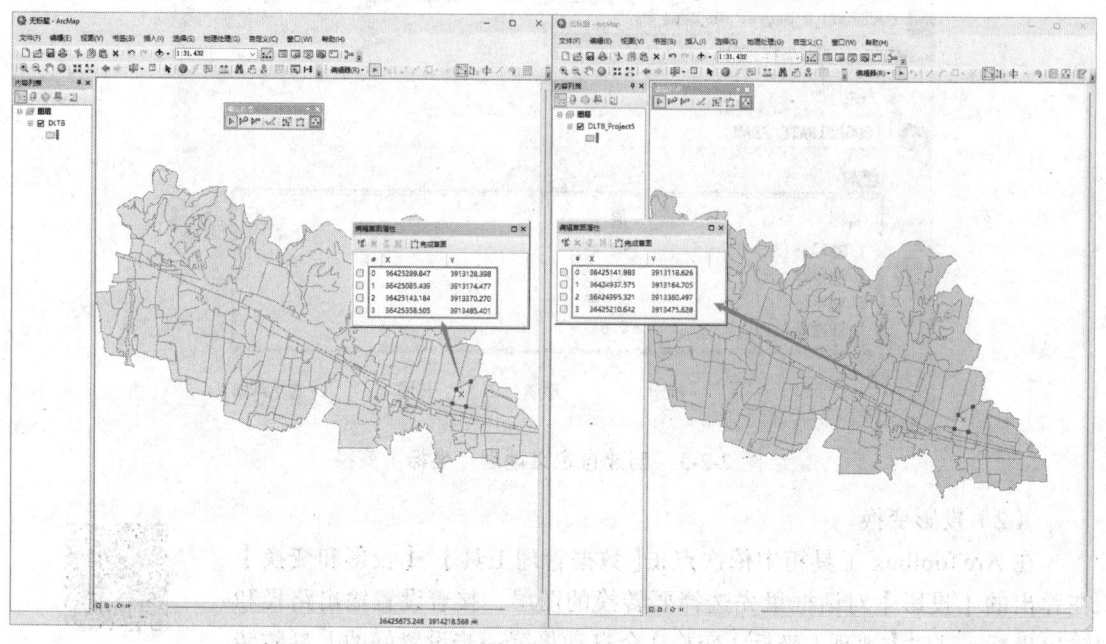

图 2-2-5　比较投影变换前后同名点坐标

2. 同名点坐标转换法

同名点转换使用工具是 ArcGIS 中【空间校正】工具条中的"投影变换"方法，要求 5 个点及以上，其中第 5 个点就是验证点。把 1980 西安坐标系数据转成 2000 国家大地坐标系数据的操作步骤如下。

同名点坐标转换

（1）定义坐标系。

将坐标为 1980 西安坐标系的所有图层定义为 2000 国家大地坐标系，该操作可批量一次完成，在 ArcToolbox 工具箱中右键点击【定义投影】，在弹出菜单的中点击【批处理】（工具箱所有工具都有批处理的类似操作），如图 2-2-6 所示。

在弹出的【定义投影】对话框中，批量加载图层并填充需要定义的坐标系，点击【确定】，即可批量完成图层的投影定义，如图 2-2-7 所示。

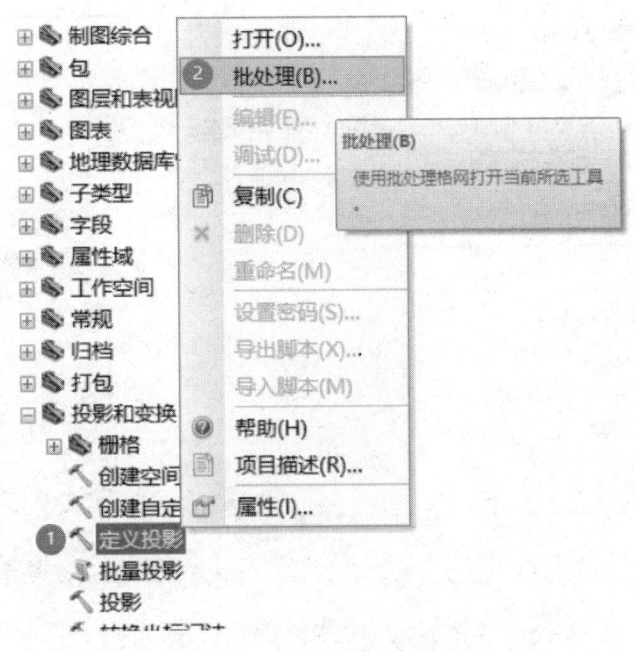

图 2-2-6　定义坐标系

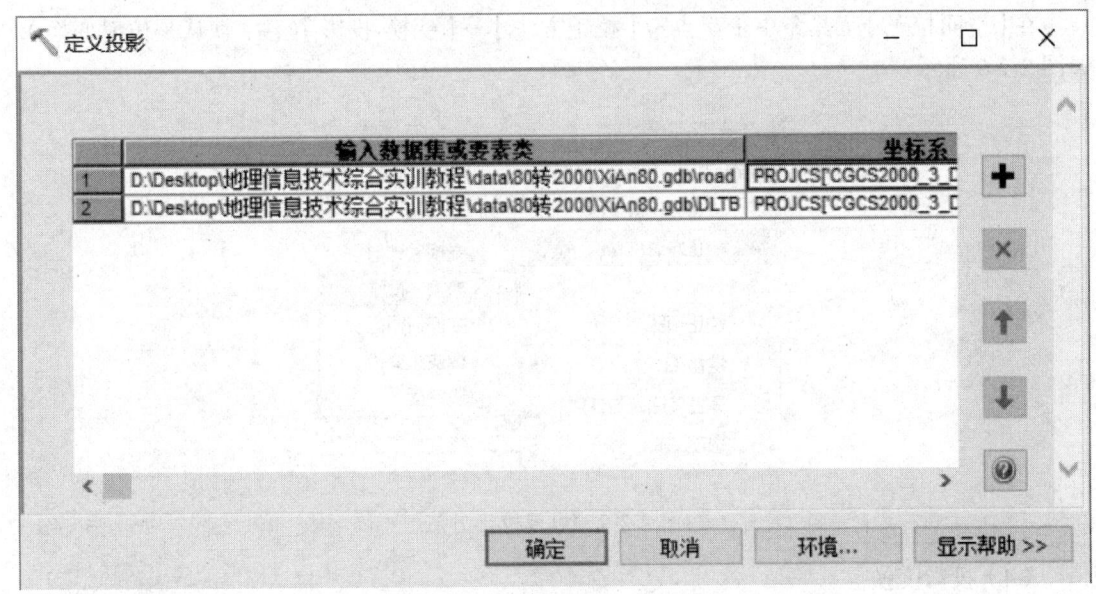

图 2-2-7　批量定义坐标系

（2）空间校正。

首先开启编辑，依次点击【空间校正】→【设置校正数据】，弹出【选择要校正的输入】对话框，选择【以下图层中的所有要素】按钮，并选中参与坐标转换的所有图层，如图 2-2-8 所示。

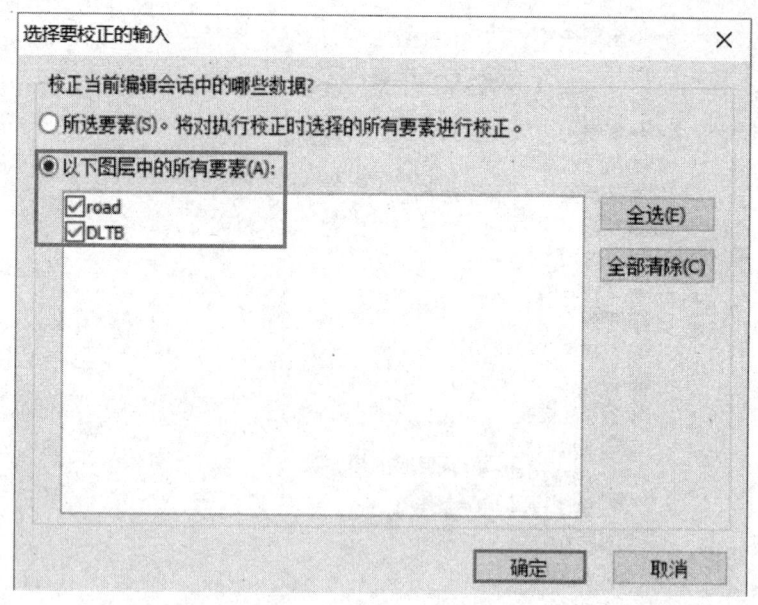

图 2-2-8　选择投影校正数据

（3）设置校正方法。

在【空间校正】工具条中依次点击【校正方法】→【变换-投影】（注：默认是仿射变换），如图 2-2-9 所示。

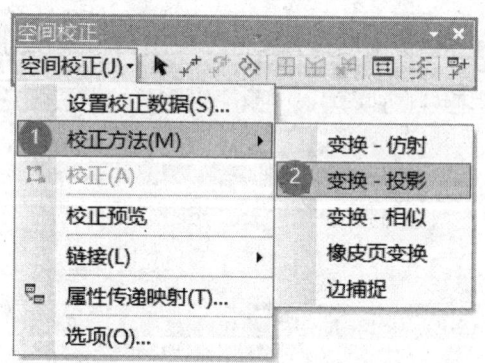

图 2-2-9　设置校正方法

（4）投影变换。

在投影变换之前，先确定是否打开了捕捉工具，再依次点击【编辑器】→【捕捉】→【捕捉工具条】，打开【捕捉】工具条，勾选折点捕捉工具，以便准确捕捉需要链接的图形节点。接着点击【空间校正】工具条上的 【新建链接位移工具】，用鼠标在图层相应的位置上建立 5 个及以上的对应（控制）点。如果没有第 5 个点，就看不到残差（即所有的残差都为 0）。这些点呈四边形分布，点之间距离越远越好。在空间校正工具条中点击 【查看链接表】查看残差，如图 2-2-10 所示，单位为米。残差越小越好，残差越小精度越高，而不是点越多越好，残差太大，校正则不准确。

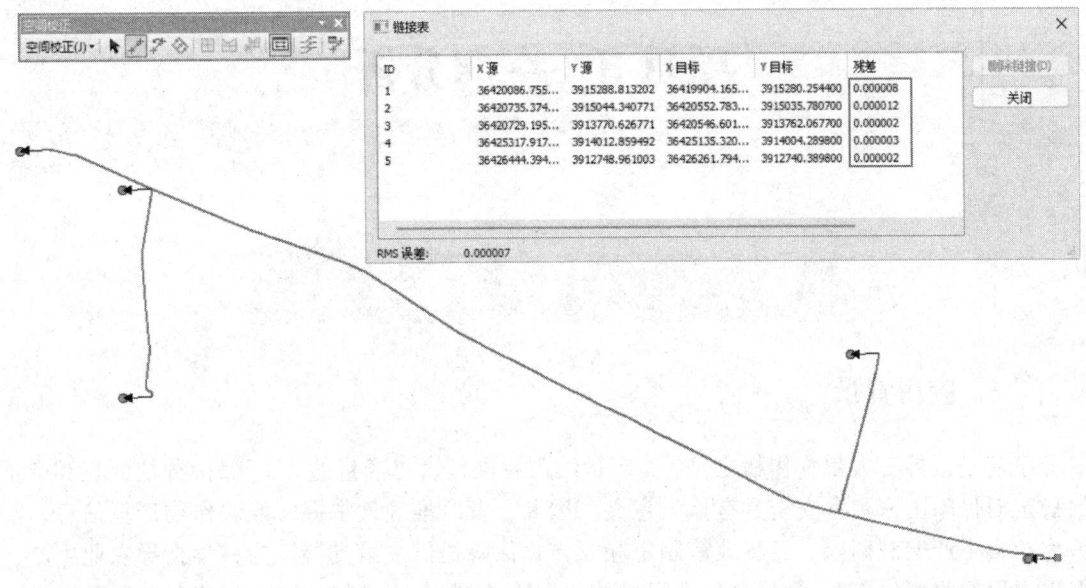

图 2-2-10　添加同名点链接

（5）空间校正。

在【空间校正】工具条中点击【校正】，接着在【编辑器】工具条中依次点击【保存编辑内容】→【停止编辑】，这样就基于同名点完成了不同基准面数据坐标系的转换，如图 2-2-11 所示。

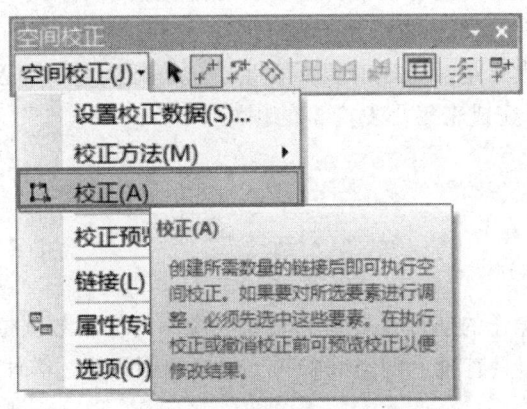

图 2-2-11　同名点空间校正

项目3 空间分析

任务 3-1 粮食产量预测分析

一、应用背景

小麦是世界三大粮食作物之一,其产量约占我国粮食总产量的 1/3,保持种植面积和产量的稳定对保障国家粮食安全具有重大意义。因此,及时准确地掌握区域农作物产量信息,能够为粮食生产宏观调控、经济政策制定和农作物保险提供决策支持,为科学指导农业生产、促进农民增收提供依据,为粮食生产提供技术保障,对服务国家粮食安全战略具有重要意义。

小麦的产量受生产技术水平和气象条件等多重因素影响,其生长环境是非常复杂的非线性系统,产量可看成一段时期内历年产量、土壤有机质含量、土壤肥沃度、温度、降水量、生长发育状况等多个影响因子相互叠加的结果。从经验上来看,粮食产量与土壤有机质含量、土壤肥沃度有直接关系,有机质含量越高,土壤越肥沃,产量越高。已有研究表明,当年粮食产量和前三年粮食产量、土壤有机质含量、土壤肥沃度的关系式为:当年粮食产量=(前三年平均粮食产量×土壤有机质含量)/土壤肥沃度。

本任务选取历年粮食产量、土壤有机质含量、土壤肥沃度 3 种因素进行栅格叠置分析,并基于 ArcGIS 栅格计算完成来年小麦产量的预测。

二、基础知识

1. 栅格数据叠置分析

栅格数据叠置分析操作的前提是要将其转换为统一的栅格数据格式,且各个叠置层必须具有统一的地理空间(即具有统一的空间参考,包括地图投影、椭球体、基准面等)、统一的比例尺、统一的分辨率。

栅格叠置可以用于数理统计,如行政区划图和土地利用类型图叠置,计算出某一行政区划内的土地利用类型个数以及各种土地利用类型的面积;可进行益本分析,即计算成本、价值等,如城市土地利用图与大气污染指数分布图、道路分布图叠置,进行土地价格的评估与预测;可进行最基本的类型叠置,如土壤图与植被图叠置,得出土壤与植被分布之间的关系图;可进行动态变化分析以及几何提取等应用。在各类地质综合分析中,栅格方式的叠置分析也十分有用,很多种类的原始资料(如化探资料、微磁资料等)都是离散数据,容易转换成栅格数据,因而便于栅格方式的叠置分析。另外,由于没有矢量叠置时产生细碎多边形的问题(这一点后面会详细解释),栅格方式的叠置产生的结果有时更为合理。

在栅格系统中,层间叠置可通过像元之间的各种运算来实现。设 A、B、C……表示第一、第二、第三……各层上同一坐标处的属性值，f 函数表示各层上属性与用户需要之间的关系，U 为叠置后属性输出层的属性值，即 $U=f(A, B, C\cdots)$。

叠置操作的输出的结果可能是：各层属性数据的平均值（简单算术平均或加权平均等），各层属性数据的最大值或最小值、算术运算结果、逻辑条件组合等。

基于不同的运算方式和叠置形式，栅格叠置变换包括如下几种类型。

（1）局部变换：基于像元与像元之间一一对应的运算，每个像元都是基于它自身的运算，不考虑其他与之相邻的像元。单层局部变换如图 3-1-1 所示，多层局部变换如图 3-1-2 所示。

输入栅格

2	0	1	1
2	3	0	2
3		2	3
1	1		2

×3=

输出栅格

6	0	3	3
6	9	0	6
9		6	9
3	3		6

图 3-1-1　单层局部变换

输入栅格

2	0	1	1
2	3	0	2
3		2	3
1	1		2

×

乘数栅格

1	1	2	2
1	2	2	2
2	2	3	3
2	3	3	4

=

输出栅格

2	0	2	2
2	6	0	4
6		6	9
2	3		8

图 3-1-2　多层局部变换

（2）邻域变换：以某个像元为中心，将周围像元的值作为算子，进行简单求和、求平均值、求最大值、求最小值等运算。图 3-1-3 所示为 3×3 领域范围的求和运算。

输入栅格

2	0	1	1
2	3	0	2
3		2	3
1	1		2

（领域求和）=

输出栅格

7	8	7	4
10	13	12	9
10	12	13	9
5	7	8	7

图 3-1-3　邻域变换

（3）分带变换：将具有相同属性值的像元作为整体进行分析运算，如图 3-1-4 所示。

输入栅格

2	0	1	1
2	3	0	2
	0	2	
1	1	0	2

分带栅格

1	2	4	5
5	6	7	8
1	2	3	4
5	5	5	5

=

输出栅格

8	7	5	2
8	6	7	8
	7	8	
5	5	7	8

图 3-1-4　分带变换

（4）全局变换：全局变换是基于区域内全部栅格的运算，一般指在同一网格内进行像元与像元之间距离的量测。自然距离量测运算或者欧几里得几何距离运算属于全局变换。如图

3-1-5 所示，输入栅格有两组源数据，源数据 1 是第 1 组，共有 3 个栅格，源数据 2 组只有一个栅格。欧几里得几何距离定义源像元为 0 值，而其他像元的输出值是到最近的源像元的距离。因此，如果默认像元大小为 1 个单位的话，则输出栅格中的像元值按照距离计算原则赋值为 0、1、1.4 或 2。

输入栅格

		1	1
			1
	2		

欧几里得距离=

输出栅格

2.0	1.0	0.0	0.0
1.4	1.0	1.0	0.0
1.0	0.0	1.0	1.0
1.4	1.0	1.4	2.0

图 3-1-5 欧几里得距离运算

2. 栅格逻辑叠置

栅格数据中的像元值有时无法用数值型字符来表示，不同专题要素用统一的量化系统表示也比较困难，故使用逻辑叠置更容易实现各个栅格层之间的运算。例如，某区域土壤类型包括黑土、盐碱土以及沼泽土可获得同一地区土壤的 pH 值以及植被覆盖类型的相关数据，要求查询出土壤类型为黑土、土壤 pH 值小于 6 且植被覆盖以阔叶林为主的区域。将上述条件转换为条件查询语句，使用逻辑求交即可查询出满足上述条件的区域。

二值逻辑叠置是栅格叠置的一种表现方法，用 0 和 1 分别表示假（不符合条件）与真（符合条件）。然而，仅用二值来描述现实世界中的多样状态是远远不够的。因此，在使用二值逻辑叠置时，往往需要建立多个二值图，然后进行各个图层的布尔逻辑运算，最后生成叠置结果图。符合条件的位置点或区域范围可以是栅格结构影像中的每个像元，或者是四叉树结构影像中的每个像块，也可以是矢量结构图中的每个多边形。

图层之间的布尔逻辑运算包括：与、或、非、异或等。

（1）与（&）：比较两个或两个以上栅格数据图层，若对应的栅格值均为非 0 值，则输出结果为真（赋为 1），否则输出结果为假（赋值为 0）。

（2）或（|）：比较两个或两个以上栅格数据图层，若对应的栅格值中只有一个或一个以上为非 0 值，则输出结果为真（赋为 1），否则输出结果为假（赋值为 0）。

（3）非（^）：对一个栅格数据图层进行逻辑"非"运算，若栅格值为 0 值，则输出结果为真（赋为 1）；若栅格值为非 0 值，则输出结果为假（赋值为 0）。

（4）异或（!）：比较两个或两个以上栅格数据图层，若对应的栅格值的逻辑真假互不相同（一个为 0，另一个为非 0 值），则输出结果为真（赋为 1），否则输出结果为假（赋值为 0）。

图 3-1-6 所示为布尔逻辑"与"运算。

输入栅格1

1	0	1	1
1	1	0	0
0	0	1	0
1	1	0	2

&

输入栅格2

0	2	3	0
5	1	4	0
1	2	3	0
5	5	5	0

=

输出栅格

0	0	1	0
1	1	0	0
0	0	1	0
1	1	0	0

图 3-1-6 布尔逻辑"与"运算

三、学习目标

（1）掌握栅格数据叠置的概念和栅格数据叠置的方法。
（2）掌握 ArcGIS 栅格计算器的应用。

四、案例数据

案例数据位于"…\任务 3-1 粮食产量预测分析"文件夹，具体说明见表 3-1-1。

表 3-1-1　案例数据

名称	格式	坐标系	说明
year2018	*.tif	Xian_1980_3_Degree_GK_Zone_35	2018 年某地区小麦产量
year2019	*.tif	Xian_1980_3_Degree_GK_Zone_35	2019 年某地区小麦产量
year2020	*.tif	Xian_1980_3_Degree_GK_Zone_35	2020 年某地区小麦产量
有机质含量	*.tif	Xian_1980_3_Degree_GK_Zone_35	某地区有机质含量数据
土壤肥沃度	*.tif	Xian_1980_3_Degree_GK_Zone_35	某地区土壤肥沃度数据（注：共分为 3 级，其中 1 级表示土壤肥沃度为最高）

五、任务要求

利用某地区已有的 3 年（2018—2020 年）小麦产量数据、土壤有机质含量数据和土壤肥沃率等级数据，并基于"数学分析法"和"栅格计算器"两种方法预测 2021 年该地区小麦粮食产量。

六、操作步骤

1. 方法一：数学分析

数学分析法

（1）计算 2018—2020 年粮食总产量。

首先，在 ArcGIS 中将"year2018""year2019""year2020""有机质含量""土壤肥沃度"五个栅格数据集加载到内容列表和地图窗口中。其次，在 ArcToolbox 工具箱中依次选择【Spatial Analyst 工具】→【数学分析】→【加】。如图 3-1-7 所示，在【输入栅格数据或常量值 1】中选择"year2018.tif"栅格数据，在【输入栅格数据或常量值 2】中选择"year2019.tif"栅格数据，设置好输出路径和输出图层名称，如"Plus_1819.tif"，点击【确定】。最后，执行【加】数学分析工具，在输入框中输入上一步的结果和"year2020.tif"栅格数据，点击【确定】。

（2）计算 2018—2020 年的粮食平均产量。

用上一步计算的粮食总产量除以 3 即可得到 3 年的粮食平均产量。在 ArcToolbox 工具箱中依次选择【Spatial Analyst 工具】→【数学分析】→【除】。如图 3-1-8 所示，在【输入栅格数据或常量值 1】中选择上一步计算的"粮食总产量.tif"栅格数据,在【输入栅格数据或常量值 2】中直接输入"3",点击【确定】即可完成。

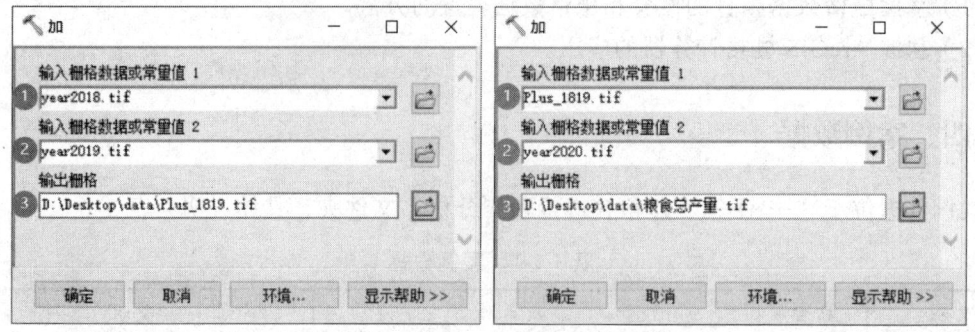

图 3-1-7 计算 2018—2020 年粮食总产量

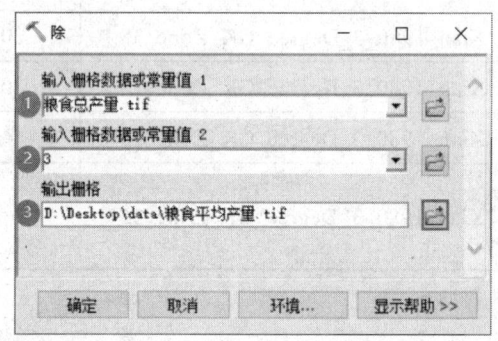

图 3-1-8 计算 2018—2020 年的粮食平均产量

(3)估算 2021 年粮食产量。

根据公式"某年粮食产量=(前三年平均粮食产量×土壤有机质含量)/土壤肥沃度"预测 2021 年粮食产量。在 ArcToolbox 工具箱中依次选择【Spatial Analyst 工具】→【数学分析】→【乘】。如图 3-1-9 所示,在【输入栅格数据或常量值 1】中选择上一步计算的"粮食平均产量.tif"栅格数据,在【输入栅格数据或常量值 2】中选择"有机质含量.tif",点击【确定】即可完成。

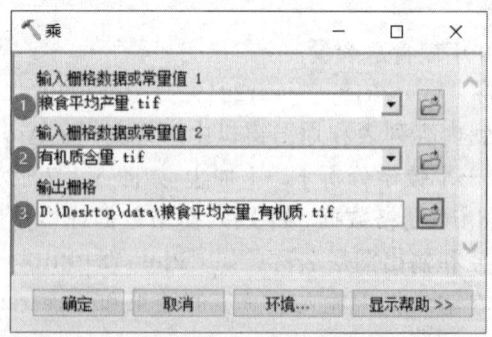

图 3-1-9 粮食平均产量和有机质含量相乘

最后利用【除】工具,预测出 2021 年粮食产量(注:选择"除"的原因是土壤的肥沃度和等级成反比,即 1 级是最高肥沃度)。如图 3-1-10 所示,在【输入栅格数据或常量值 1】中

- 58 -

选择上一步计算的"粮食平均产量_有机质.tif"栅格数据，在【输入栅格数据或常量值2】中选择"土壤肥沃度.tif"，点击【确定】即可完成。

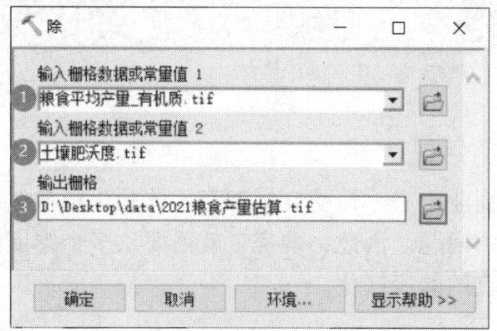

图 3-1-10　估算 2021 年粮食产量

2. 方法二：栅格计算器

首先，在 ArcGIS 中将"year2018""year2019""year2020""有机质含量""土壤肥沃度"五个栅格数据集加载到内容列表和地图窗口中。接着在 ArcToolbox 工具箱中依次选择【Spatial Analyst 工具】→【地图代数】→【栅格计算器】，在弹出的对话框里输入栅格计算公式 "(("year2018.tif"+ "year2019.tif"+"year2020.tif")/3)*"有机质含量.tif"/"土壤肥沃度.tif""，接着设置输出路径和名称，点击【确定】完成计算，如图 3-1-11、图 3-1-12 所示。

栅格计算器

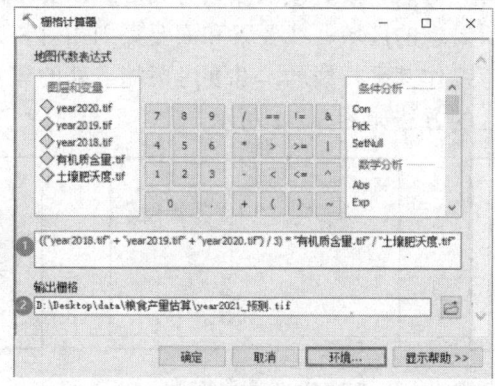

图 3-1-11　输入计算公式

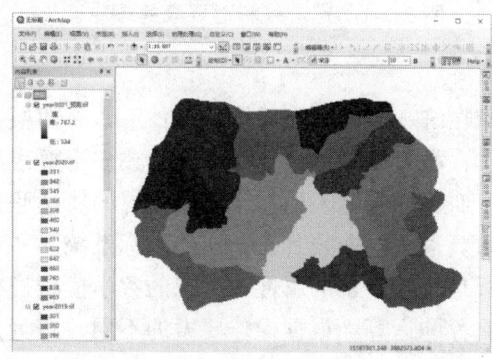

图 3-1-12　分析结果

任务 3-2　住房选址分析

 一、应用背景

如何找到能便捷到达商业中心，接受良好教育，体验优雅自然环境，远离噪声污染的居住区位，是购房者最关心的问题。因此，购房者就需要从多个维度的信息综合分析商品房的区位优势，从而选择最适宜的购房区位。

 二、基础知识

1. 缓冲区分析

缓冲区（Buffer）是对一组或一类地图要素（点、线或面）按设定的距离条件，围绕这组要素而形成具有一定范围的多边形区域。缓冲区是指地理空间目标的一种影响范围或服务范围，如城市的噪声污染源所影响的一定空间范围或公共设施（商场、邮局、银行、医院等）的服务半径。在水资源利用、开发与评价时，往往要在水源周围划定一定宽度的区域建立水源保护区，在该区域内禁止一切破坏水源的活动，这个保护区就是缓冲区。

缓冲区的建立相对简单。对点要素直接以该点为圆心，以要求的缓冲区距离大小为半径画圆，所包含的区域即为所要求的区域；线要素和面要素则相对复杂，缓冲区的建立是以线要素或面要素的边线为参考线作其平行线的，并要考虑端点处的建立原则，最终才能建立缓冲区。三种要素建立缓冲区的方法如图 3-2-1 所示。

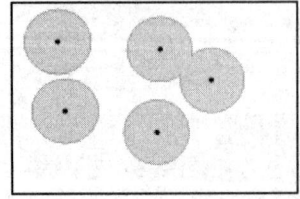　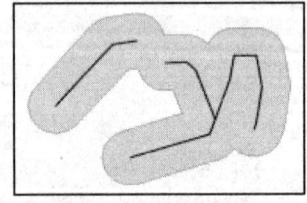　

（a）点要素的缓冲区　　　（b）线要素的缓冲区　　　（c）面要素的缓冲区

图 3-2-1　点、线和面要素的缓冲区

2. 矢量数据叠置分析

矢量数据叠置分析是指在统一空间参照系统的条件下，将两层或多层地图要素进行叠置产生一个新的要素图层操作，叠置结果综合了原来两个或多个要素所具有的属性。叠置分析不仅生成了新的空间关系，而且还将输入的多个要素图层的属性联系起来产生了新的属性关系。叠置分析要求被叠置的要素图层必须具有相同的坐标系统。

从原理上说，叠置分析是对新要素的属性按一定的数学模型进行计算分析，其中往往涉及逻辑交、逻辑并、逻辑差等的运算。根据操作要素的不同，叠置分析可以分成点与多边形叠置、线与多边形叠置及多边形与多边形叠置；根据操作形式的不同，叠置分析可以分为图层擦除（Erase）、相交操作（Intersect）、图层联合（Union）、标识叠置（Identity）、交集取反（Symmetrical Difference）和修正更新（Update）。本任务案例采用相交和擦除两种类型的叠置分析。

（1）相交。

相交是计算输入要素的几何交集的过程，可以使输入要素类的属性值复制到输出要素类。

输入要素必须是简单要素（如点、多点、线或面），不能是复杂要素（如注记要素、尺寸要素或网络要素）。如果输入要素具有不同几何类型，则输出要素类几何类型默认与具有最低维度几何的输入要素相同。例如，如果一个或多个输入的类型为点，则默认输出类型为点；如果一个或多个输入类型为线，则默认输出类型为线；如果所有输入类型都为面，则默认输出类型为面。

输出类型可以是具有最低维度几何或较低维度几何的输入要素类型。例如，如果所有输入类型都是面，则输出类型可以是面、线或点；如果某个输入类型为线但不包含点，则输出类型可以是线或点；如果任何一个输入类型是点，则输出类型只能是点。相交分析原理如图3-2-2所示。

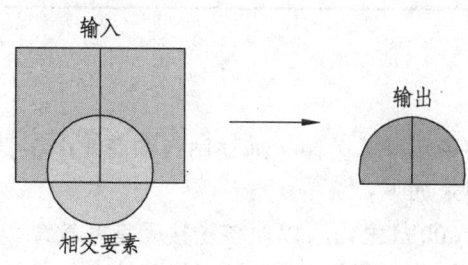

图 3-2-2 相交分析原理

（2）擦除。

擦除是在输入数据图层中去除与擦除数据图层相交的部分，形成新的矢量数据图层的过程。

擦除要素可以为点、线或面要素，只要输入要素的要素类型等级与之相同或较低。面擦除要素可用于擦除输入要素中的面、线或点要素；线擦除要素可用于擦除输入要素中的线或点要素；点擦除要素仅用于擦除输入要素中的点要素。擦除分析原理如图3-2-3所示。

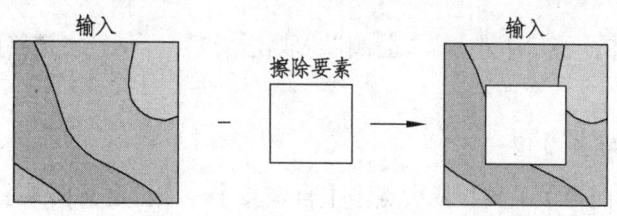

图 3-2-3 擦除分析原理

三、学习目标

（1）掌握缓冲区的意义和ArcGIS软件中的缓冲区向导工具应用。

（2）掌握矢量数据叠置分析的意义、类型和区别。

四、案例数据

案例数据位于"…\任务 3-2 住房选址分析"文件夹,具体说明见表 3-2-1。

表 3-2-1　案例数据

名称	格式	坐标系	说明
中小学	Shapefile 点要素	CGCS2000_3_Degree_GK_Zone_36	用于生成学校服务范围
公园	Shapefile 点要素	CGCS2000_3_Degree_GK_Zone_36	用于生成公园服务范围
商场	Shapefile 点要素	CGCS2000_3_Degree_GK_Zone_36	用于生成商场服务范围
地铁站点	Shapefile 点要素	CGCS2000_3_Degree_GK_Zone_36	用于生成地铁站点服务范围
道路网	Shapefile 线要素	CGCS2000_3_Degree_GK_Zone_36	用于生成道路网影响范围
地铁线路	Shapefile 线要素	CGCS2000_3_Degree_GK_Zone_36	参考数据,不参与分析

五、任务要求

所选的住房区位要求距中小学、公园、地铁站点和商业中心要近,此外距高速公路和城市主干道要远,具体定量要求如下:

（1）距优质中小学在 2 000 m 之内,以便孩子接受良好教育。

（2）距公园 1 000 m 之内,以便体验良好的风景环境。

（3）距地铁 1 000 m 之内,以便出行顺利。

（4）距商业中心在其"服务半径"之内,服务半径由属性字段确定。

（5）距主要市区交通要道 200 m 之外,交通要道的车流量大,是噪声产生的主要来源（注:道路网图层中类型字段值为"高速公路"和"主干道"要素是交通要道）。

六、操作步骤

首先打开 ArcGIS,将"中小学""公园""地铁站点""商场""道路网"5 个图层加载到地图窗口中。

1. 建立学校的服务范围

（1）添加【缓冲向导】工具,依次点击【自定义】→【自定义模式】,在弹出的【自定义】对话框中选择【命令】选项卡,在文本框中输入"缓冲向导"快速搜索到工具,鼠标左键按住【缓冲向导】工具不放开并拖到工具栏任意位置,如图 3-2-4 所示。

缓冲区分析

（2）点击 【缓冲向导】按钮,在【缓冲向导】对话框中,缓冲区对象图层选择图层"中小学",点击【下一页】,如图 3-2-5 所示。

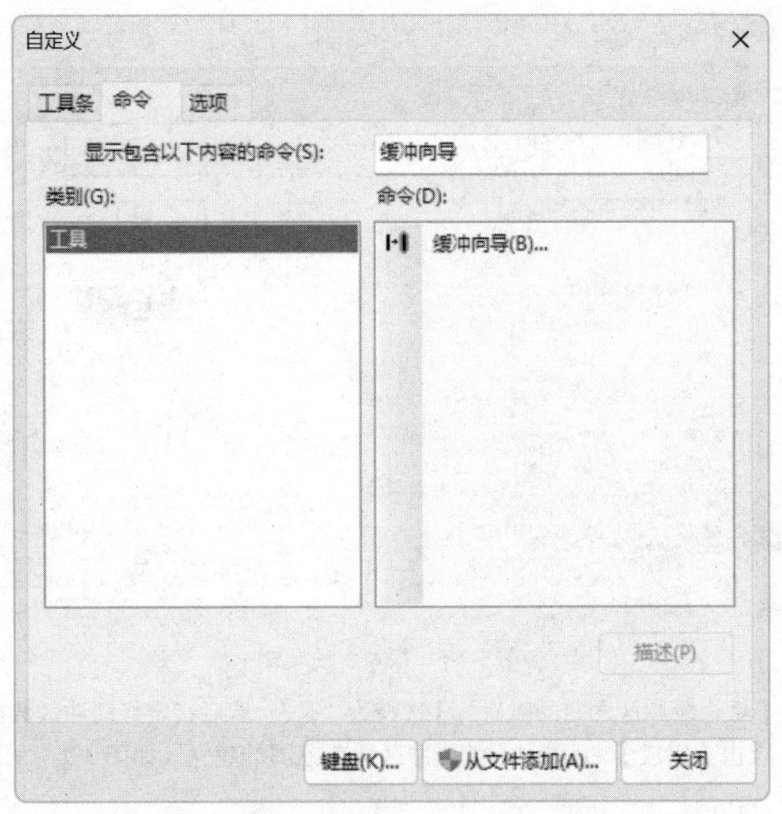

图 3-2-4 添加缓冲向导工具

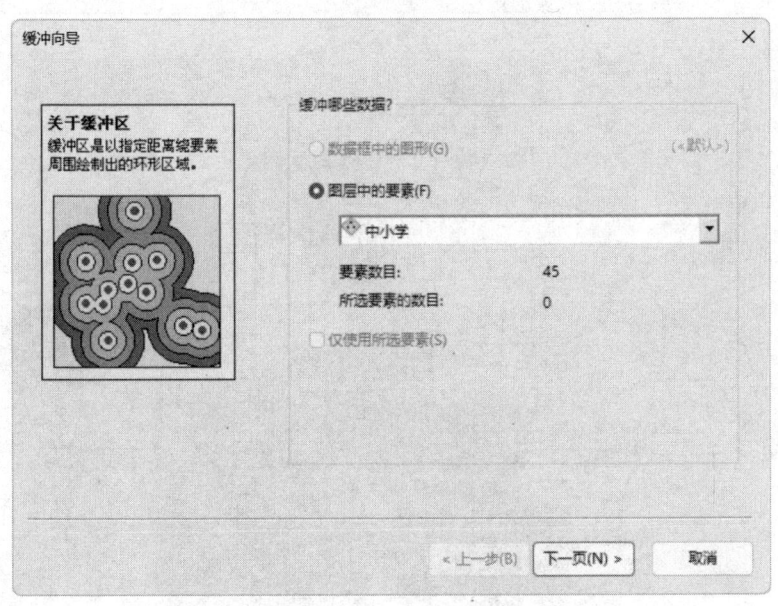

图 3-2-5 选择缓冲数据

（3）选中【以指定的距离】建立缓冲区的方法，指定 2 000 m 作为半径，选择【距离单位】为"米"，点击【下一页】，如图 3-2-6 所示。

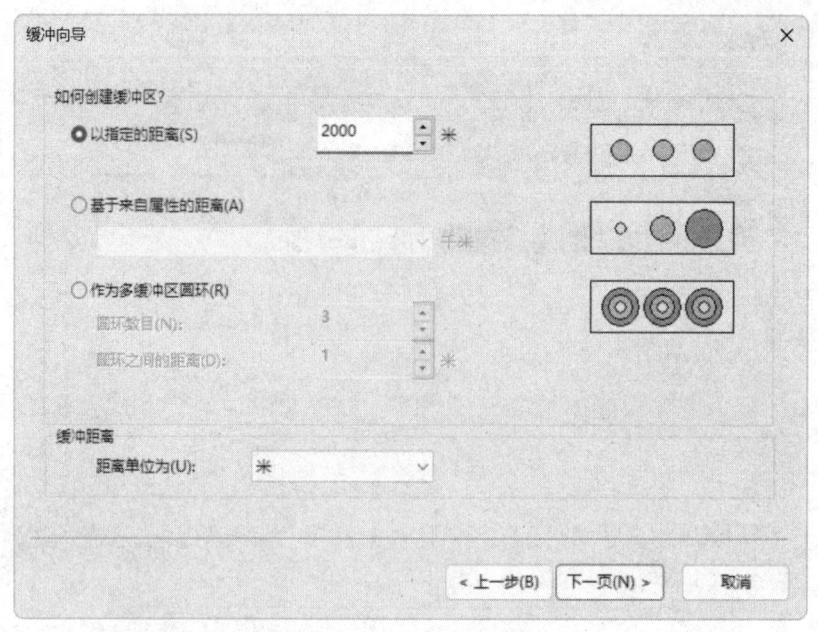

图 3-2-6 缓冲半径设置

（4）对于【融合缓冲区之间的障碍？】选择为"是"，然后指定好缓冲区数据的存放路径和文件名称，点击【完成】，完成中小学缓冲区覆盖范围的建立，如图 3-2-7 所示。

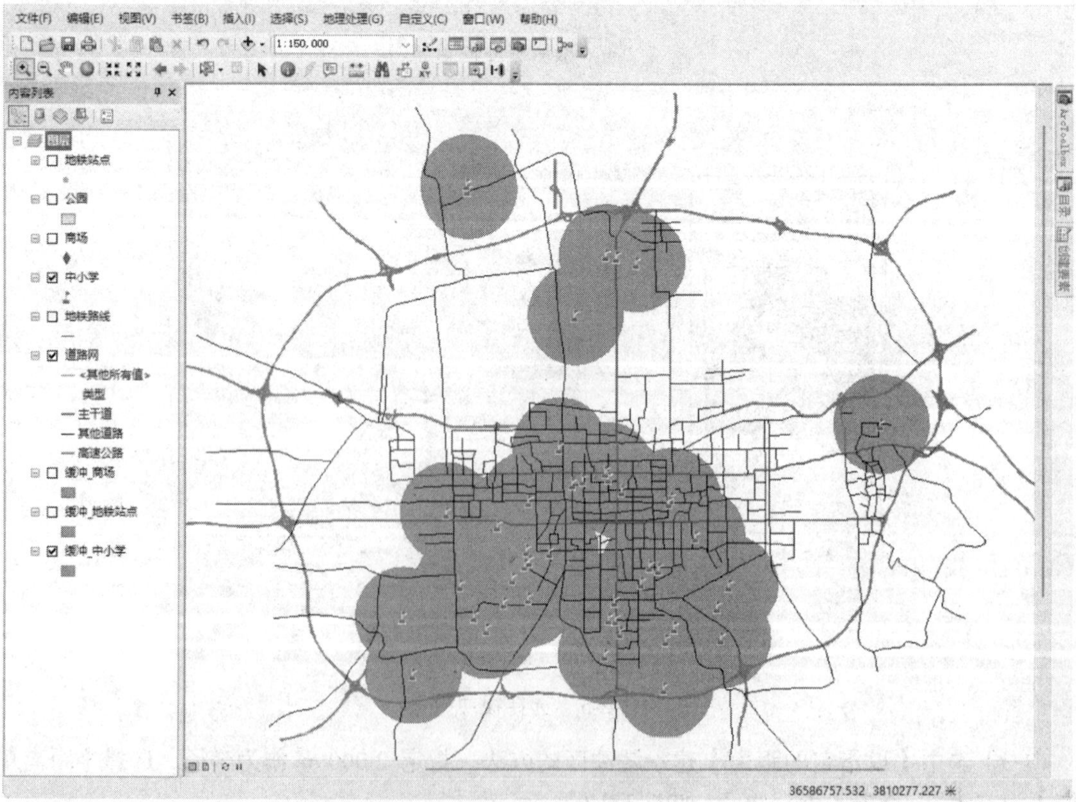

图 3-2-7 中小学服务范围

2. 建立地铁站点服务范围

（1）点击缓冲向导按钮，在缓冲区对象图层选择"地铁站点"图层。（思考为什么不使用"地铁线路"做缓冲区分析。）

（2）点击【下一页】，选择第一种【以指定的距离】建立缓冲区的方法，指定1 000 m作为缓冲区半径，选择【距离单位】为"米"，点击【下一页】。

（3）对于【融合缓冲区之间的障碍？】选择为"是"，然后指定好缓冲区数据的存放路径和文件名称，点击【完成】，完成地铁站点服务范围缓冲区的建立，如图3-2-8所示。

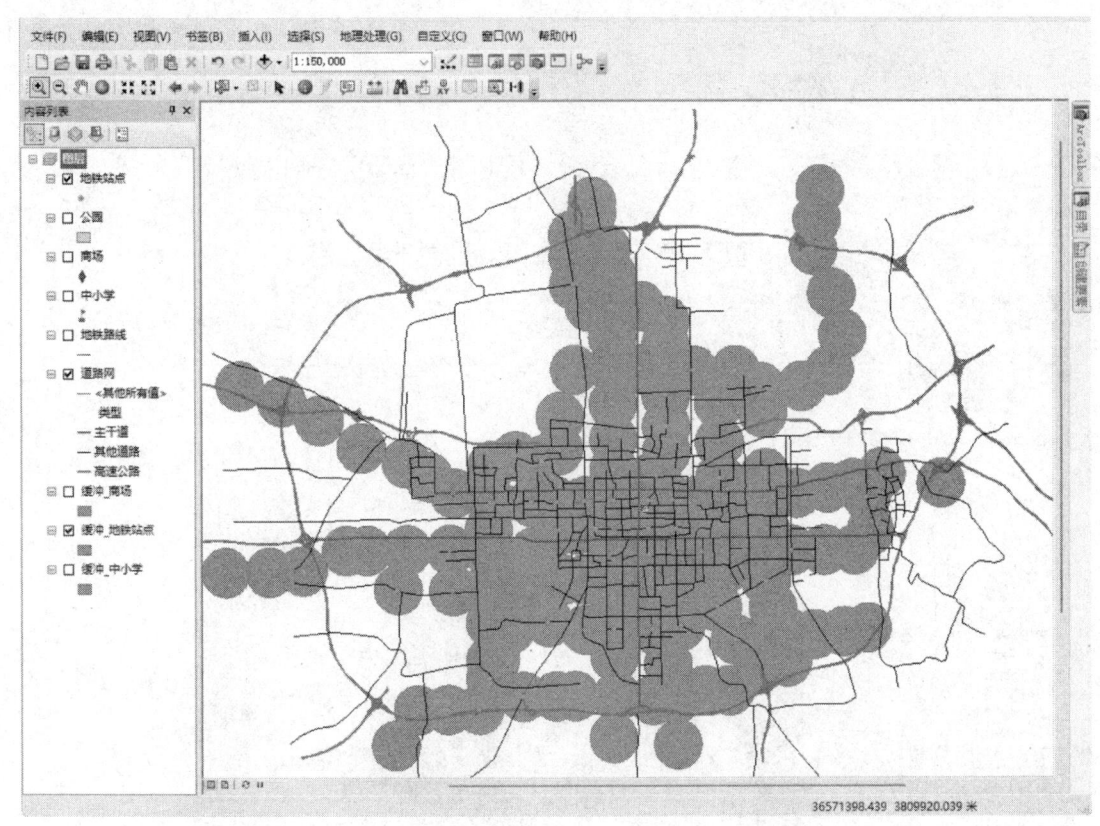

图3-2-8 地铁站点服务范围

3. 建立商场服务范围

（1）建立商场的服务范围，商场自身的规模决定其服务的范围不同，因此需根据每个商场的实际服务能力确定服务半径，这个服务半径可根据图层某一字段值决定。点击缓冲区按钮，在缓冲区对象图层选择商业中心分布图层"商场"，点击【下一页】。

（2）选择第二种【基于来自属性的距离】建立缓冲区的方法，以其属性字段"半径"为缓冲区半径，选择【距离单位】为"米"，点击【下一页】，如图3-2-9所示。

（3）对于【融合缓冲区之间的障碍？】选择为"是"，然后指定好缓冲区数据的存放路径和文件名称，点击【完成】，完成商场服务范围缓冲区的建立，如图3-2-10所示。

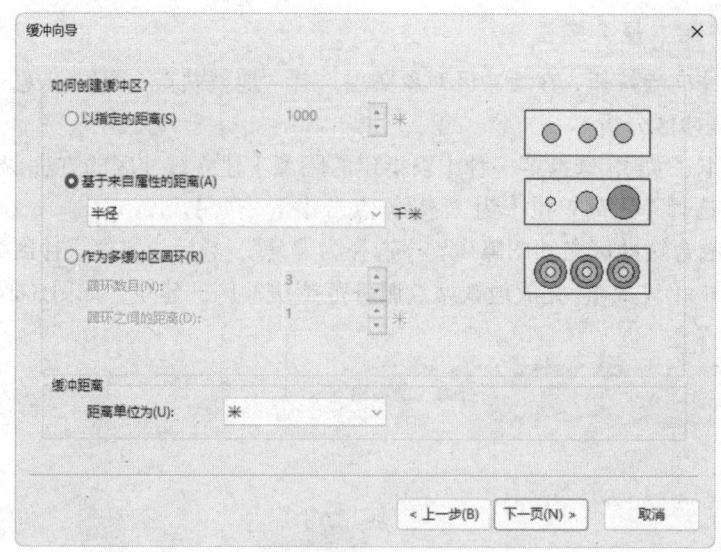

图 3-2-9 基于属性字段建立缓冲区

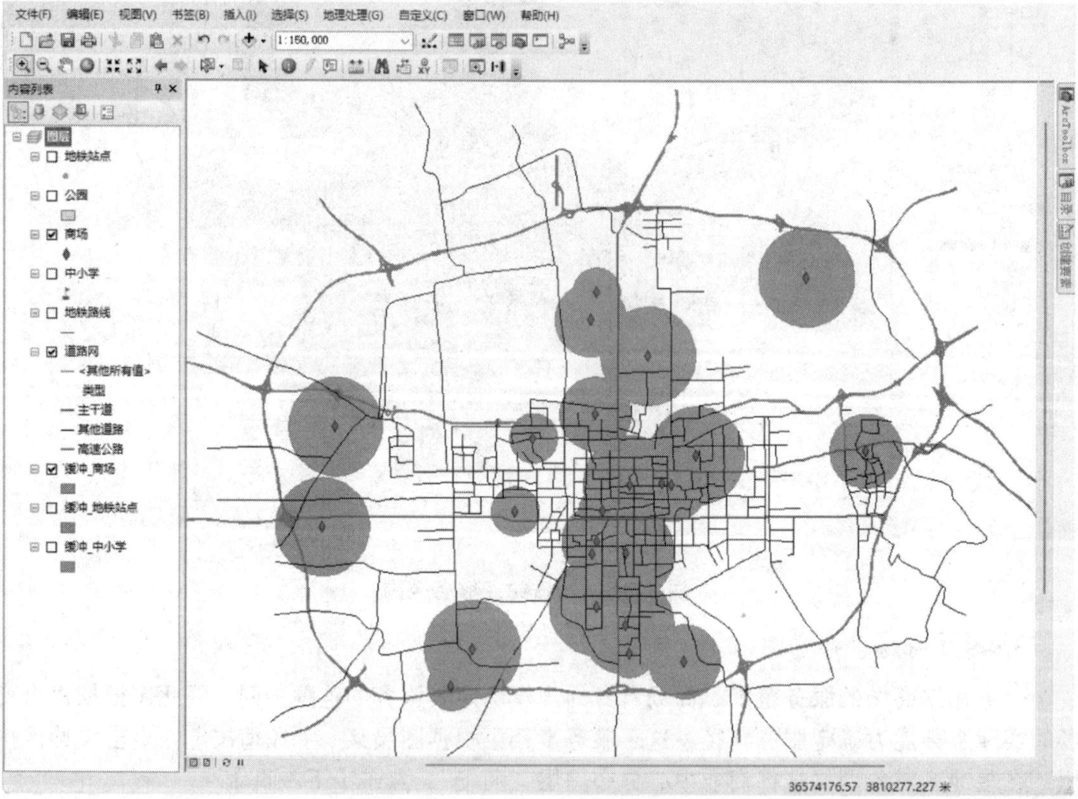

图 3-2-10 商场服务范围

4. 交通要道噪声缓冲区建立

（1）选择交通网络图层"道路网"，依次点击【选择】→【按属性选择】，在弹出的【按属性选择】对话框中，选择图层为"道路网"，在【SELECT * FROM 高速 WHERE】文本框

中输入 ""类型" = '高速公路' OR "类型" = '主干道'"，点击【应用】按钮，筛选出市区的高速公路和主干道路，如图 3-2-11 所示。

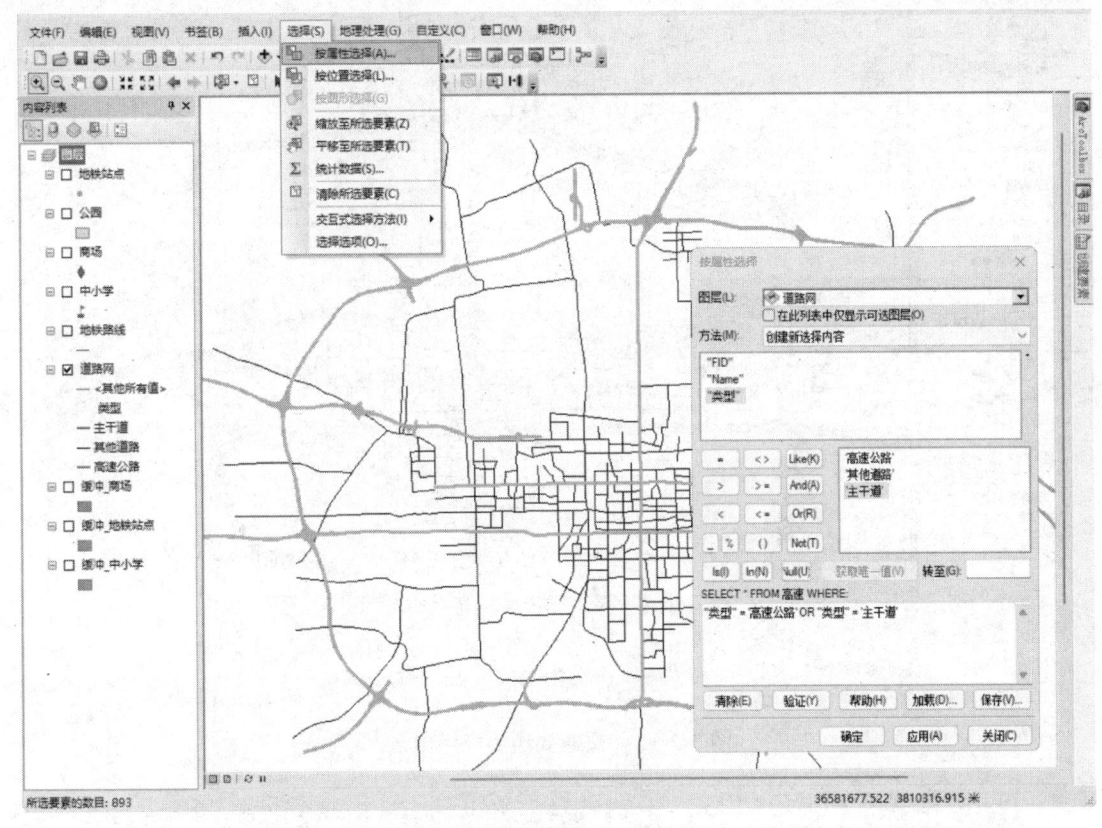

图 3-2-11　查询筛选主干道

（2）点击缓冲向导按钮，对选择的主干道进行缓冲区分析。首先在缓冲区对象图层选择交通网络图层"道路网"，然后勾选【仅使用所选要素】进行分析，点击【下一页】。

（3）选择第一种【以指定的距离】建立缓冲区的方法，指定缓冲区半径为 200 m，选择【距离单位】为"米"，点击【下一页】。

（4）【融合缓冲区之间的障碍？】选择"是"，然后指定好缓冲区数据的存放路径和文件名称，点击【完成】，完成主干道噪声污染影响范围缓冲区建立，如图 3-2-12 所示。

5. 建立公园服务范围

建立公园服务范围的流程不能使用缓冲向导工具，而须使用 ArcToolbox 工具箱中的缓冲区功能，因为本案例中的公园数据是一个面状数据，须对其外侧做缓冲区，缓冲向导不能准确去除面状数据内的图形。

打开 ArcToolbox 工具箱，依次选择【分析工具】→【邻域分析】→【缓冲区】操作，打开【缓冲区】操作对话框。在输入要素选择"公园"图层，距离设置为"1000"，单位设置为"米"，【侧类型（可选）】选择"OUTSIDE_ONLY"（即只对要素图形的外面做缓冲区），【融合类型（可选）】选择"ALL"，点击【确定】按钮，完成公园缓冲区服务范围的建立，如图 3-2-13、图 3-2-14 所示。

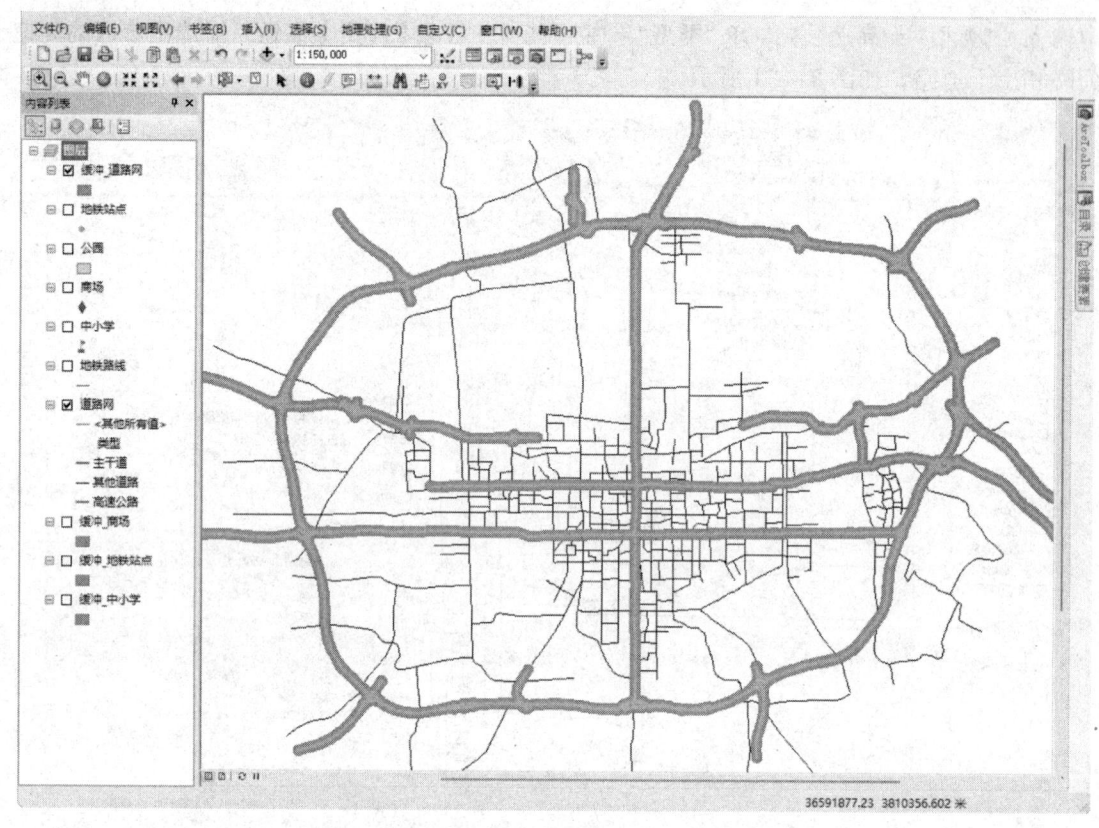

图 3-2-12　交通要道噪声污染区

图 3-2-13　缓冲区分析

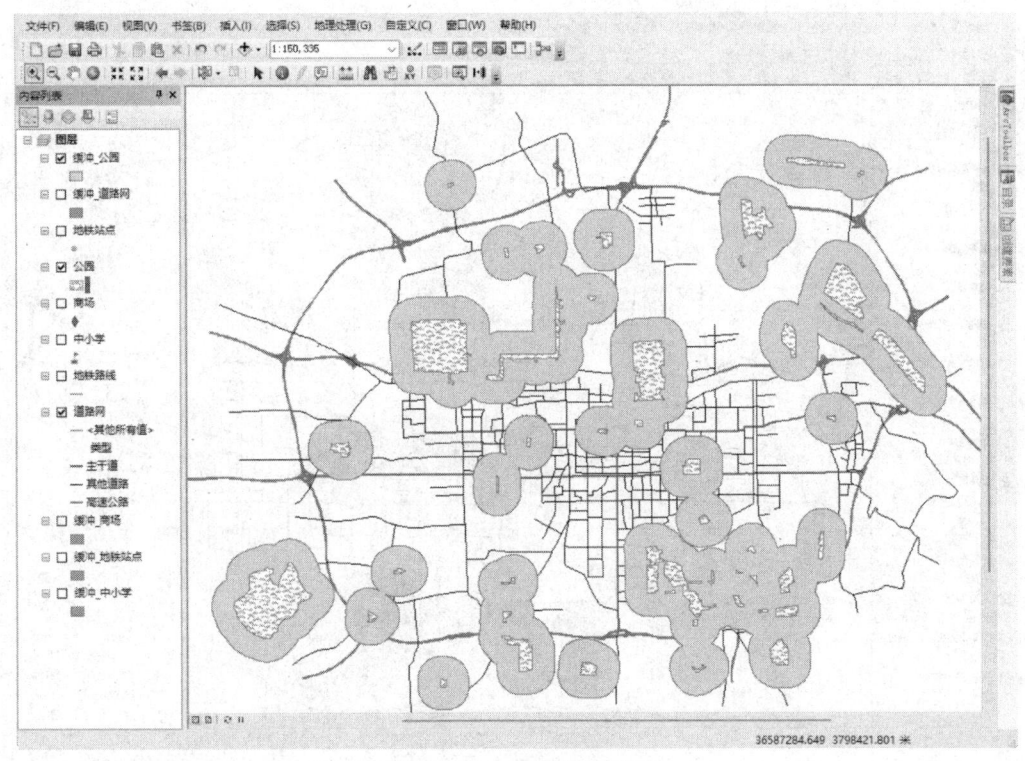

图 3-2-14 公园服务范围

6. 进行叠置分析，将满足上述四个要求的区域求出

（1）对中小学服务范围、地铁服务范围、公园服务范围和商场服务范围四个缓冲区图层进行"叠置求交"操作，可将同时满足四个条件的区域求出。打开 ArcToolbox 工具箱，依次选择【分析工具】→【叠置分析】→【相交】操作，打开【相交】操作对话框。将中小学的缓冲区、地铁站点的缓冲区、商场的缓冲区和公园的缓冲区同时添加到分析面板，设置输出文件名称并选择全部字段，设置输出类型和输入类型一样。点击【确定】，可获得同时满足四个条件的交集区域，如图 3-2-15、图 3-2-16 所示。

叠置分析

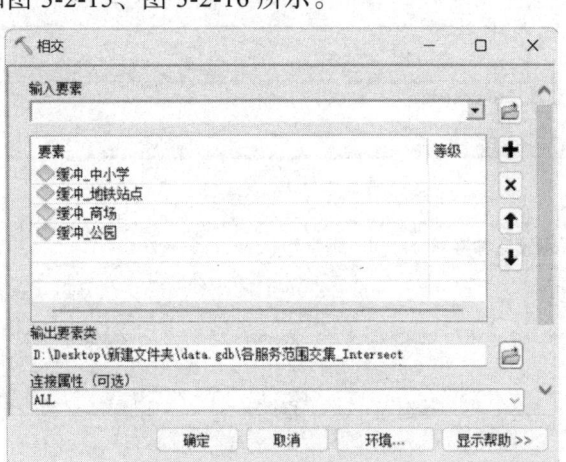

图 3-2-15 相交分析

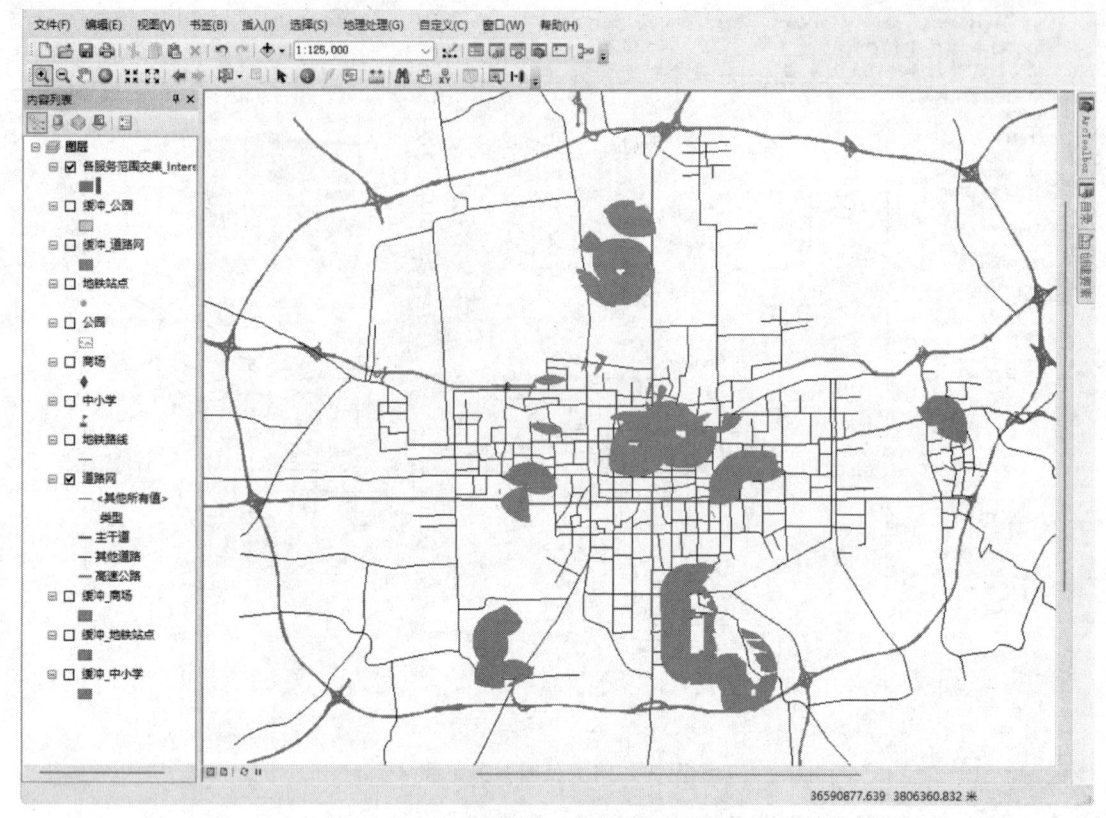

图 3-2-16 满足四个条件的服务范围

（2）利用道路网噪声缓冲区和获得的四个区域的交集进行图层擦除操作，从而获得同时满足任务要求的五个条件的区域。打开 ArcToolbox 工具箱，分别选择【分析工具】→【叠置分析】→【擦除】操作，打开【擦除】操作对话框，在输入要素选择上一步生成的四个区域的交集，在擦除要素选择主干道噪声缓冲区，设置输出图层的路径和名称，点击【确定】，就获得了同时满足五个条件的交集区域，即购房者的最佳选择区域，如图 3-2-17、图 3-2-18 所示。

图 3-2-17 擦除分析

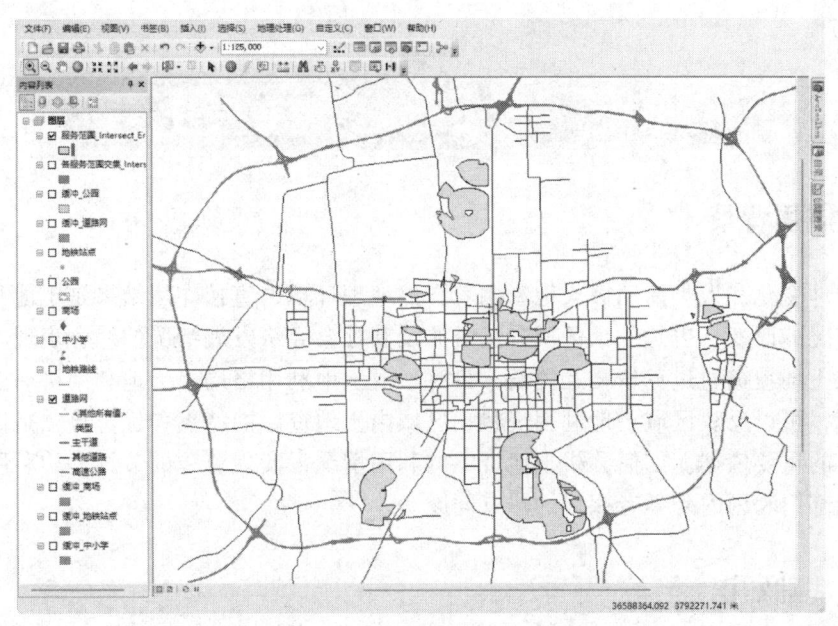

图 3-2-18 购房者的最佳选择区域

（3）查看最终得到的购房区域发现有很多小面积的碎屑多边形，因此还需进一步清洗上一步生成的结果数据。打开【编辑器】和【高级编辑】两个工具条，点击【开始编辑】，全选购房区域所有的图形要素，点击【高级编辑】上的【拆分多部件】按钮，将图层要素拆分为独立要素。点击【选择】菜单→【按属性选择】，在弹出的【按属性选择】对话框中，选择对应的图层，在下面 SQL 查询语言的 Where 子句文本框中输入"Shape_Area<25000"，点击【应用】按钮筛选出面积小于 25 000 m² 的区域，点击工具栏中的【删除】按钮删除碎屑多边形，得到最终正确的住房区域结果数据，如图 3-2-19 所示。

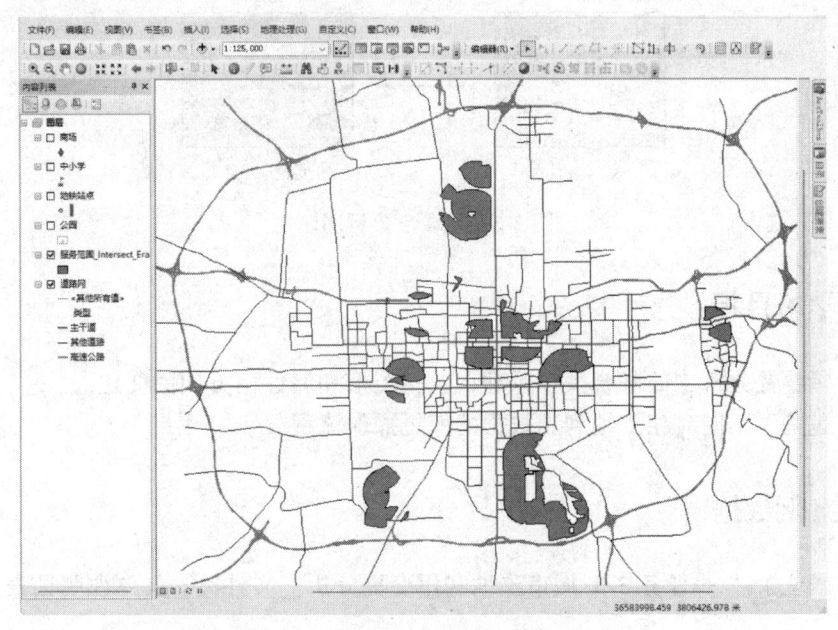

图 3-2-19 清洗错误数据后的最佳住房区域

任务 3-3 城市土地利用变更分析

 一、应用背景

　　自然条件变化和人类活动极大地影响着自然地理环境，直接作用结果是土地利用结构或地表覆被状况的改变，也是一个区域自然资源及其社会经济发展情况的综合表现。各种土地利用类型或土地覆被通过竞争相互消长，最终形成土地利用格局。土地利用格局能够影响区域生态环境，可以反映区域土地利用现状、区域内土地资源的特点和优劣势，是诊断土地利用合理与否的重要依据。如何分析土地资源的利用情况，实现资源的节约集约利用是当前自然资源监管部门和国内外学者探讨的热点问题。

 二、基础知识

　　土地利用现状变更是根据不同年度的土地数据进行比对分析，然后对土地利用现状和土地权属等变化进行外业实地调查，获取变化地类图斑、土地权属、行政区划数据，从而生成增量数据包以及统计报表，实时更新土地利用数据库和上报的过程。通过土地利用现状变更，可以实时掌握土地利用动态变化情况，保持土地利用现状调查数据的现势性和准确性。
　　本案例用到叠置分析中的联合操作，联合是计算所有输入要素的并集，所有的输入要素都将写入到输出要素类中。在联合分析过程中，输入要素必须是多边形。联合原理如图 3-3-1 所示。

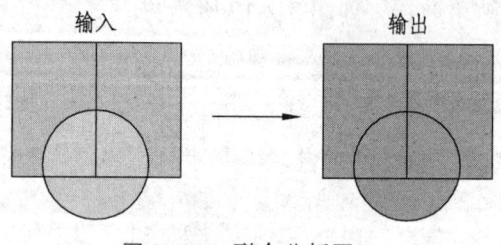

图 3-3-1　联合分析图示

 三、学习目标

　　（1）掌握叠置分析中的联合操作原理，包括图形和属性两方面的变化。
　　（2）掌握基于不同时相土地利用数据的变更操作流程。

 四、案例数据

　　案例数据位于"…\任务 3-3 城市土地利用变更分析"文件夹，具体说明见表 3-3-1。

表 3-3-1　案例数据

名称	格式	坐标系	说明
现状用地_2014	Shapefile 面要素	Xian_1980_3_Degree_GK_CM_108E	2014 年土地利用现状数据
现状用地_2015	Shapefile 面要素	Xian_1980_3_Degree_GK_CM_108E	2015 年土地利用现状数据
范围线	Shapefile 面要素	Xian_1980_3_Degree_GK_CM_108E	分析范围

五、任务要求

根据某地区 2014 年和 2015 年土地利用现状数据，分析得到 1 年内新增用地和拆除用地的区域。

六、操作步骤

1. 添加字段

在内容列表图层根节点鼠标右键并点击【属性】菜单，给"现状用地_2014"图层添加字段"N1"，给"现状用地_2015"图层添加字段"N2"，字段类型都设置为"短整型"，如图 3-3-2 所示。

城市土地利用变更分析

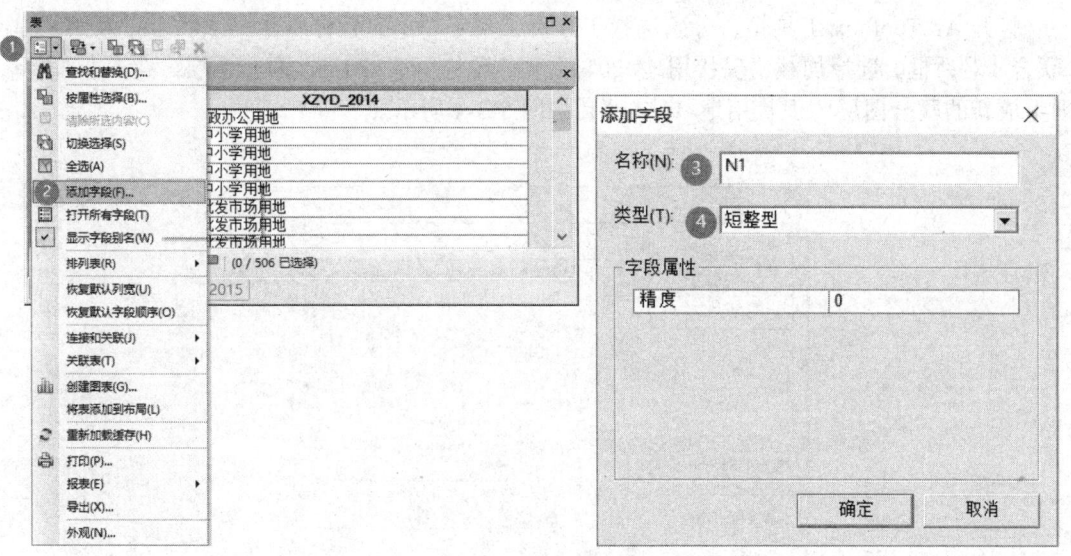

图 3-3-2　添加字段

2. 字段赋值

给"现状用地_2014"图层的字段"N1"赋值为"1"，给"现状用地_2015"图层的字段"N2"赋值为"-1"。具体操作为，鼠标右键点击"N1"字段，点击【字段计算器】菜单，弹出【字段计算器】对话框，在下面的文本框中输入"1"，点击【确定】，使得字段"N1"的值全部为"1"，如图 3-3-3 所示。按相同方法操作"N2"字段，并赋值为"-1"。

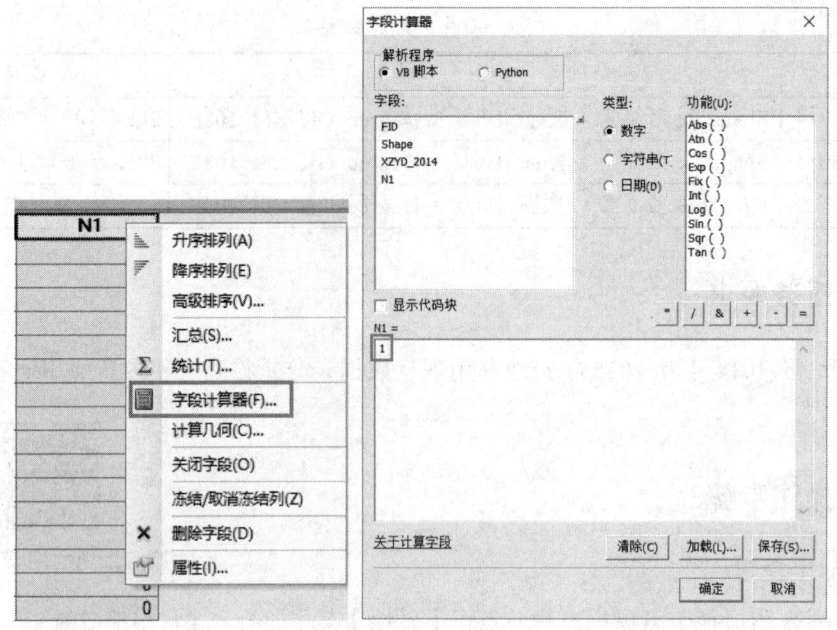

图 3-3-3　字段赋值

3. 联合分析

打开 ArcToolbox 工具箱，分别选择【分析工具】→【叠置分析】→【联合】操作，弹出【联合】对话框，选择加载"现状用地_2014"和"现状用地_2015"两个图层，点击【确定】，则生成新的联合图层"现状用地_Union"，如图 3-3-4 所示。

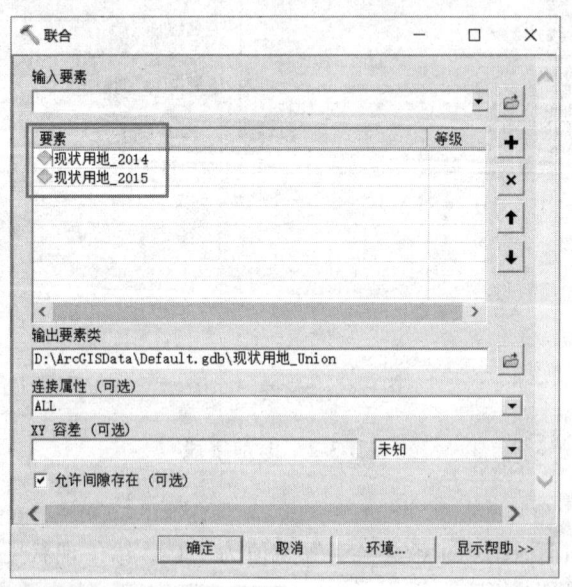

图 3-3-4　联合分析

4. 计算字段值

加载上一步联合操作后的图层，打开属性表查看字段"N1"和字段"N2"，发现两个字段都有值为"0"的记录。字段"N1"中值为"0"的图形要素在 2014 年现状用地中不存在，即属于 2015 年新增用地；而字段"N2"中值为"0"的图形要素在 2015 年现状用地中不存在，即属于 2015 年拆迁用地。

继续对联合后的图层新建字段"N"，类型为"短整型"，并使得字段"N"的值等于字段"N1"的值加字段"N2"的值，如图 3-3-5 和图 3-3-6 所示。这时字段"N"的值有 3 种，分别是"1""0""-1"。通过分析不难得出，"1"代表 2014 年有此用地，2015 年没有，相当于一年中被拆除的用地；"0"代表 2014 年、2015 年都有的用地，相当于没有变化的用地；"-1"代表 2015 年有此用地，2014 年没有，相当于一年中新增用地。

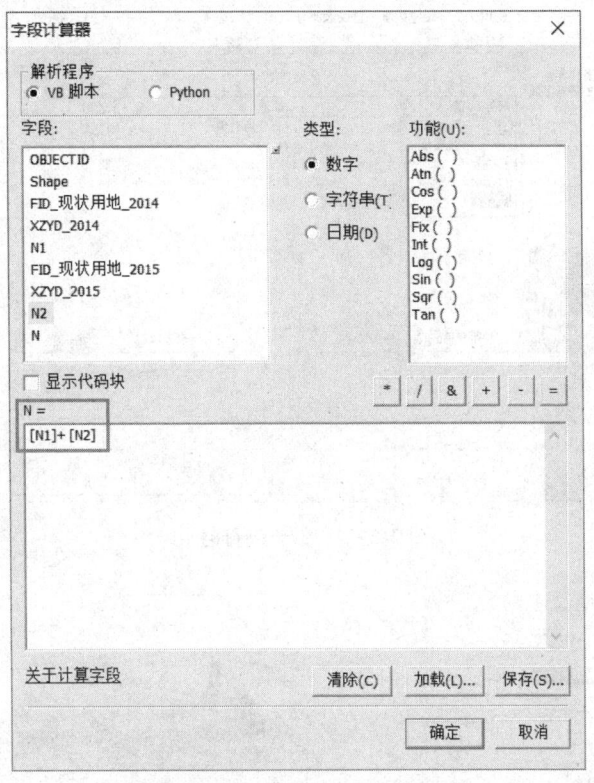

图 3-3-5 字段计算公式

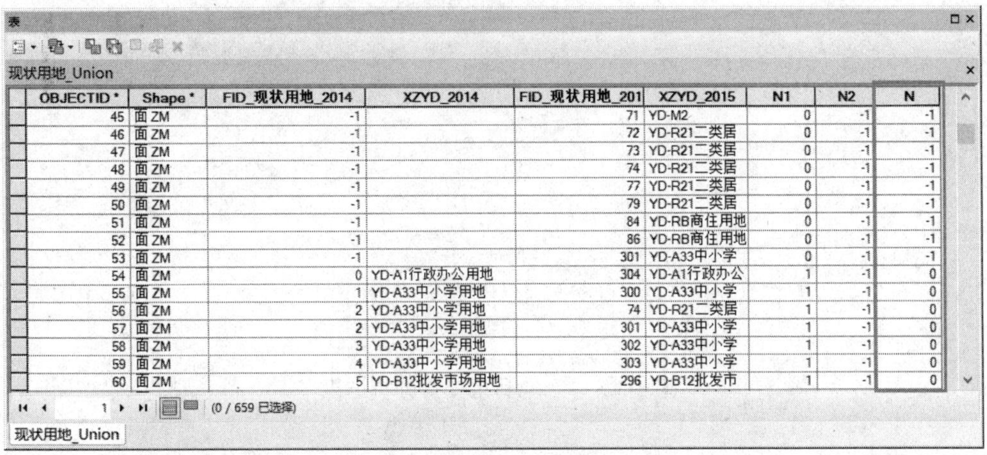

图 3-3-6 字段计算结果

5. 地图符号化

对字段"N"进行唯一值符号化,右键点击"现状用地_Union",点击【属性】菜单,弹出【图层属性】对话框,选择【符号系统】选项卡,在"类别"中选择"唯一值",选择"值字段"为"N",点击【添加所有值】,如图 3-3-7 所示,将"-1"代表的图形颜色设置为绿色,"0"代表的图形颜色设置为灰色,"1"代表的图形颜色设置为红色,效果如图 3-3-8 所示。

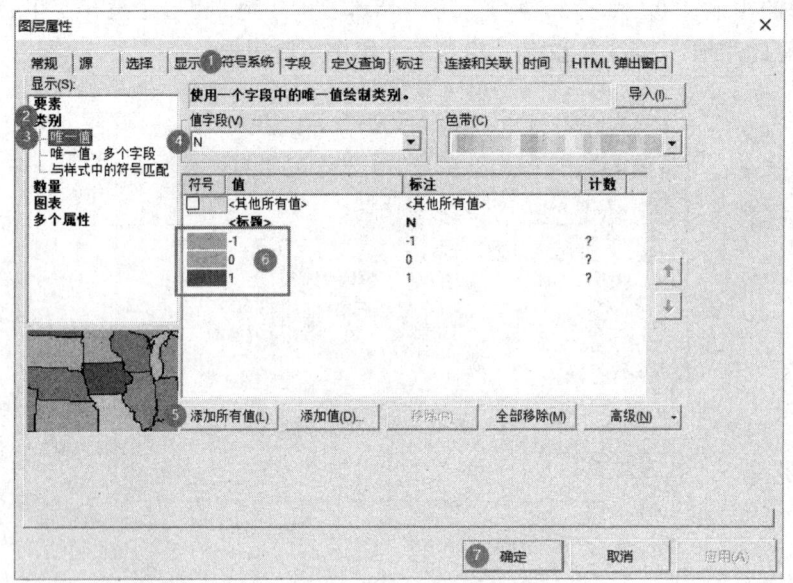

图 3-3-7　唯一值符号化

图 3-3-8　土地利用变更分析结果

任务 3-4　农作物生长适宜区分析

 一、应用背景

农作物生长适宜性评价是土地资源规划与管理的重要内容，是确定合理的土地利用方式的前提，目的是摸清与农业生产关系最密切的地形因素和气象因素的地理差异，以便克服不利的地形和气候条件，充分利用农业地形和气候资源，发挥地形和气候资源优势，因地制宜地布局农业、林业、牧业和多种经营，为全面发展农业生产，规划、调整农牧机构，确定科学的种植制度和栽培方法，合理配置农作物的种类和品种等提供科学依据。在地理信息系统应用中，农作物生长适宜性评价主要是通过对土地的评分来确定其相对于某种用途的适宜程度，其过程一般包括选取评价因素、单因素评价、多因素加权叠置（多因素综合评价），通常评分越高，适宜性越好。相对于传统的纯数值评价方法，基于 GIS 的土地适宜性评价方法将数值计算和图形处理有机地结合起来，具有简洁、直观、易操作和快速等特点。

 二、基础知识

本任务案例中的气候评价因素包括年均温度和年均降水，原始数据是离散的采样点，还需进一步插值成连续栅格表面。空间插值分析算法是一种应用于将离散点的测量数据转换为连续数据表面的算法，能够将连续数据曲面与其他空间现象的分布情况进行比较。它在空间信息方面具有广泛的应用场景，主要的插值方法有反距离权重插值法、样条函数插值法、克里金插值法等方法。在运用空间插值方法时，要得到理想的空间插值效果，必须针对不同研究区的实际情况，对实测数据样本点进行充分分析，反复试验比较，以选择最佳的方法，并在运用一般插值方法的基础上，依据自身需要及学科的特点，对插值方法进行改进，进而提出适合各学科研究的更优的空间插值方法。

1. 移动平均插值

移动平均法认为，任意一点上场的趋势分量可以从该点一定邻域内其他各点的值及其分布特点平均求得，参加平均的邻域称为窗口。窗口的形状可以是方形或圆形。圆形比较合理，但方形更方便计算机取数。求平均时，可以用算术平均值、众数或其他加权平均数。选用大小不同的窗口，可以实现数据的分解，大窗口使区域趋势成分比重增大，小窗口则可突出一些局部异常。逐格移动窗口，逐点逐行计算，直到覆盖全区，就可以得到网格化的数据点图。

移动平均法在求趋势分量时只涉及一定范围，因此在接图的边界上，只要适当扩边，把相邻图幅影响范围内的数据接在一起处理，即可方便地实现拼接。这类方法已成为各国区域化探数据处理的标准方法。

移动平均法保持了对一般趋势的反应，而且很容易填补一些小的数据空缺，使图面完整。但移动平均法有一定的平滑效应和边缘效应。

当原始取样点分布较稀且不规则时，可以采用定点数而不定范围的取数方法，即搜索邻近的点直到预定的数目为止。搜索方法可以是四方搜索或八方搜索等。由于距离可能相差较大，因此常同时采用距离倒数或距离平方倒数加权的办法，以便压低远处的点的影响。

2. 反距离权重（IDW）插值

反距离权重插值的主要原理是某点（或某待估网格）的估计值与周围已知点值的距离倒数成一定关系，以空间位置的加权平均来计算。

设平面上分布一系列离散点，已知其坐标为 X_i、Y_i、Z_i（$i=1, 2, \cdots, n$），$P(X, Y)$ 为任意一个格网点，根据周围离散点的值，通过距离加权插值求 P 点值，周围点与 P 点因分布位置的差异，对 $P(Z)$ 影响不同，把这种影响称为权函数 W_i。

$$P(Z) = \begin{cases} \sum_{i=1}^{n} W_i \cdot Z_i \bigg/ \sum_{i=1}^{n} W_i & \text{当 } W_i \neq 0 \text{ 时} \\ Z_i & \text{当 } W_i = 0 \text{ 时} \end{cases}$$

实践证明，$W_i=1/d_i$ 是较优的选择，其中 d_i 为离散点至 P 点的距离，即

$$W_i = \frac{1}{\sqrt{(X-X_i)^2 + (Y-Y_i)^2}}$$

这样，在每个格网点周围搜索若干个靠近的离散点，用以逐一内插格网点数值，建立一个网格数据。这种算法的前提是离散点均匀分布，且每个离散点具有同等的意义。

3. 趋势面拟合技术

地球表面起伏变化，千姿百态。多年来，为了准确合理地表现这一形态，人们曾就地形曲面数学模型以及相应的数值逼近方法做过不少努力。其中，多项式回归分析是描述大范围空间渐变特征的最简单方法。多项式回归分析的基本思想是：用多项式表示线（数据是一维时）或面（数据是二维时），按最小二乘法原理对数据点进行拟合，一维拟合技术称为线拟合技术。但是地理信息系统研究的对象在空间上和时间上都有复杂的分布特征，在空间上的分布常是不规则的曲面，数据往往是二维的，而且会以更加复杂的方式变化，一维拟合技术不能反映区域性趋势变化，因此必须利用趋势面分析技术。趋势面分析技术的基本思想是：用函数所代表的面来逼近（或拟合）现象特征的趋势变化。拟合时，假定数据点的空间坐标 X、Y 为独立变量，而表征特征值的 Z 坐标为因变量。

当数据处在一维空间时，一元回归函数如下：

一元线性回归：$Z = a_0 + a_1 X$；

一元非线性回归：$Z = b_0 + b_1 X + b_2 X^2$。

当数据处在二维空间时，二元回归函数如下：

一次多项式回归：$Z = a_0 + a_1 X + a_2 X^2$；

二次多项式回归：$Z = b_0 + b_1 X + b_2 Y + b_3 X^2 + b_4 XY + b_5 Y^2$。

上述公式中，a_0、a_1、a_2、b_0、b_1、b_2、b_3、b_4、b_5 为多项式系数。当 n 个采样点上观测值 Z_i 和估计值 $\hat{Z}_i$ 的离差平方和为最小时，即

$$\sum_{i=1}^{n}(\hat{Z}_i - Z_i)^2 = \min$$

则认为回归方程与被拟合的线或面达到了最佳配准,如图 3-4-1 所示,且可计算出多项式系数。

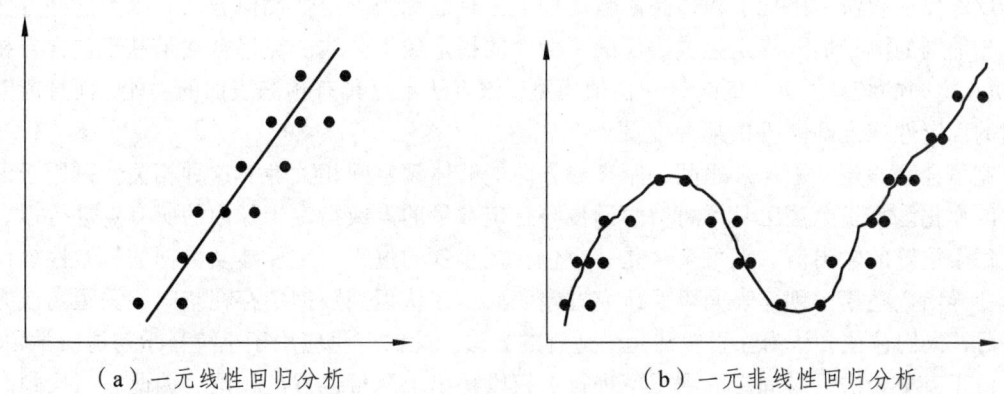

(a)一元线性回归分析　　　　　　　(b)一元非线性回归分析

图 3-4-1　一元线性和非线性回归分析

回归函数的次数并非越高越好,在实际工作中,一般只用到 2 次,超过 3 次的复杂多项式往往会出现奇异解。高次趋势面计算复杂(如 6 次趋势面方程系数达 28 个),虽然次数高的多项式在观测点逼近方面效果好,但在内插和外推的效果上常常降低分离趋势的作用,使整体趋势分离,降低趋势规律的反映。趋势面是一种平滑函数,很难正好通过原始数据点,也就是说,在多重回归中的残差属正态分布的独立误差,而且趋势面拟合产生的偏差几乎都具有一定程度的空间非相关性。

整体趋势面拟合的应用,除了对整体空间进行独立点的内插外,另一项极具成效的应用在于揭示区域内相对于总体趋势的最大偏离部分。因此,在利用某种局部内插方法前,可以利用整体趋势面拟合技术从数据中去掉一些宏观特征(例如最小二乘配置法)。

4. 样条函数

最小二乘曲面拟合假设所有样品值被观测到的概率相等,而没有考虑样品间的相对位置。当观测点数比较大时,需要用高阶多项式去拟合,这不但使计算复杂化,并且高阶多项式还可能在观测点之间产生振荡。因此,多采用分块拟合的办法,用低阶多项式进行局部拟合。样条函数拟合是常用的拟合方法,它将数据平面分成若干个单元,在每个单元上用低阶多项式,通常为三次多项式(三次样条函数)构造一个局部曲面,对单元内的数据点进行最佳拟合,并使由局部曲面组成的整个表面连续。Akima 在 1978 年提出了用双五次多项式和连续的一阶偏导数进行光滑曲面拟合和内插的方法,称为 Akima 样条插值法。将 xoy 平面分割为三角形格网,各三角形以 3 个数据点在平面上的投影点为顶点,三角形内的某点(x, y)的值用下列公式内插得出:

$$g(x, y) = \sum_{i=0}^{5}\sum_{j=0}^{5-i} q_{ij} x^i y^j$$

其中，$i, j = 1, 2, \cdots, 5$；q_{ij} 表示多项式系数矩阵。

根据 3 个顶点的均值、一阶偏导数和二阶偏导数值，可得到 18 个不相关的条件，三角形 3 条边两侧的一阶偏导数相等，给出另外 3 个边界条件，这样即可求出方程的 21 个系数。

5. 克立金插值法

反距离加权法（IDW）和样条函数法插值工具被称为确定性插值方法，因为这些方法直接基于周围的测量值或确定生成表面的平滑度的指定数学公式。克里金法是基于包含自相关（测量点之间的统计关系）的统计学插值模型，该方法不仅具有预测表面的功能，而且能够对预测的确定性或准确性提供某种度量。

克里金法假定，采样点之间的距离或方向能够体现空间相关性，这种相关性可用于说明表面的变化。克里金法工具可将数学函数与指定数量的点或指定半径内的所有点进行拟合以确定每个位置的输出值。克里金法是一个包含多步骤的过程，主要涉及数据的探索性统计分析、变异函数建模、创建表面以及研究方差表面。在认识到数据中存在空间相关距离或方向偏差后，人们往往会认为克里金法是最适宜的方法。此法广泛应用于土壤科学与地质学领域。

由于克里金法可对周围的测量值进行加权以得出未测量位置的预测，因此它与反距离权重法类似。这两种插值器的常用公式均由数据的加权总和组成，即

$$\hat{Z}(s_0) = \sum_{i=1}^{N} \lambda_i Z(s_i)$$

式中：$Z(s_i)$ 为第 i 个位置处的测量值；λ_i 为第 i 个位置处的测量值的未知权重；s_0 为预测位置；N 为测量值数。

在反距离权重法中，权重 λ_i 仅取决于预测位置的距离。但是，使用克里金方法时，权重不仅取决于测量点之间的距离、预测位置，还取决于基于测量点的整体空间排列。要在权重中使用空间排列，必须量化空间自相关。因此，在普通克里金法中，权重 λ_i 取决于测量点、预测位置的距离和预测位置周围的测量值之间空间关系的拟合模型。后面将讨论如何使用常用克里金法公式创建预测表面地图和预测准确性地图。

6. 几种插值方法选择

遥感数据是按影像方式记录的栅格数据，当内插放大或重采样时，常用矩形网格内插法，如最邻近点法、双线性插值法、立方卷积法。

地球物理数据，特别是位场数据，是典型的空间连续型数据。一般多用样条函数插值方法，使生成的曲面具有连续的二阶导数和最小的平方曲率。三次样条插值比较适合于高频成分较多的场，对于台阶异常，Akima 样条插值可能显得更为合理，也可以用最小二乘曲面拟合法和距离反比加权法。

一些资料的测线间距大于探测目标的埋深，形成欠采样资料。当测线与场源地质体不垂直时，常规插值常常会形成虚假孤立异常，这时可用方向增强插值的方法弥补采样的缺陷。在对水系沉积物或分散流数据加权插值时，可考虑沿水系的方向给予较大的权。对测线与目标地质体走向不垂直时的数据，可选取长矩形插值窗口，矩形的长边平行于地质体走向并同时加大走向方向各点的权重。

化探异常数据具有较强的随机性和采样点稀疏不规则的特点，因此网格化估值方法常采用滑动平均法、样条函数法、反距离权重法和克立金插值法。本任务案例气候数据的温度和降水有序排列、疏密合理，无缺失值且维度一致，因此采用样条函数插值法。

三、学习目标

（1）掌握常见空间插值的类型、含义、特点、区别及适用场景。
（2）掌握 ArcGIS 软件中栅格数据叠置分析和空间插值分析的过程。
（3）掌握基于多因子分析农作物生长适宜区的思想与流程。

四、案例数据

案例数据位于"…\任务 3-4 农作物生长适宜区分析"文件夹，具体说明见表 3-4-1。

表 3-4-1　案例数据

名称	格式	坐标系	说明
DEM	*.tif	WGS_1984_Transverse_Mercator	数字高程模型数据
沟谷	Shapefile 线要素	WGS_1984_Transverse_Mercator	主要沟谷
气候	*.txt	—	气象观测数据（包含坐标、温度、降水等）

五、任务要求

某一地区引进 X 型经济作物，该作物的生长环境需要满足一定的地形及气象条件。该 X 型作物生长的条件如下：
（1）作物喜阳，即适宜生长在坡向为 90°~270°的阳坡。
（2）作物一般生长在该山区主沟谷两侧区域，一般不超过 800 m。
（3）作物生长的年平均温度为 9.5~11.5 ℃。
（4）作物生长的年总降雨量为 600~720 mm。

现有该地区的地形及气象数据，根据 X 型作物的生长条件，为该地区进行 X 型作物适宜区分析。根据要求，需要先求得符合 X 型作物适宜生长条件的 4 个区域，对 4 个区域求交集即可得到 X 型作物生长适宜区，计算步骤如下：
（1）获得坡向 90°~270°的区域，需要对 dem 数据进行坡向分析，并将坡向 90°~270°的区域转换为矢量。
（2）获得主沟谷两侧 800 m 内区域，需要对"河谷.shp"数据进行缓冲区分析。
（3）获得年平均温度为 9.5~11.5 ℃的区域，需要用 "climate.txt" 数据进行插值，并将年平均温度为 9.5~11.5 ℃的区域转化为矢量。
（4）提取年总降雨量为 600~720 mm 的区域和年平均温度为 9.5~11.5 ℃的区域。
（5）对 4 个矢量区域求交集，即可得到 X 型作物生长适宜区，并制作专题图。

图 3-4-2 所示为农作物生长适宜区分析技术流程。

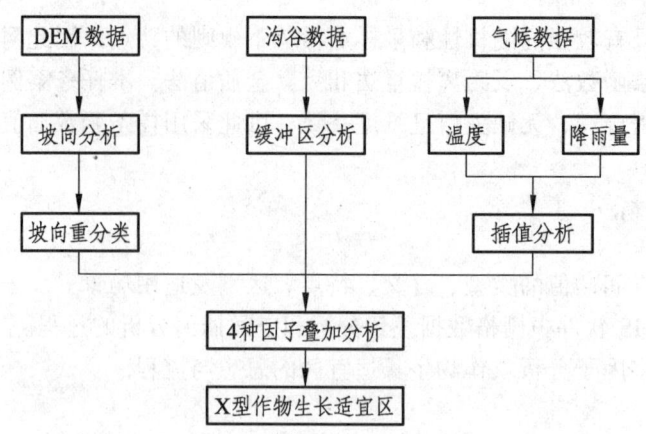

图 3-4-2　农作物生长适宜区分析技术流程

六、操作步骤

1. 方法一：基于栅格数据提取农作物生长适宜区

（1）主沟谷数据进行缓冲区分析。

依次点击【分析工具】→【邻域分析】→【缓冲区】，弹出【缓冲区】对话框，在【输入要素】中选择"沟谷"图层，设置【输出要素类】的位置和名称，在【距离】中勾选【线性单位】并输入"800"，单位选择"米"，【融合类型（可选）】设置为"ALL"，点击【确定】按钮，完成对主沟谷的缓冲区分析，如图 3-4-3 所示。

沟谷缓冲区分析与坡向提取

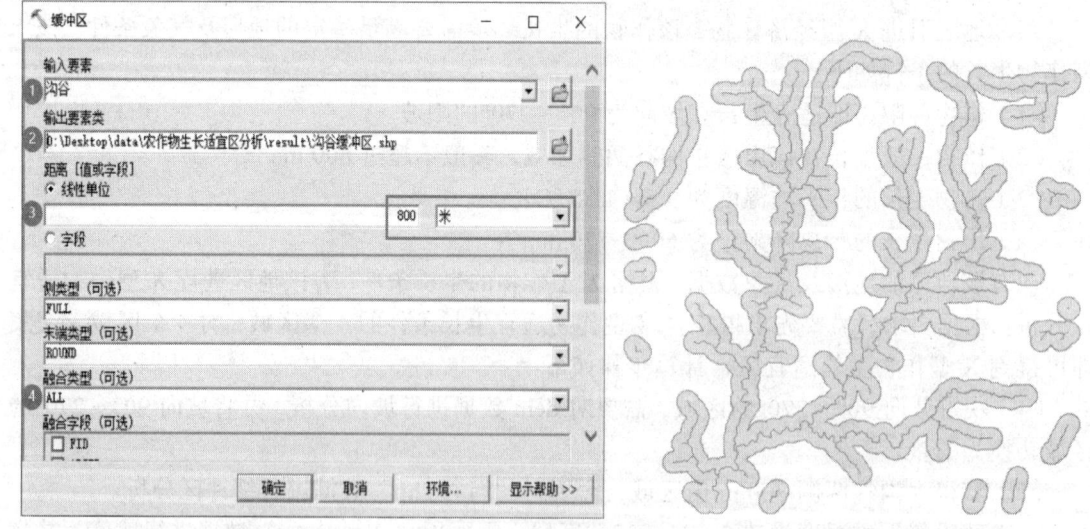

图 3-4-3　缓冲区分析

（2）缓冲区面转栅格。

栅格数据处理前必须先设置分析环境，在菜单栏点击【地理处理】→【环境】，弹出【环境设置】对话框，点击【处理范围】，选择"与图层 DEM.tif 相同"，使得接下来所有栅格数据处理的范围和 DEM 图层范围一致，如图 3-4-4 所示。

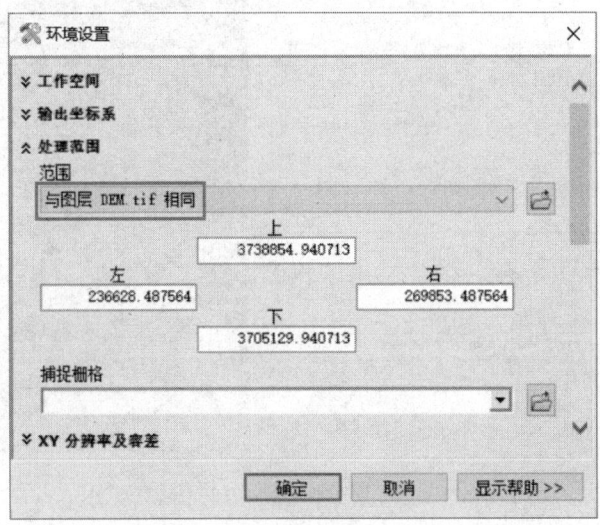

图 3-4-4　栅格分析环境设置

打开"沟谷缓冲区"图层属性表，将"Id"字段赋值为"1"。接着将沟谷缓冲区面矢量转换为栅格数据，打开【转换工具】→【转为栅格】→【面转栅格】，在【输入要素】选择"沟谷缓冲区"图层，【值字段】选择"Id"字段，【像元大小（可选）】设置为"25"，点击【确定】按钮，完成矢量转栅格操作，如图 3-4-5 所示。

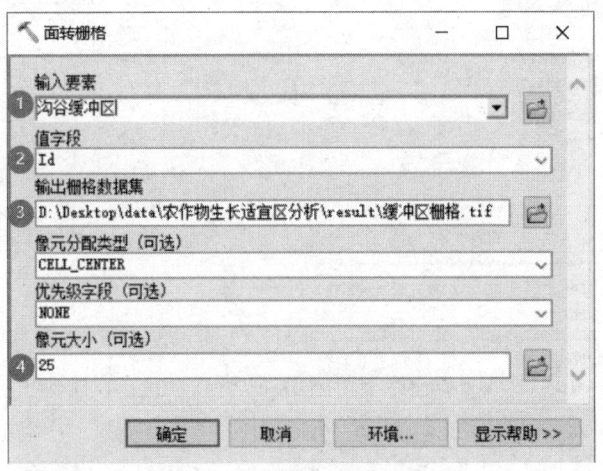

图 3-4-5　面转栅格操作

（3）提取坡向度数介于[90, 270]之间的向阳坡区域。

打开【3D Analyst 工具】→【栅格表面】→【坡向】，弹出【坡向】对话框，在【输入栅格】中加载"DEM.tif"数据，设置【输出栅格类】的位置和名称，点击【确定】按钮，完成坡度分析，如图 3-4-6 所示。

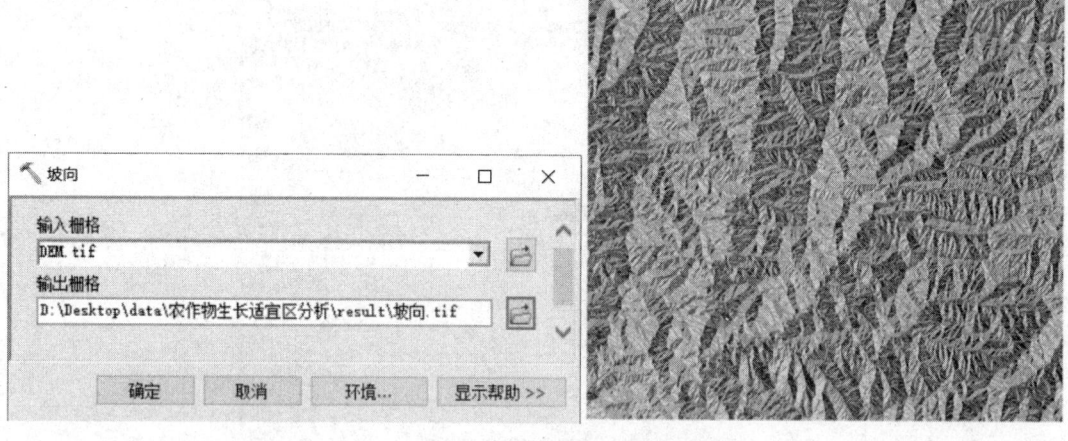

图 3-4-6　坡向分析

打开【Spatial Analyst 工具】→【地图代数】→【栅格计算器】，弹出【栅格计算器】对话框，输入计算公式"("坡向.tif">=90)&("坡向.tif"<=270)"［注："&"是逻辑运算，如果输入值都为真（非零），则输出值为 1］，点击【确定】按钮，完成向阳坡区域的提取，如图 3-4-7 所示。生成栅格仅有"1"和"0"两个值。其中，"1"代表向阳坡区域。

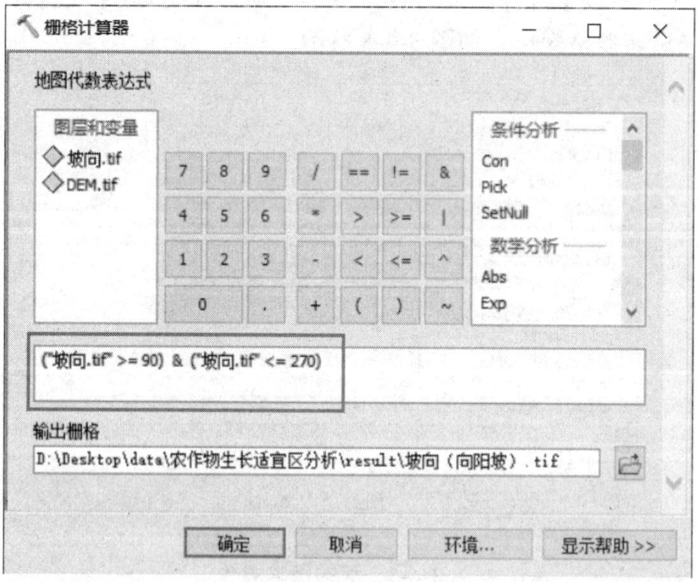

图 3-4-7　坡向分类

将上一步生成的栅格数据转换为面状矢量数据，打开【转换工具】→【由栅格转出】→【栅格转面】，点击【确定】按钮，完成栅格转矢量操作。接着提取字段"GRIDCODE"值为"1"的内容，打开【分析工具】→【提取分析】→【筛选】，在表达式中输入 Where 字句""GRIDCODE"=1"，点击【确定】按钮，如图 3-4-8 所示。

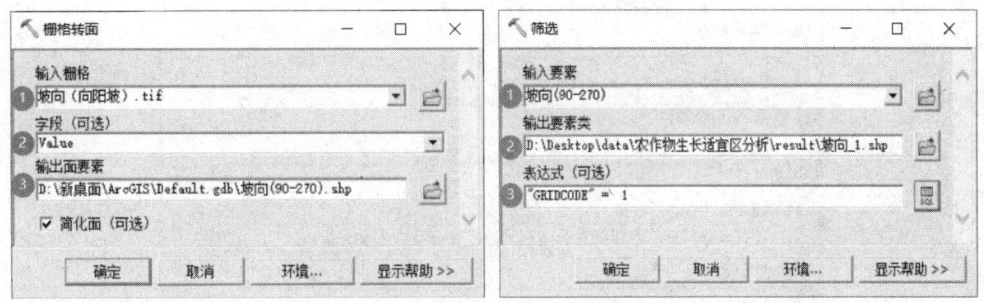

图 3-4-8 栅格转面与阳坡要素筛选

（4）插值气候数据。

在 ArcGIS 中直接加载"气候.txt"文本数据，鼠标右键点击"气候.txt"数据，在弹出的菜单中选择【显示 XY 数据】，弹出【显示 XY 数据】对话框，在 X 字段和 Y 字段列表中分别选择对应的数值列，同时点击【编辑】按钮，设置数据坐标为"WGS_1984_Transverse_Mercator"，点击【确定】，完成气候数据的展点工作，如图 3-4-9 所示。（注：如需永久性展点还需进一步导出展点数据。）

插值与叠置分析

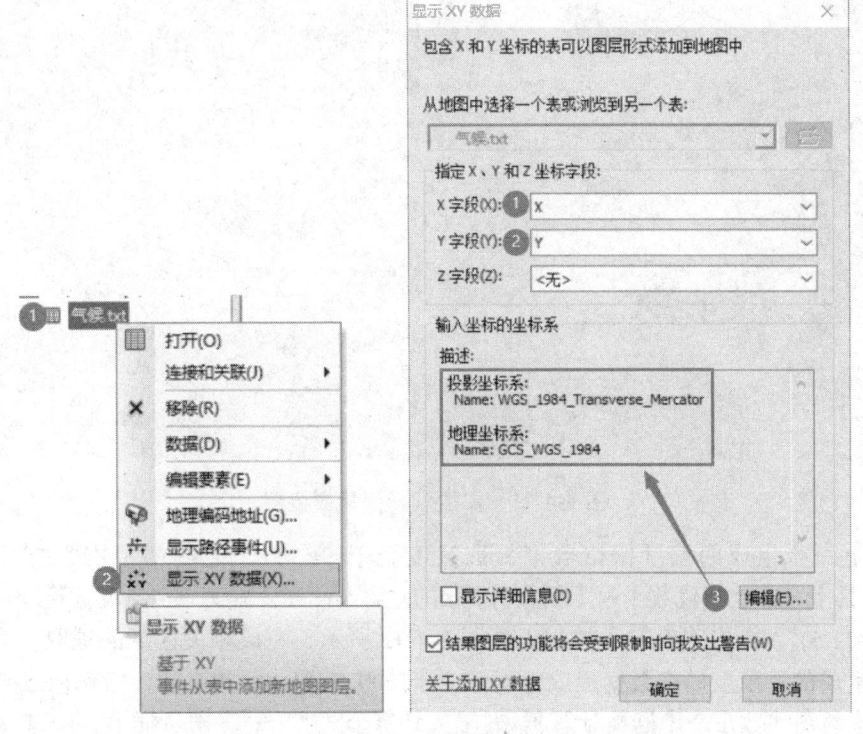

图 3-4-9 气候数据展点

打开【Spatial Analyst 工具】→【插值分析】→【样条函数法】，【输入点要素】选择"气候.txt"文本数据，【Z 值字段】选择"温度（°C）"，【样条函数类型】选择"TENSION"，【权重（可选）】设为"10"，点击【确定】，如图 3-4-10 所示，生成温度插值栅格数据。继续以相同的流程插值生成降雨量插值栅格数据，如图 3-4-11 所示。

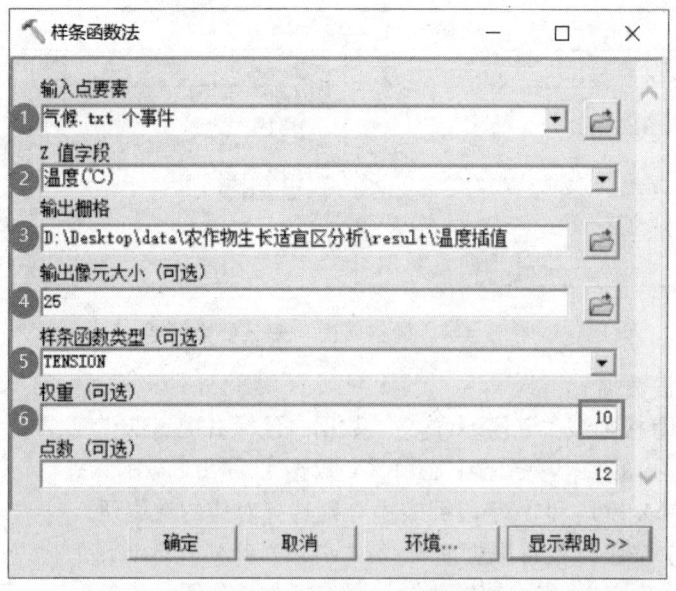

图 3-4-10 温度插值分析

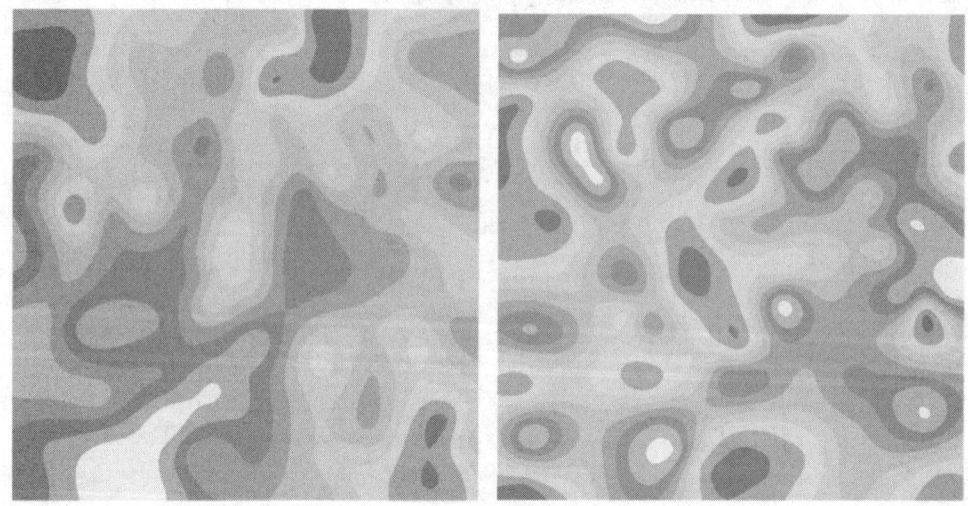

图 3-4-11 温度和降雨量插值图

基于上一步生成的温度栅格数据提取温度介于[9.5, 11.5]之间的范围，打开【Spatial Analyst 工具】→【地图代数】→【栅格计算器】，输入计算公式为"("温度插值">=9.5)&("温度插值"<=11.5)"，点击【确定】按钮，如图 3-4-12 所示，完成相关区域的提取。

基于生成的降雨量栅格数据提取降雨量介于[600, 720]之间的范围，打开【Spatial Analyst 工具】→【地图代数】→【栅格计算器】，输入计算公式为"("降雨量插值">=600)&("降雨量插值"<=720)"，点击【确定】按钮，完成相关区域的提取，如图 3-4-13 所示。

将生成的栅格数据转为面状数据，打开【转换工具】→【由栅格转出】→【栅格转面】，点击【确定】按钮，完成栅格转矢量操作。接着继续提取字段"GRIDCODE"值为"1"的内容，操作步骤和提取坡向一致。

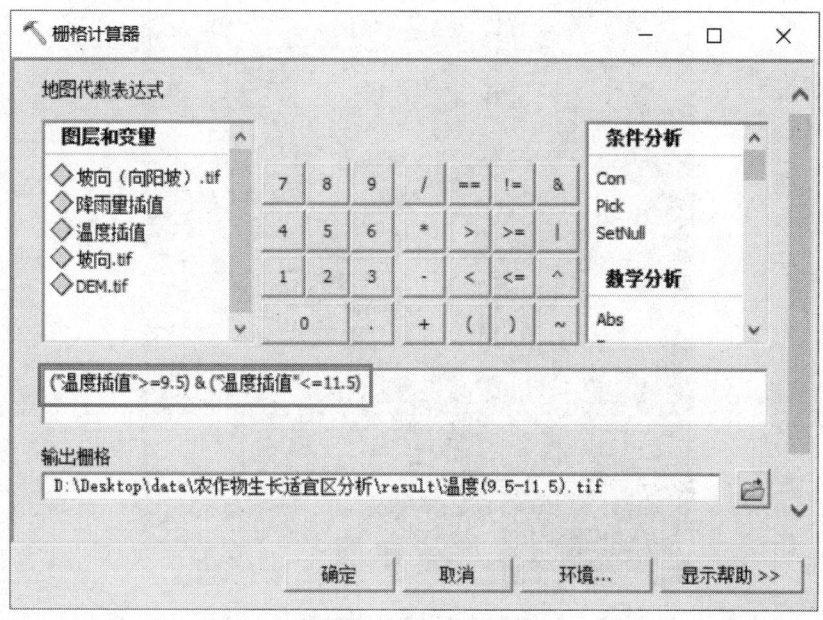

图 3-4-12　温度范围提取

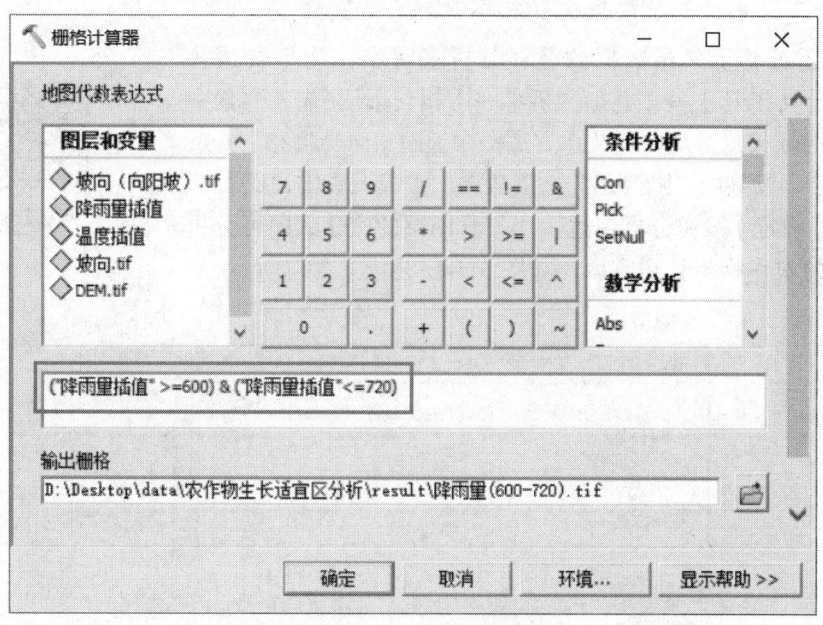

图 3-4-13　降雨范围提取

（5）分析 X 型作物生长适宜区。

打开【Spatial Analyst 工具】→【地图代数】→【栅格计算器】，输入计算公式为""缓冲区栅格.tif"&"坡向(向阳坡).tif"&"温度(9.5-11.5).tif"&"降雨量(600-720).tif""，点击【确定】按钮，生成值为"1"和"0"的二值栅格数据。其中，"1"代表的区域为 X 型作物生长适宜区，如图 3-4-14 所示。

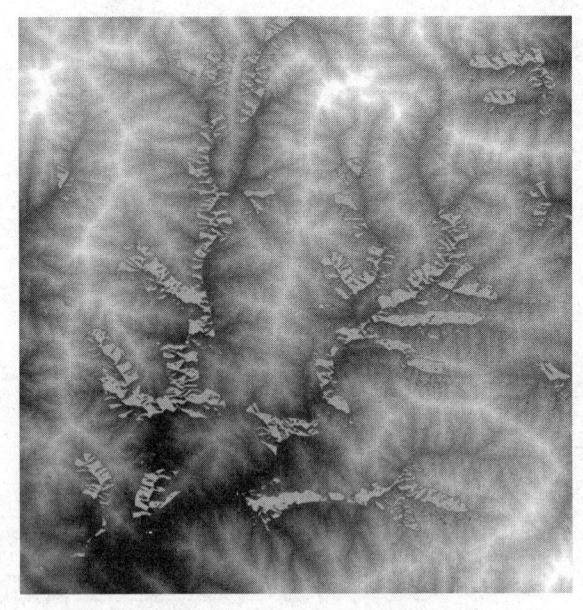

图 3-4-14 作物生长适宜区

2. 方法二：基于矢量数据提取农作物生长适宜区

本案例还可基于矢量数据的叠置分析求解农作物生长适宜区，打开【分析工具】→【叠加分析】→【相交】，在输入要素中加载沟谷缓冲区矢量数据，以及在方法一中通过"面转栅格"方法生成的"坡度""温度""降雨量"矢量数据，接着设置输出路径和名称，点击【确定】按钮分析出这4个矢量图层的交集，即可分析出满足要求的农作物生长适宜区，如图3-4-15所示。

基于矢量数据分析

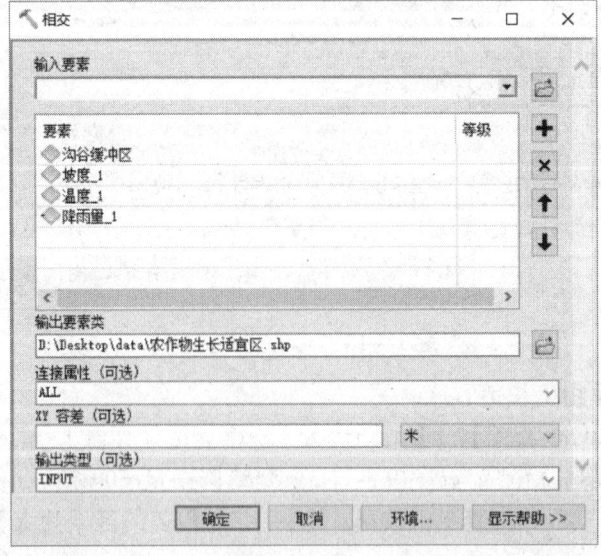

图 3-4-15 基于矢量数据提取农作物生长适宜区

任务 3-5　基于交通网络模型的可达性分析

一、应用背景

可达性，又称可接近性，指交通网络中各节点相互作用的机会大小，也被定义为用一种特定的交通系统，从某一区位到达任一活动地点的便利程度。可达性是城市交通网络的重要评价指标之一，是交通网络通畅程度的反映。

二、基础知识

1. 可达性分析方法

在可达性的测算评价过程中，通常要依赖空间的简化。目前，多数研究是将区域抽象为点状区位，并将它们作为起点和终点来评价各节点的可达性。根据可达性的定义和主要特征，常用基于机会累积和基于空间阻隔两种方法计算交通网络的可达性。

（1）基于机会累积（Cumulative Opportunity）。

基于机会累积可达性的计算方法着重研究城市接近发展机会的难易程度，指居民从居住地出发，在一定出行时间范围内所能到达的工作数量和工作机会数量，计算公式为

$$A_i = \int_0^T O(t) dt$$

式中：$O(t)$ 为发展机会随出行时间变化的分布函数；T 为给定的出行时间。

随着出行时间的增长，能接触到的机会也会增加，如果出行时间足够长，就能接触到所有的发展机会。

（2）基于空间阻隔（Space Separation）。

基于空间阻隔的计算方法单纯地基于图形理论来研究区域中网络节点的可达性，认为可达性计算就是计算空间阻隔程度，阻隔程度越低，可达性越好，计算公式为

$$A_i = \sum_{j=1}^{n} T_{ij}$$

式中：A_i 为 i 节点在区域交通网络中的可达性，该值越低表明可达性越好；T_{ij} 为节点 i 到节点 j 的最短时间距离，通过赋予各级道路的行车速度计算得到；n 为区域中参与评价的节点个数。

该模型的主要优点是计算方便，所需基础数据简单，但缺陷是它将所有节点都同等对待。为此，贾维尔（Jvaier）在计算马德里的可达性时，对节点赋予权重 M_{ij}（一般为人口、GDP 或是交通运输量等指标），运用加权平均出行时间指标 A_i 进行评价，计算公式为

$$A_i = \sum_{j=1}^{n} (T_{ij} \times M_{ij}) \Big/ \sum_{j=1}^{n} M_{ij}$$

式中：A_i 为 i 地的可达性值；T_{ij} 为研究单元 i 到 j 的最短行车时间；M_{ij} 为站点 i 到 j 的权重；n 为区域中参与评价的节点个数。本任务案例基于空间阻隔分析交通可达性。

2. 反距离权重

反距离权重插值法（Inverse Distance Weighting，IDW）是基于 Tobler 定理提出的一种简单的插值方法，其原理是通过计算未测量点附近各个点的测量值的加权平均来进行插值。根据空间自相关性原理，在空间上越靠近的事物或现象就越相似，则其在最近点处取得的权值为最大。因此，IDW 在邻近范围内插值误差对空间位置有着较强的依赖关系。一般表达式为

$$Z_O = \frac{\sum_{i=1}^{n} z_i / d_i^r}{\sum_{i=1}^{n} 1 / d_i^r}$$

式中，Z_O 为 O 点的估计值；Z_i 为控制点 i 的 Z 值；d_i 为控制点 i 与点 O 间的距离；n 为在估算中用到的控制点数目；r 为指定的幂数。

3. OD 成本矩阵

OD 线（Origin-Destination Line）是起点和终点的连线，用于表示两点之间的某种关系，如航班线路、人口迁徙、交通流量、经济往来等。OD 成本矩阵用于查找和测量网络中从多个起始点到多个目的地的最小成本路径。配置 OD 成本矩阵分析时，可以指定要查找的目的地数和要搜索的最大距离。

三、学习目标

（1）掌握交通网可达性分析的原理。
（2）掌握 ArcGIS 中反距离权重分析和 OD 成本矩阵生成的方法。
（3）掌握基于交通网络模型的可达性分析流程。

四、案例数据

案例数据位于"…\任务 3-5 基于交通网络模型的可达性分析"文件夹，具体说明见表 3-5-1。

表 3-5-1 案例数据

名称	格式	坐标系	说明
城市道路	Shapefile 线要素	WGS_1984_UTM_Zone_50N	城市道路

五、任务要求

（1）在给定的"城市道路"数据中要求主干道设计车速为 1 000 m/min（60 km/h）；次干道设计车速为 500 m/min（30 km/h）；支路设计车速为 330 m/min（约 20 km/h）。

（2）基于"城市道路"数据建立网络数据集和 OD 成本矩阵，并求解出到达每个 OD 线起始点的平均时间成本。

（3）利用反距离权重法生成"区域可达性栅格图"。

六、操作步骤

1. 添加字段并赋值

给城市道路图层添加"长度"和"驾驶时间"2 个字段，数据类型都为双精度。给"长度"字段赋值为其对应的道路长度，打开属性表，右键点击"长度"字段，并选择【计算几何】（注：计算几何可求出图形的固有属性，如长度、面积、坐标等），【属性】选择"长度"，【单位】选择"米"，点击【确定】完成道路长度的计算，如图 3-5-1 所示。

计算距离和时间成本

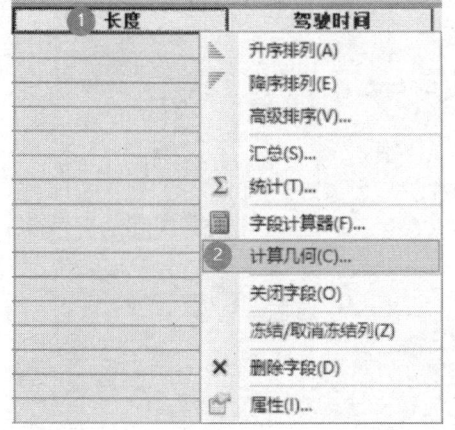 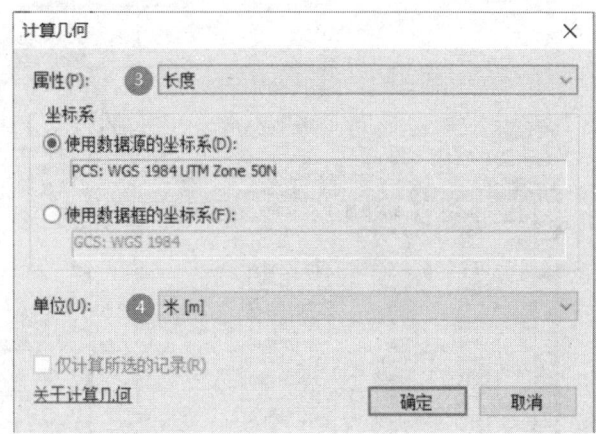

图 3-5-1　添加字段

根据道路类型计算每条路驾驶的时间，单位为分钟。其中，主干道设计车速：1 000 m/min（60 km/h）；次干道设计车速：500 m/min（30 km/h）；支路设计车速：330 m/min（约 20 km/h）。用长度除以车速即可求出驾驶时间。在属性表左上角点击【表选项】→【按属性选择】，在文本框中输入""道路类型"='主干道'"，筛选出道路类型为"主干道"道路，接着右键点击"驾驶时间"字段并选择【字段计算器】，在文本框中输入"[长度]/1000"，点击【确定】求出每段"主干道"通行所需的时间（注：未筛选的数据不会参与计算），如图 3-5-2 所示。以同样方式分别筛选"次干道"和"支路"，并求出通行所需的时间，如图 3-5-3 所示。

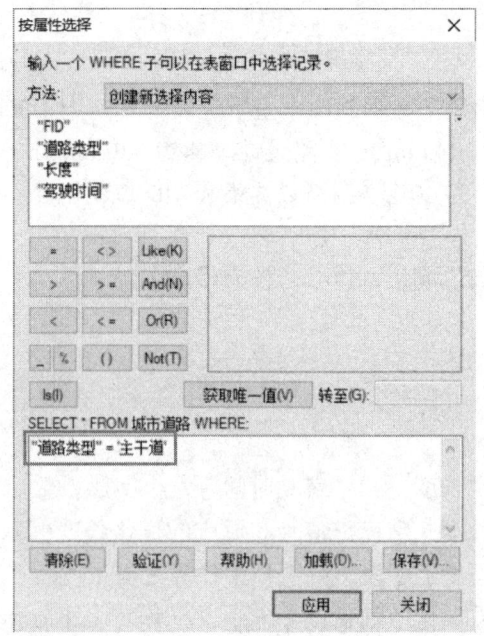

图 3-5-2　按属性筛选道路

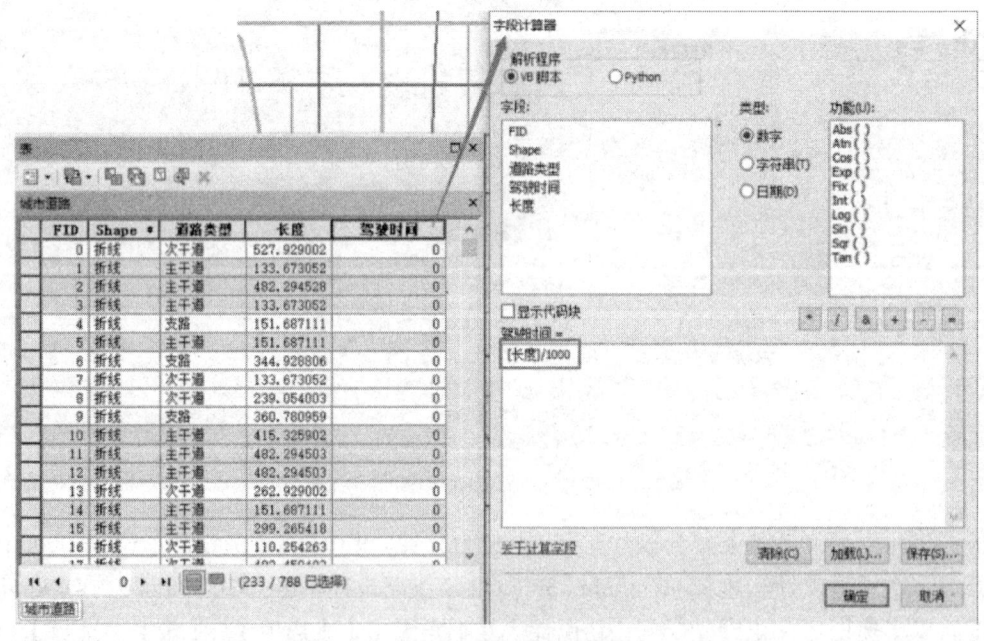

图 3-5-3　字段赋值

2. 构建网络数据集

在数据目录中右键点击"道路图层",选择【新建网络数据集】,点击【下一步】,设置【是否要在此网络中构建转弯模型?】为"是",点击【下一步】,设置【如何对网络要素的高程进行建模?】为"无",点击【下一步】,到【为网络数据集指定属性】面板,双击【长度】数据项设置距离成本,弹出【赋值器面板】,设置【值】为"长度",如图 3-5-4 所示。

构建网络数据集

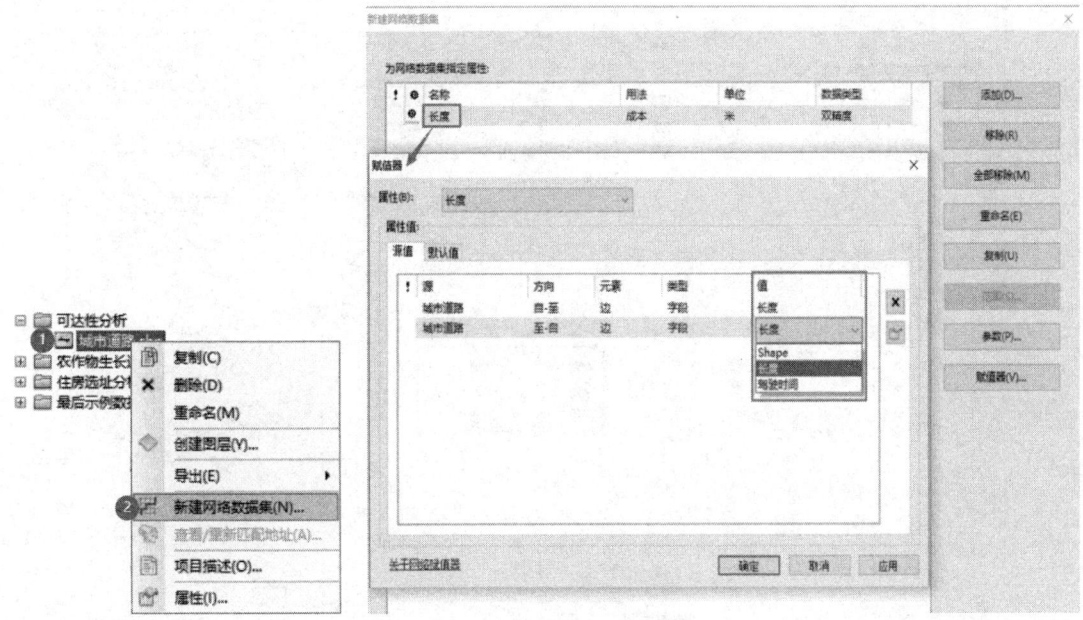

图 3-5-4 构建网络数据集

继续添加时间成本，点击【添加】按钮，在【名称】中输入"时间成本"，在【单位】中选择"分钟"，点击【确定】，如图 3-5-5 所示。接着双击新加的"时间成本"数据项设置相关参数，设置【类型】为"字段"，设置【值】为"驾驶时间"字段，点击【确定】，完成时间成本添加，如图 3-5-6 所示。点击【下一步】，设置【是否要为此网络数据集建立行驶方向设置？】为"否"，点击【下一步】，点击【完成】，在弹出的【新网络数据集已创建。是否立即构建？】对话框中点击【确定】，完成网络数据集的构建。

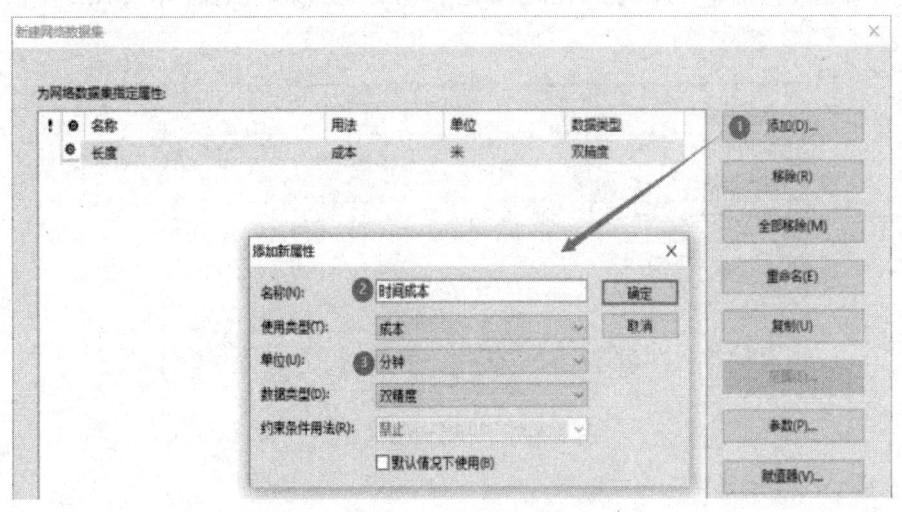

图 3-5-5 添加时间成本

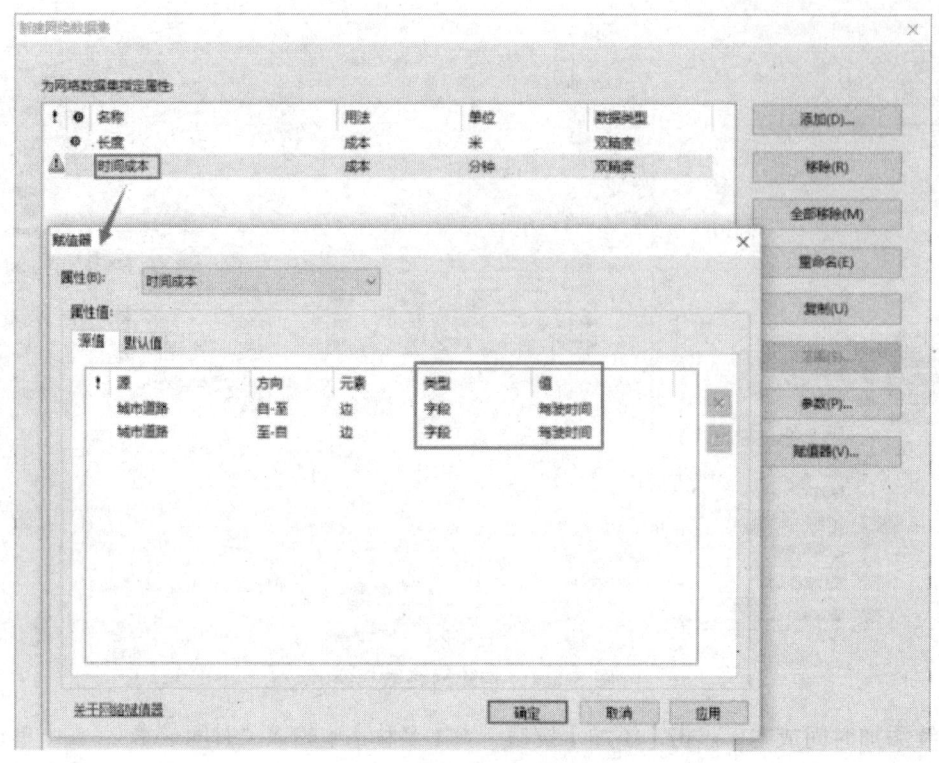

图 3-5-6　设置时间成本参数

3. 生成道路中心点

生成每条道路中心点,作为城市交通的运行的起点和终点。打开 ArcToolbox 工具箱,分别选择【数据管理工具】→【要素】→【要素转点】,输入要素选择"城市道路"图层,设置输出位置,勾选【内部(可选)】,点击【确定】,完成道路线转点操作,如图 3-5-7 所示。

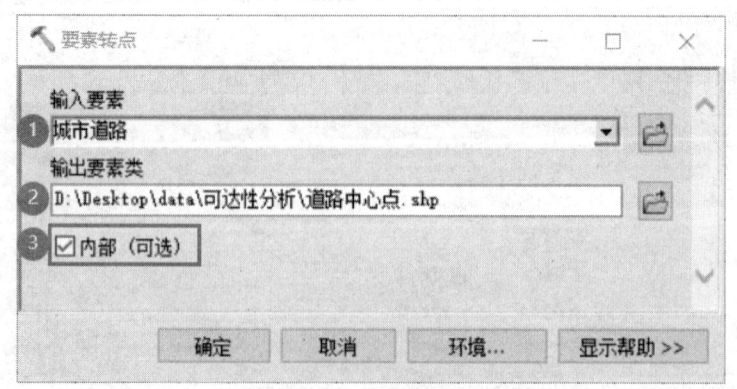

图 3-5-7　生成道路中心点

4. 生成 OD 成本矩阵

在工具栏右键加载【Network Analyst】工具条,点击【Network Analyst】→【新建 OD 成本矩阵】,如图 3-5-8 所示,在图层列表生成"OD 成本矩阵"数据组。在【Network Analyst】工具条中点击 ,打开【Network Analys】分析窗口。

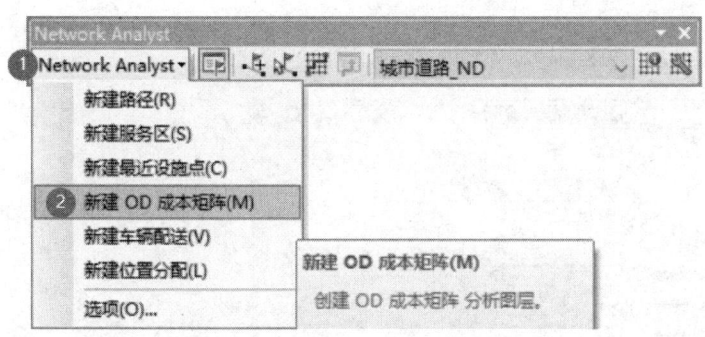 

OD 成本矩阵创建与
可达性分析

图 3-5-8　生成 OD 成本矩阵

设置"起始点"数据，鼠标右键点击"起始点"，选择【加载位置】，【加载自】选择为"道路中心点"交会点数据，点击【确定】完成操作，如图 3-5-9 所示。以同样的方式设置目的地点数据也为"道路中心点"。

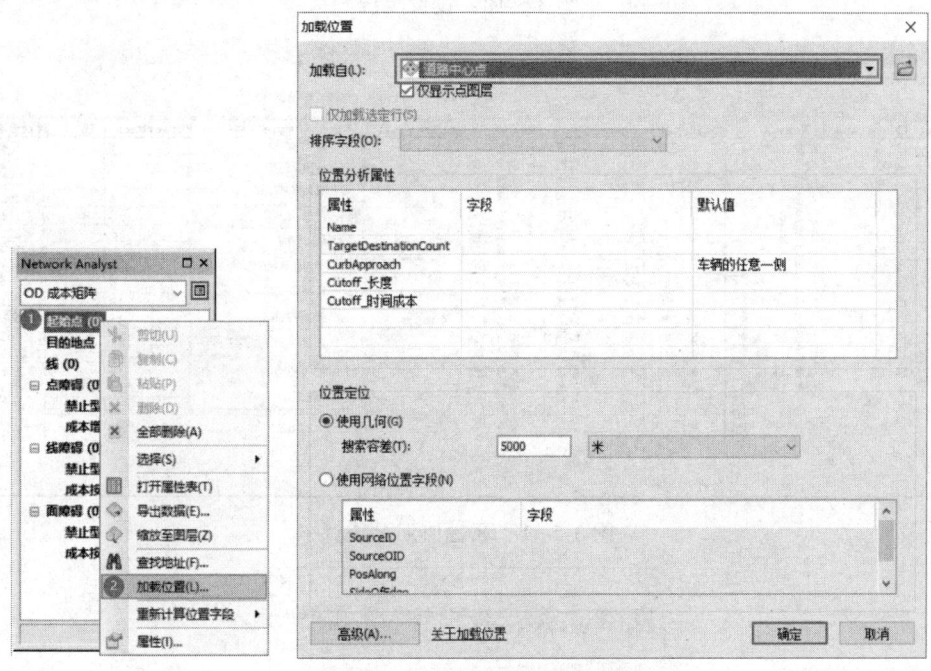

图 3-5-9　设置起始点位置

点击【Network Analyst】分析窗口中的 ▦ 【OD 成本矩阵 属性】按钮，在【分析设置】选项卡中设置【阻抗】为"时间成本（分钟）"，如图 3-5-10 所示。

在【Network Analyst】工具条中点击 ▦ ，求解 OD 成本矩阵。完成后在图层列表中同时打开"OD 成本矩阵"的"起始点"和"线"图层属性表，分析得出"线"图层的"OriginID"字段对应的是"起始点"图层的"ObjectID"字段，因此可以通过汇总"OriginID"字段对应的"Total_时间成本"字段平均值来反映城市通行时间成本。鼠标右键点击"OriginID"字段，选择【汇总】，如图 3-5-11 所示。在【2.选择一个或多个要包括在输出表中的汇总统计信息】中勾选【Total_时间成本】的【平均】选项，指定输出表的位置，点击【确定】导出，如图 3-5-12 所示。

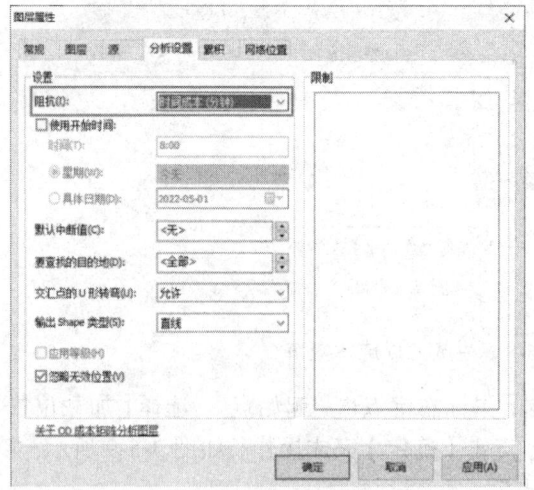

图 3-5-10 设置阻抗

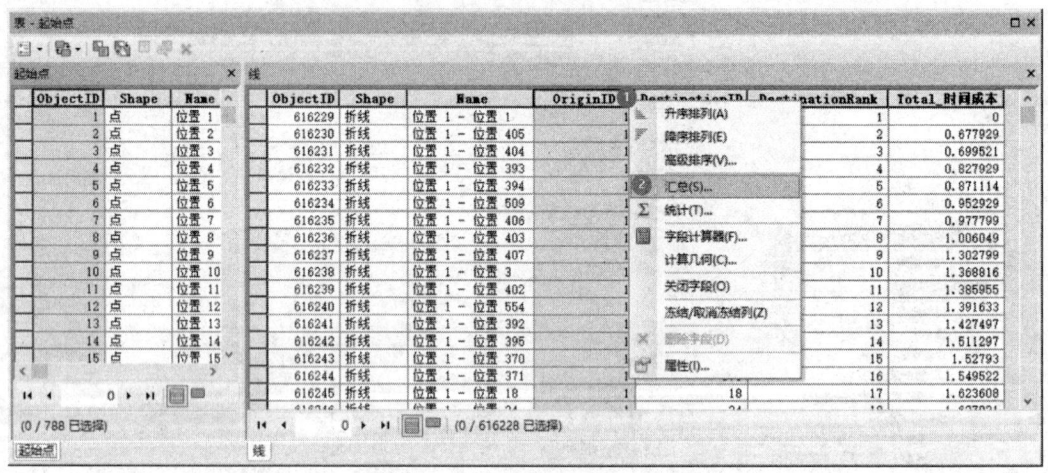

图 3-5-11 属性值汇总统计

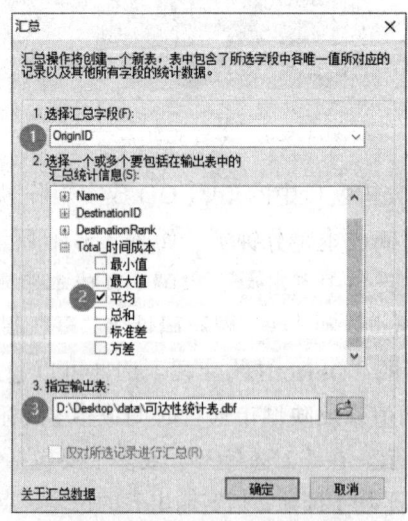

图 3-5-12 属性值汇总统计

5. 可达性分析

将上一步导出的"可达性统计表"通过属性连接挂接到"起始点"图层，右键点击"起始点"图层，点击【连接和关联】→【连接】，在【1.选择该图层中连接将基于的字段】中选择"ObjectID"字段，在【2.选择要连接到此图层的表】选择"可达性统计表"，在【3.选择此表中要作为连接基础的字段】选择"OriginID"，点击【确定】完成属性连接操作，如图 3-5-13 所示。（注：如要永久性保存起始点和属性连接结果，还需导出该图层。）

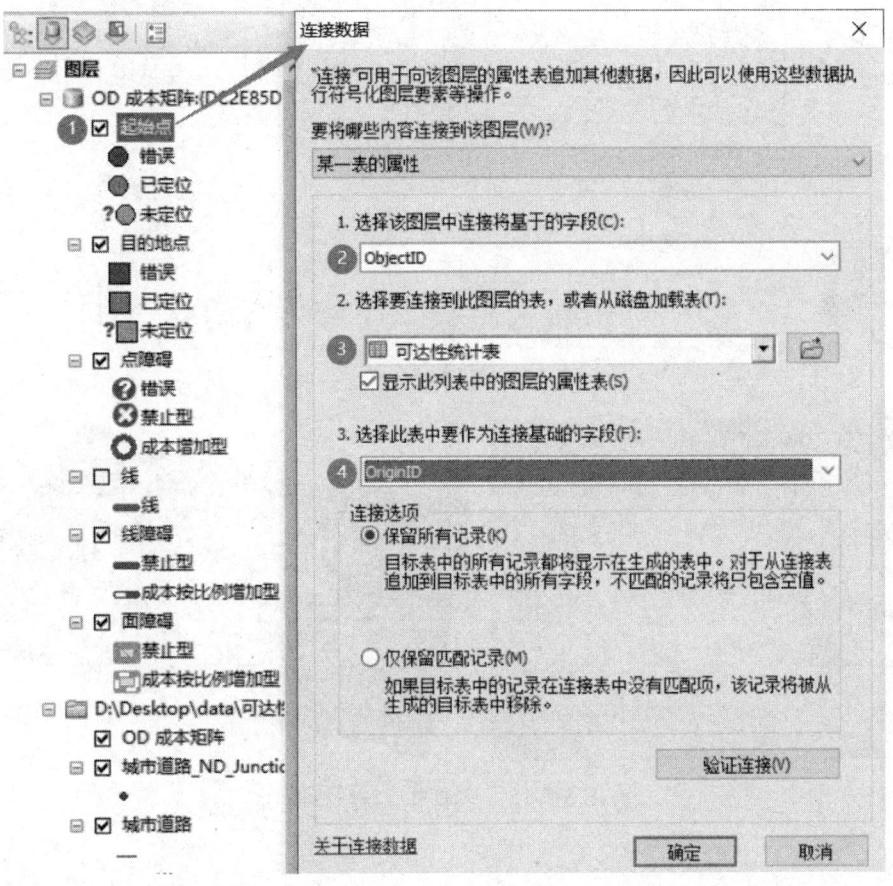

图 3-5-13　可达性分析

利用"反距离权重"插值分析得出整个区域的可达性栅格图。打开 ArcToolbox 工具箱，依次选择【Spatial Analyst 工具】→【插值分析】→【反距离权重法】，输入要素选择上一步连接属性后的"起始点"图层，Z 值字段选择"可达性统计表.Ave_Total"字段，设置输出路径，设置输出像元大小为"20"，点击【确定】，如图 3-5-14 所示。生成"可达性栅格图"，如图 3-5-15 所示（图中颜色深浅代表可达性从低到高）。可达性成果还可在 ArcScene 中用三维展示，效果更明显。

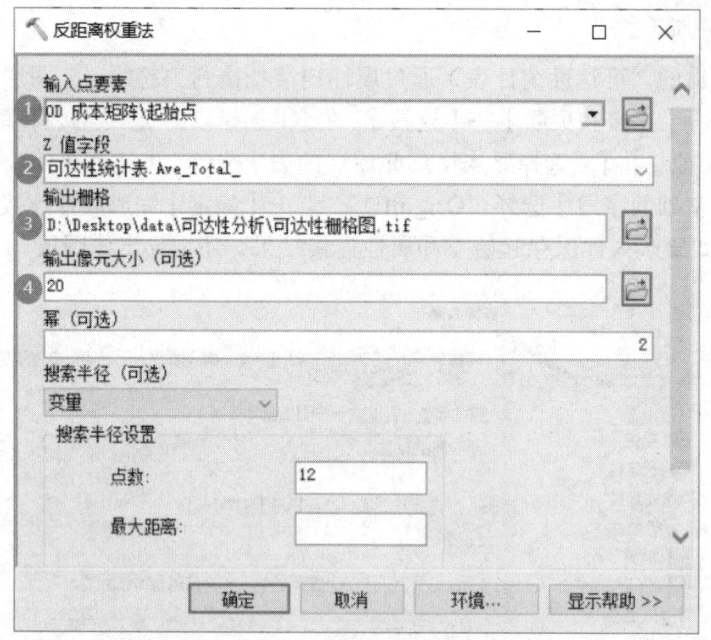

图 3-5-14 反距离权重分析

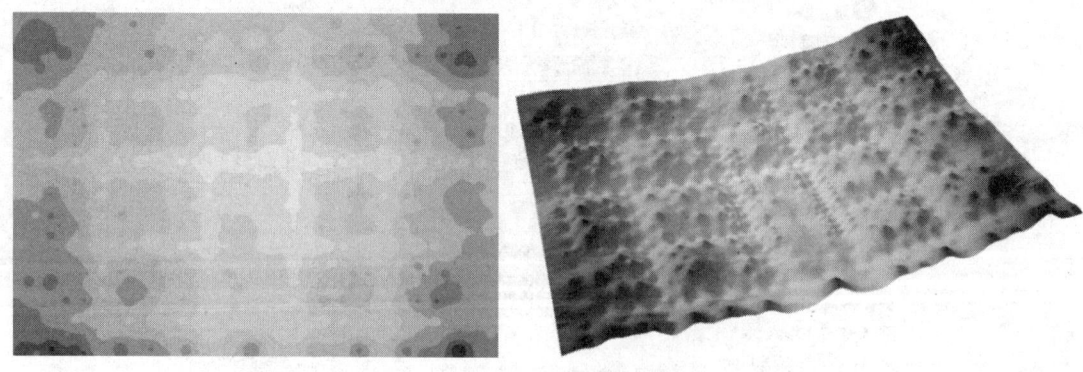

图 3-5-15 交通可达性栅格图

任务 3-6　基于泰森多边形的平均降雨量计算

 ## 一、应用背景

区域平均降雨量是气象部门进行天气预报与评估的重要依据。实时准确的区域平均降雨量计算结果对降水或防汛预报的准确性起着至关重要的作用。目前，计算区域平均降雨量的方法很多，常用的有算术平均法、数值法、等值线法、泰森多边形法等。在这些方法中，泰森多边形法最适合区域内雨量站或降雨量分布不均匀的情况，是我国计算区域平均雨量常用的方法，被水利、气象、环境等部门广泛应用。

 ## 二、基础知识

泰森多边形是荷兰气候学家 A.H.Thiessen 提出的一种根据离散分布的气象站的降雨量来计算平均降雨量的方法，即将所有相邻气象站连成三角形，作这些三角形各边的垂直平分线，于是每个气象站周围的若干垂直平分线便围成一个多边形。用这个多边形内所包含的一个唯一气象站的降雨强度来表示这个多边形区域内的降雨强度，并称这个多边形为泰森多边形，如图 3-6-1 所示。

泰森多边形原理

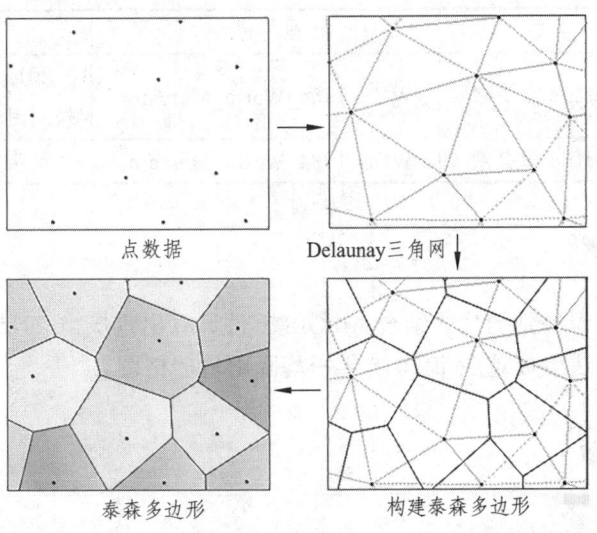

图 3-6-1　泰森多边形

泰森多边形又称为 Voronoi 图，是由一组连接两邻点直线的垂直平分线组成的连续多边形组成。泰森多边形的特性如下：

（1）每个泰森多边形内仅含有一个基站。
（2）泰森多边形区域内的点到相应基站的距离最近。

（3）位于泰森多边形边上的点到其两边的基站的距离相等。

每个多边形内所包含唯一的气象站降雨强度代表这个多边形区域的降雨强度，各个气象站点降雨强度与其所在多边形面积权重的乘积之和为流域平均雨量。计算公式为

$$\overline{P} = \frac{P_1 s_1 + P_2 s_2 + \cdots + P_3 s_3}{s_1 + s_2 + \cdots + s_3} = \sum_{i=1}^{n} P_i s_i / S$$

式中：P_i 为第 i 个雨量站的降雨量值；s_i 为第 i 个雨量站所在多边形的面积；S 为整个研究区域总面积。

该方法原理比较简单且容易操作，应用比较广泛，适用于气象站空间分布不均匀的地区。当研究区域内雨量站的数量与位置确定后，泰森多边形的面积权重保持不变，计算工作量较小。

三、学习目标

（1）掌握泰森多边形的原理和构建流程。
（2）掌握求解区域平均降雨量的方法。

四、案例数据

案例数据位于"…\任务 3-6 基于泰森多边形的平均降雨量计算"文件夹，具体说明见表 3-6-1。

表 3-6-1　案例数据

名称	格式	坐标系	说明
雨量监测站	Shapefile 点要素	WGS_1984_World_Mercator	2015 年重庆市气象站点数据，用于生成泰森多边形
重庆市	Shapefile 面要素	WGS_1984_World_Mercator	重庆市行政界，研究区范围

五、任务要求

（1）根据基础知识提到的公式结合 ArcGIS 软件计算出重庆市 2015 年平均降雨量。
（2）基于克里金法生成重庆市 2015 年平均降雨量栅格图。

六、操作步骤

1. 设置分析环境

在菜单栏点击【地理处理】→【环境】，弹出【环境设置】对话框，点击【处理范围】，选择"与图层 重庆市 相同"，如图 3-6-2 所示，使得接下来生成的泰森多边形范围能覆盖整个重庆市图层范围。若不进行此设置，生成的图形则会与输入要素图形的最小外包络矩形一致，可能会导致图形无法完全覆盖整个研究区范围。

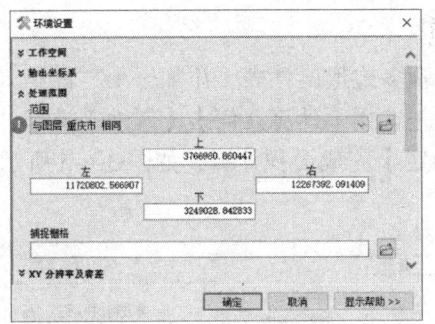

图 3-6-2　分析环境设置

2. 生成泰森多边形

打开 ArcToolbox 工具箱，分别选择【分析工具】→【邻域分析】→【创建泰森多边形】，输入要素选择"雨量监测站"图层，输出字段选择"ALL"，设置输出位置，点击【确定】，完成泰森多边形生成操作，如图 3-6-3 所示。

泰森多边形分析

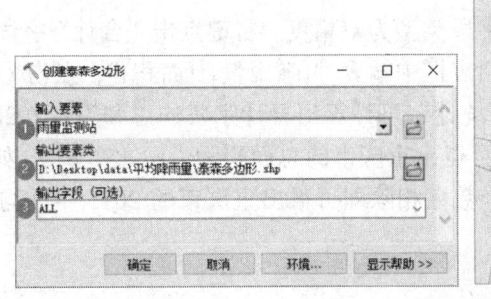
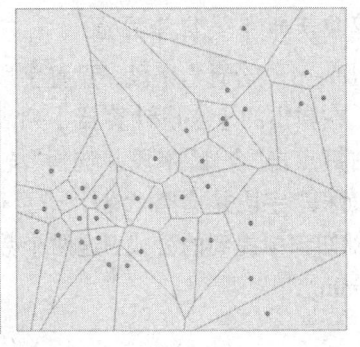

图 3-6-3　生成泰森多边形

3. 按行政区裁剪泰森多边形

上一步生成的泰森多边形是一个"重庆市"最小外包络矩形，还需按重庆市行政界范围裁剪，选择【分析工具】→【提取分析】→【裁剪】，输入要素选择上一步生成的"泰森多边形"图层，裁剪要素输入"重庆市"行政界，设置输出位置，点击【确定】，完成裁剪操作，如图 3-6-4 所示。

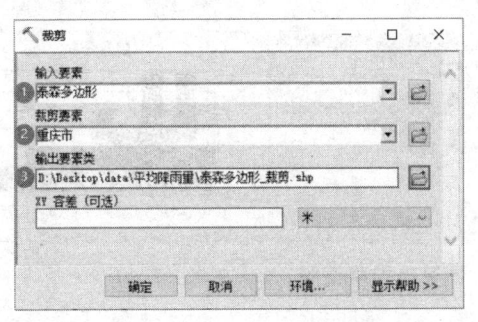

图 3-6-4　图形裁剪

4. 计算泰森多边形面积

打开上一步裁剪后的泰森多边形属性表，添加一个"面积"字段，设置字段类型为双精度，右键点击"面积"字段并选择【计算几何】,【属性】选择"面积",【单位】选择"平方千米[平方千米]"，点击【确定】完成面积计算，如图 3-6-5 所示。

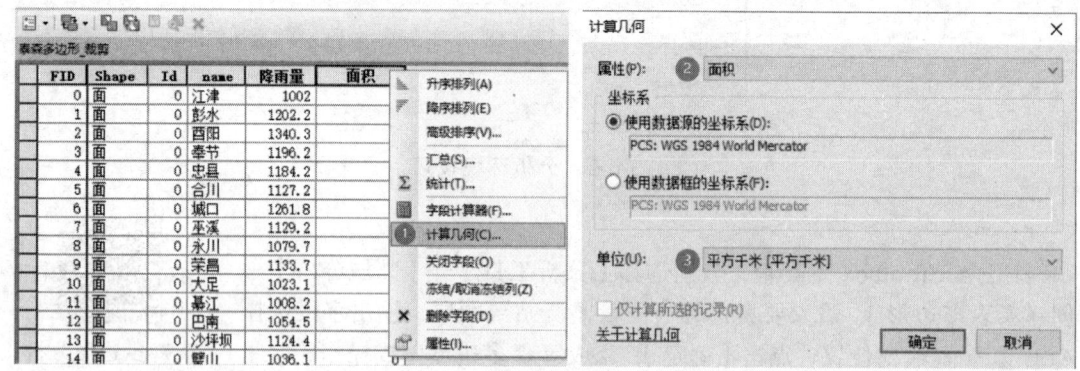

图 3-6-5　汇总面积

5. 计算重庆市年平均降雨量

继续添加一个"合计"字段，设置字段类型为双精度，右键点击"合计"字段并选择【字段计算器】，在弹出的【字段计算器】列表框中输入"[降雨量]*[面积]"，点击【确定】完成计算。继续右键点击"合计"字段并选择"统计"，可计算出合计字段的总和为"129285048.68"，右键点击"面积"字段并选择"统计"，可得出重庆市的总面积为"109895.81"，如图 3-6-6 所示。根据基础知识中提到的公式，这两个数字相除即可得出重庆市的 2015 年平均降雨量约等于 1 176.43 mm。

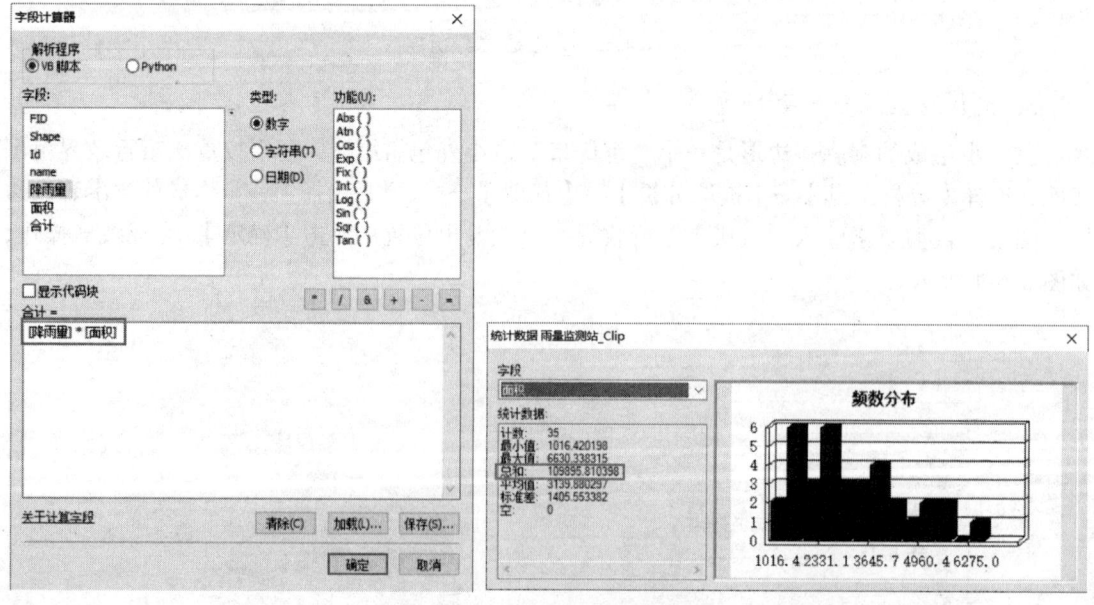

图 3-6-6　计算平均降雨量

6. 生成降雨量栅格图

选择【Spatial Analyst 工具】→【插值分析】→【克里金法】（选择克里金法的原因可查看任务 3-4 关于各种空间插值方法特点的分析），输入点要素选择"雨量监测站"图层，【Z 值字段】选择"降雨量"，设置输出位置，输出像元大小设置为"1000"，点击【确定】，生成重庆市 2015 年的平均降雨量栅格图，如图 3-6-7 所示。

生成降雨量栅格图

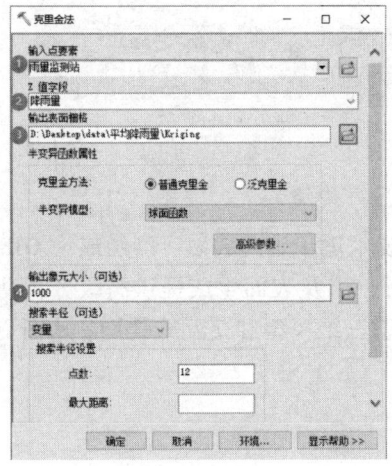
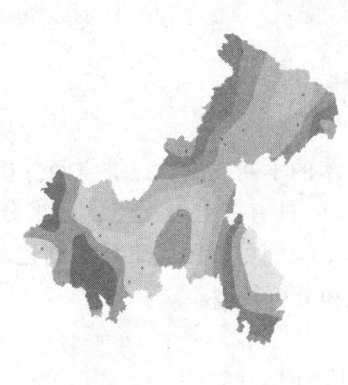

图 3-6-7　克里金法生成平均降雨量栅格

项目 4　三维分析与可视化

任务 4-1　数据转换与 DEM 生成

 一、应用背景

随着 GIS 技术的不断发展，三维空间分析技术逐步走向成熟，已经成为 GIS 空间分析的重要部分。ArcGIS 具有三维可视化、三维分析，以及表面生成提供高级分析功能的扩展模块——3D Analyst，我们可以用此工具来创建动态三维模型和交互式地图，从而更好地实现地理数据的可视化和分析处理。

 二、基础知识

在 ArcGIS 中，提供了多种基于矢量要素或基于其他表面（栅格表面、TIN 数据表面和 Terrain 数据集表面等）创建表面的工具。有多种方法可用于创建表面，包括：插入存储在测量点位置的值；根据某区域中各要素的数量插入表示某一指定现象或要素类型密度的表面；基于一个或多个要素获取距离表面（或方向表面）；从其他表面获取一个表面（如从高程表面获取坡度栅格表面）。因此，创建表面在三维分析中非常重要，在 ArcGIS 中可以创建三种类型的表面模型：栅格表面、TIN 表面、Terrain 表面。

 三、学习目标

掌握栅格表面、TIN 表面、Terrain 表面等模型的创建方法，并能解决实际问题。

 四、案例数据

案例数据位于"…\任务 4-1 数据转换与 DEM 生成"文件夹，具体说明见表 4-1-1。

表 4-1-1　案例数据

名称	格式	坐标系	说明
高程点	Shapefile 点要素	—	离散的高程点
tin_地面	不规则三角网	—	用于创建栅格表面
Terrain	文件地理数据库	—	用于创建 Terrain 表面
地面模型	*.tif	—	用于创建 TIN 表面

五、任务要求

学会在 ArcGIS 中创建三种类型的表面模型：
（1）创建栅格表面。
（2）创建 TIN 表面。
（3）创建 Terrain 数据集表面。

六、操作步骤

1. 创建栅格表面

栅格表面是一组连续值的场域，在各点处的值各不相同。例如，某一区域内的各点可能在高程值或某特定化学物质的浓度等方面都存在差异。这些值中的任意一个都可以在 (X, Y, Z) 三维坐标系的 Z 轴上表示，这样便可以生成连续的三维表面。

数据转换与 DEM 生成

（1）由插值法创建栅格表面。

添加"…\1.创建栅格表面\高程点.shp"数据，在 ArcToolbox 工具箱中依次点击【3D Analyst 工具】→【栅格插值】，如图 4-1-1 所示。

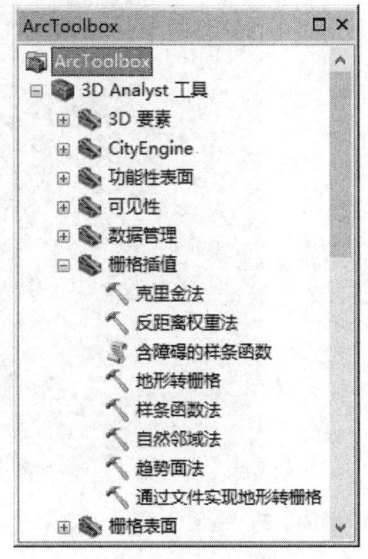

图 4-1-1　栅格插值工具

由图 4-1-1 可以看到许多的插值方法，如克里金法、反距离权重法、样条函数法、自然邻域法等，本任务选择克里金法。克里金法首先考虑的是空间属性在空间位置上的变异分布，确定对一个待插点值有影响的距离范围，然后用此范围内的采样点来估计待插点的属性值。该方法在数学上可对所研究的对象提供一种最佳线性无偏估计（某点处的确定值）的方法。

双击【克里金法】，弹出【克里金法】对话框，在【输入点要素】下拉列表中选择"高程点"数据，在【Z 值字段】下拉列表中选择"Elevation"字段（也可以选择"Shape.Z"字段，"Shape.Z"中存储了"Elevation"字段的高程值）。在【输出表面栅格】文本框中指定保存路径和名称。

对于【半变异函数属性】区域中，在【克里金方法】中选中"普通克里金"，在【半变异模型】下拉列表中选择"球面函数"，其他参数一般默认（更多参数有关信息，可点击【显示帮助】按钮），如图 4-1-2 所示。

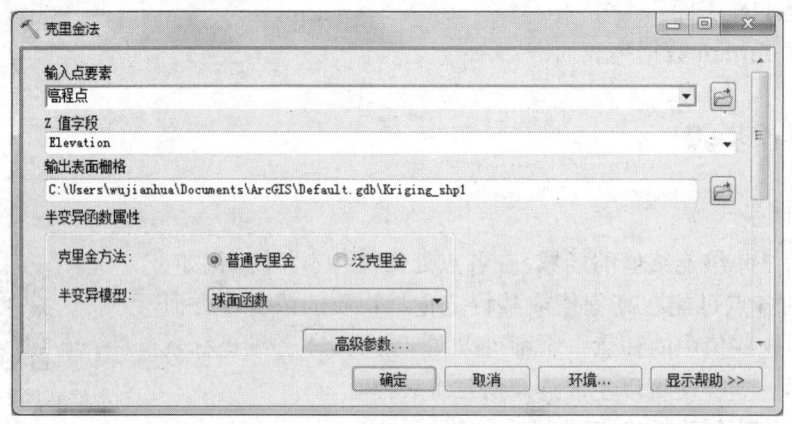

图 4-1-2 【克里金法】对话框

点击【确定】按钮，克里金插值后效果如图 4-1-3 所示。

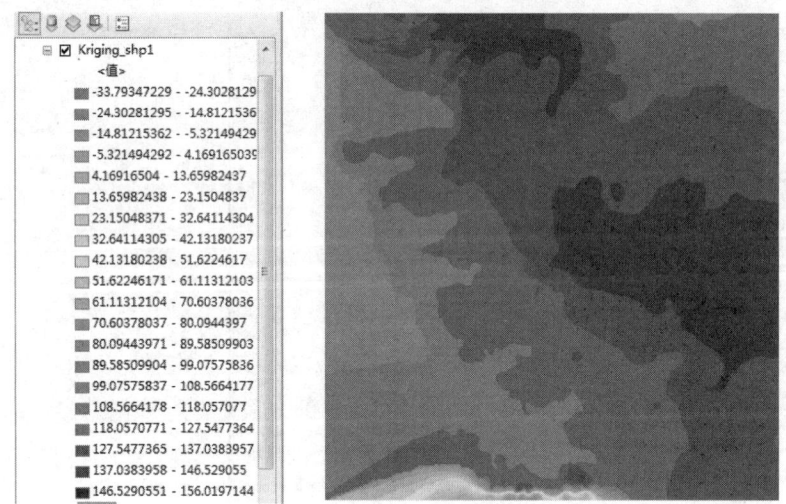

图 4-1-3 克里金插值后效果

（2）由 TIN 创建栅格表面。

添加"...\1. 创建栅格表面\tin_地面"数据，在 ArcToolbox 工具箱中依次点击【3D Analyst 工具】→【转换】→【由 TIN 转出】→【TIN 转栅格】，弹出【TIN 转栅格】对话框，如图 4-1-4 所示。

在【输入 TIN】下拉列表中选择"tin_地面"数据。

在【输出栅格】文本框中并指定输出栅格的保存路径和名称。

在【输出数据类型（可选）】下拉列表中有"FLOAT"和"INT"两种数据格式，这里选择"FLOAT"数据类型。

在【方法（选择）】下拉列表中有"LINEAR"（通过向 TIN 三角形应用线性插值法来计算像元值）和"NATURAL_NEIGHBORS"（通过使用 TIN 三角形的自然邻域插值法计算像元值）两种方法，这里选择"NATURAL_NETGHBORS"。

在【采样距离（可选）】下拉列表中有"OBSERVATIONS 250"（定义输出栅格最长边上的像元数。默认情况下，在距离为 250 的条件下使用此方法）和"CELLSIZE"（定义输出栅格的像元大小）两种采样距离，这里选择"OBSERVATIONS 250"。

在【Z 因子（选择）】文本框中输入"1"（高程值保持不变）。

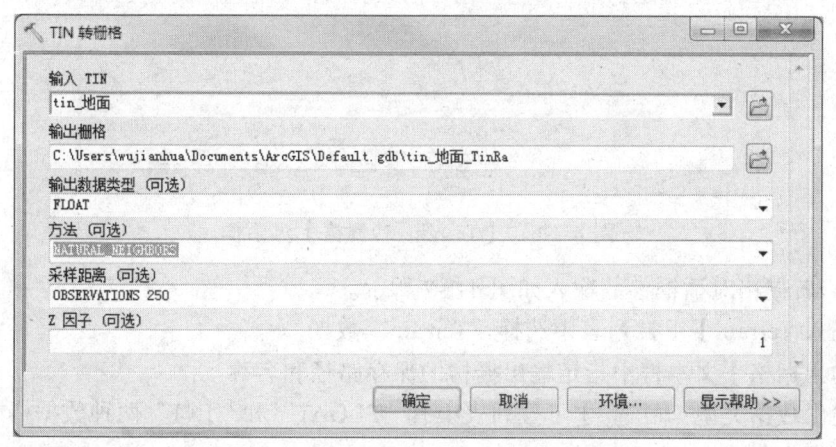

图 4-1-4 　【TIN 转栅格】对话框参数输入

点击【确定】按钮，由 TIN 创建栅格表面效果如图 4-1-5 所示。

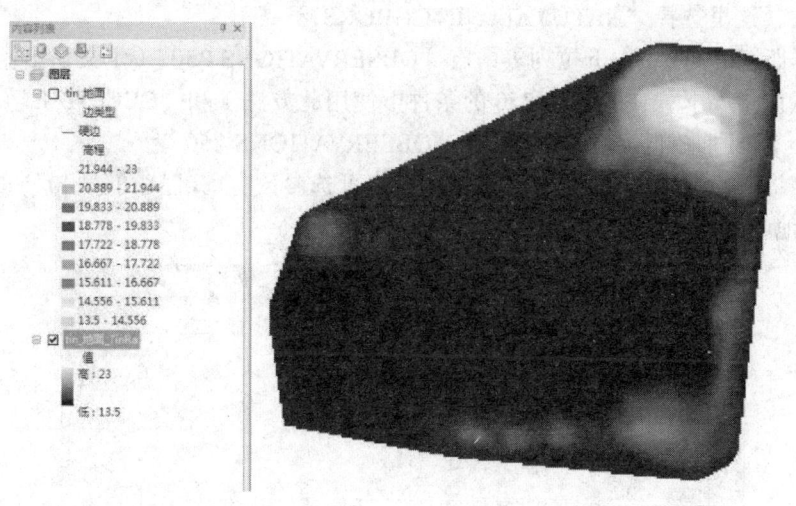

图 4-1-5 　由 TIN 创建栅格表面效果

（3）由 Terrain 创建栅格表面。

添加"...\创建栅格表面\Terrain 数据库.gdb\Terrain"数据，在 ArcToolbox 工具箱中依次点击【3D Analyst 工具】→【转换】→【由 Terrain 转出】→【Terrain 转栅格】，弹出【Terrain 转栅格】对话框，如图 4-1-6 所示。

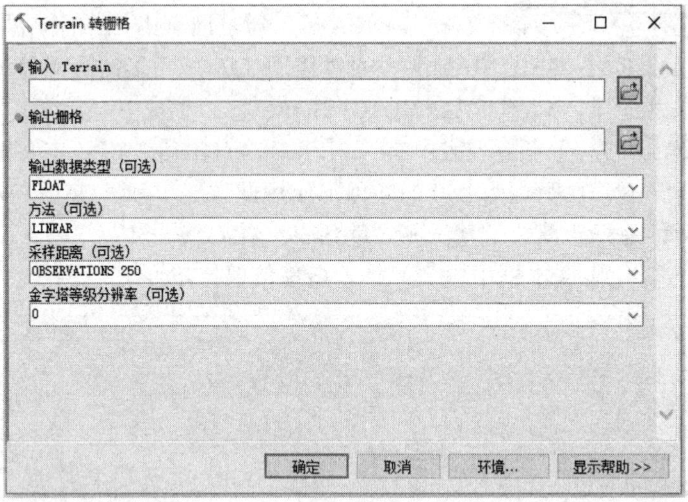

图 4-1-6 【Terrain 转栅格】对话框

Terrain 转栅格对话框参数输入如图 4-1-7 所示。

在【输入 Terrain】下拉列表中选择"Terrain"数据。

在【输出栅格】文本框中指定输出栅格的保存路径和名称。

在【输出数据类型（可选）】下拉列表中有"FLOAT"和"INT"两种数据格式，这里选择"FLOAT"数据类型。

在【方法（选择）】下拉列表中有"LINEAR"（通过向 TIN 三角形应用线性插值法来计算像元值）和"NATURAL_NEIGHBORS"（通过使用 TIN 三角形的自然邻域插值法计算像元值）两种方法，这里选择"NATURAL_NETGHBORS"。

在【采样距离（可选）】下拉列表中有"OBSERVATIONS 250"（定义输出栅格最长边上的像元数。默认情况下，在距离为 250 的条件下使用此方法）和"CELLSIZE"（定义输出栅格的像元大小）两种采样距离，这里选择"OBSERVATIONS 250"。

在【金字塔等级分辨率（可选）】下拉列表中可选参数有"0""20""40""80"，这里选择"20"，其他参数默认。

图 4-1-7 【Terrain 转栅格】对话框参数输入

点击【确定】按钮，完成操作，由 Terrain 创建栅格表面效果如图 4-1-8 所示。

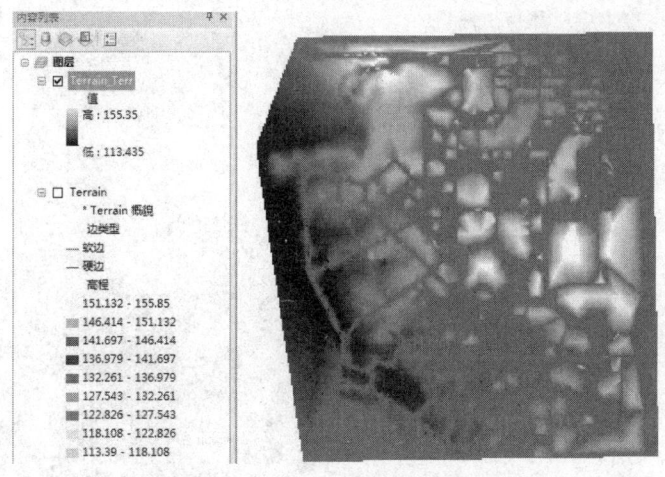

图 4-1-8　由 Terrain 创建栅格表面效果

2. 创建 TIN 表面

TIN 以数字方式表示表面形态。TIN 是一种矢量结构的数字地理数据，它通过将一系列折点（点）组成三角形来构建，最终形成一个三角网。TIN 模型的可用范围没有栅格表面模型那么广泛，且构建和处理也更耗时，并且由于数据结构非常复杂，处理 TIN 的效率要比处理栅格数据低。但 TIN 通常用于小区域的高精度建模（如在工程应用中），此时 TIN 非常有用，因为它们可用于计算平面面积、表面积和体积。

（1）由矢量要素创建 TIN。

添加 "...\2. 创建 TIN 表面\高程点.shp" 数据，在 ArcToolbox 工具箱中依次点击【3D Analyst 工具】→【数据管理】→【TIN】→【创建 TIN】，弹出【创建 TIN】对话框。TIN 对话框参数输入如图 4-1-9 所示。

在【输出 TIN】文本框中指定并输出数据的保存路径和名称。

在【坐标系（可选）】中，为 TIN 设置空间参考，这里选与输入要素一致的坐标系 "Beijing_1954_3_Degree_GK_CM_114E"。

在【输入要素类（可选）】下拉列表中选择 "高程点" 数据，在【高度字段】选择 "Shape.Z" 字段。

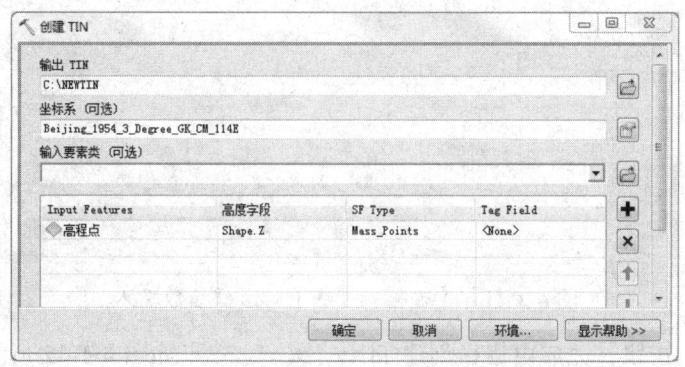

图 4-1-9　【创建 TIN】对话框参数输入

点击【确定】按钮，完成了由矢量要素创建 TIN 的操作，效果如图 4-1-10 所示。

图 4-1-10　由矢量要素创建 TIN 效果

（2）由栅格创建 TIN。

添加"...\2. 创建 TIN 表面\地形.mdb\地面模型"栅格数据，在 ArcToolbox 工具箱中依次点击【3D Analyst 工具】→【转换】→【由栅格转出】→【栅格转 TIN】，弹出【栅格转 TIN】对话框。栅格转 TIN 对话框参数输入如图 4-1-11 所示。

在【输入栅格】下拉列表中选择"地面模型"数据。

在【输出 TIN】文本框中指定输出数据的保存路径和名称。

【Z 容差（可选）】是指输入栅格与输出 TIN 之间所允许的最大高度差（Z 单位），这里参数默认。

【最大点数（可选）】是指将在处理过程终止前添加到 TIN 的最大点数，这里参数默认。

【Z 因子（可选）】是指在生成的 TIN 数据集中与栅格的高度值相乘的因子，这里参数默认。

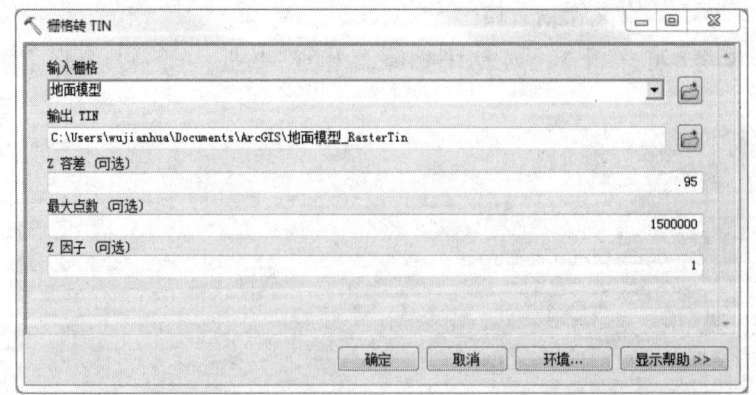

图 4-1-11　【栅格转 TIN】对话框参数输入

点击【确定】按钮，完成由栅格创建 TIN 的操作，效果如图 4-1-12 所示。

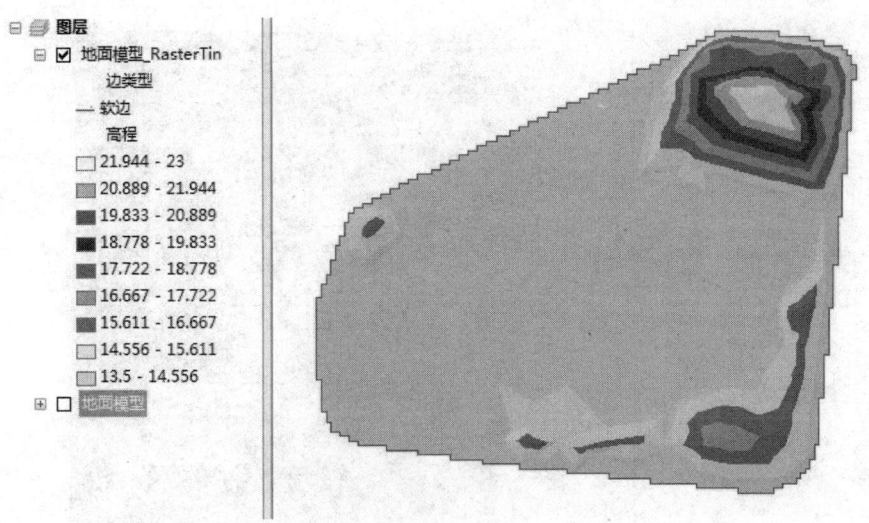

图 4-1-12　由栅格创建 TIN 效果

（3）由 Terrain 数据集创建 TIN。

添加"…\2. 创建 TIN 表面\Terrain 数据库.gdb\Terrain"数据，在 ArcToolbox 工具箱中双击【3D Analyst 工具】→【转换】→【由 Terrain 转出】→【Terrain 转 TIN】，弹出【Terrain 转 TIN】对话框。Terrain 转 TIN 对话框参数输入如图 4-1-13 所示。

在【输入 Terrain】下拉列表中选择"Terrain"数据。

在【输出 TIN】文本框中指定输出数据的保存路径和名称。在【金字塔等级分辨率（可选）】的下拉列表中可选参数有"0""20""40""80"，这里选择"20"。

【最大结点数（可选）】是指输出 TIN 中允许结点的最大数量，这里默认值为"5000000"。

【裁剪范围（可选）】是指是否根据分析范围裁剪生成的 TIN。仅当定义了分析范围并且分析范围小于输入 Terrain 范围时，该选项才有效，这里勾选【裁剪范围（可选）】复选框。

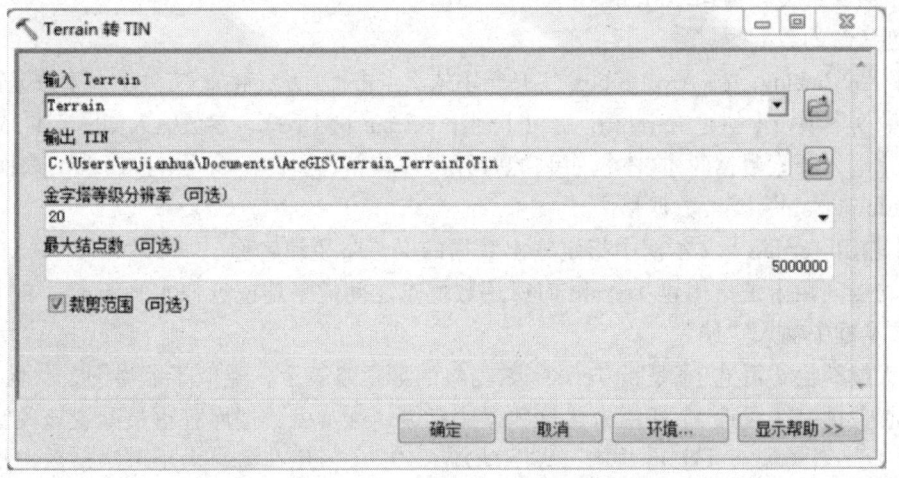

图 4-1-13　【Terrain 转 TIN】对话框参数输入

点击【确定】按钮，完成了由 Terrain 数据集创建 TIN 的操作，效果如图 4-1-14 所示。

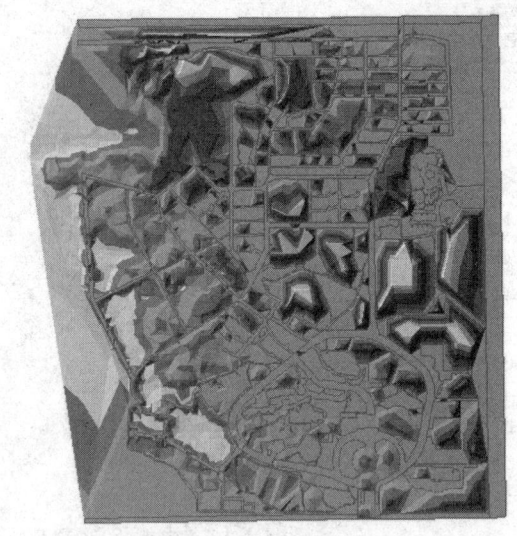

图 4-1-14　由 Terrain 数据集创建 TIN 效果

3. 创建 Terrain 数据集表面

Terrain 数据集是管理地理数据库中基于点的大量数据并动态生成高质量精确表面的有效方法。激光雷达、声呐和高程的测量值在数量上可达几十万甚至数十亿之多，因此，创建 Terrain 数据集表面非常必要。Terrain 数据集存储在地理数据库的要素数据集中，其中包含用于构建 Terrain 数据集的要素。例如，这里利用"道路.shp"和"高程_point.shp"矢量数据生成 Terrain 数据集表面，因此，使用的要素（"道路.shp"和"高程_point.shp"矢量数据）必须与 Terrain 数据集在同一个要素数据集中。下面用两种方法来创建 Terrain 数据集表面。

（1）方法一。

创建 Terrain 数据集表面有四个步骤：创建新的数据集、添加 Terrain 金字塔等级、向 Terrain 添加要素类、构建 Terrain。

① 创建新的数据集。

打开 ArcCatalog，在 ArcToolbox 工具箱中依次点击【3D Analyst 工具】→【数据管理】→【Terrain 数据集】→【创建 Terrain】，弹出【创建 Terrain】对话框。参数输入如图 4-1-15 所示。

点击【输入要素数据集】文本框右侧的打开文件按钮，选择"…\3. 创建 Terrain 表面\Terrain 数据库.gdb\Terrain" 要素数据集。

在【输出 Terrain】文本框中指定输出数据的保存路径和名称。

【平均点间距】是指构建 Terrain 时所用数据点之间的平均或近似水平距离，在【平均点间距】文本框中输入"10"。

【最大概貌值（可选）】是指 Terrain 数据集的最粗略表示，类似于缩略图，参数默认。

【配置关键字（可选）】即用来优化数据库存储，通常由数据库管理员配置该关键字。

在【金字塔类型（可选）】中有"WINDOWSIZE"（使用在窗口大小方法参数中指定的条件，通过根据每个金字塔等级的给定窗口大小定义的区域中选择数据点来执行细化）和"ZTOLERANCE"（通过指定相对于全分辨率数据点的每个金字塔等级的垂直精度来执行细化）两种金字塔类型，这里选择"ZTOLERANCE"。

在【窗口大小方法（可选）】下拉列表中选择"ZMIN"（具有最小高程值的点），其他参数默认。

点击【确定】按钮，完成操作。

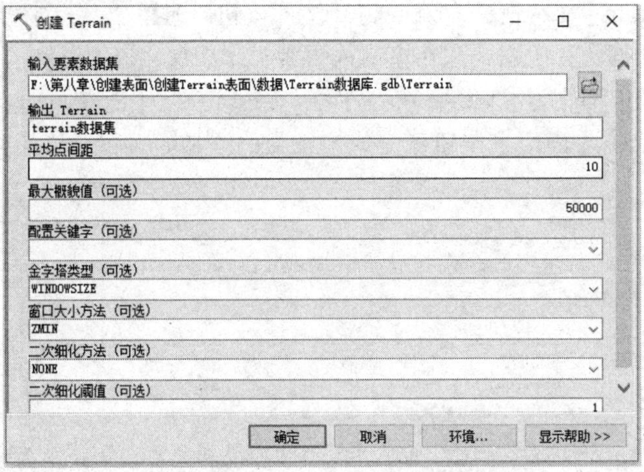

图 4-1-15 【创建 Terrain】对话框参数输入

② 添加 Terrain 金字塔等级。

双击【3D Analyst 工具】→【数据管理】→【Terrain 数据集】→【添加 Terrain 金字塔等级】，弹出【添加 Terrain 金字塔等级】对话框。

点击【输入 Terrain】文本框右侧的打开文件按钮，选择"...\3. 创建 Terrain 表面\Terrain 数据库.gdb\terrain 数据集"数据。

在【金字塔等级定义】文本框中输入 Z 容差或窗口大小以及将要添加到 Terrain 数据集的一个或多个金字塔等级的参考比例。可将 Z 容差或窗口大小指定为浮点值，提供的参考比例必须为整数，这些值以空格分隔的数值对的形式给出，即每个金字塔等级为一对。（例如，"20 24000"表示窗口大小为 20，参考比例为 1∶24 000；"1.5 10000"表示 Z 容差为 1.5，参考比例为 1∶10 000）。这里输入了"20 1000""40 2000""60 3000"三个等级，如图 4-1-16 所示。点击【确定】按钮，完成 Terrain 金字塔等级的添加。

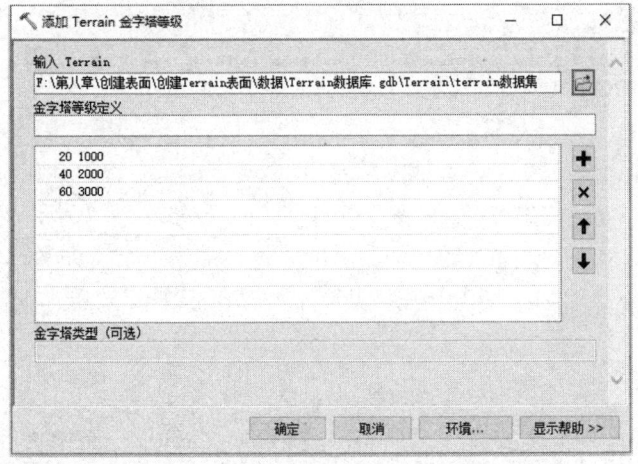

图 4-1-16 【添加 Terrain 金字塔等级】对话框

③ 向 Terrain 添加要素类。

双击【3D Analyst 工具】→【数据管理】→【Terrain 数据集】→【向 Terrain 添加要素类】，弹出【向 Terrain 添加要素类】对话框。

点击【输入 Terrain】文本框中右侧的打开文件按钮，选择"...\3.创建 Terrain 表面\Terrain 数据库.gdb\terrain 数据集"数据，并在【输入要素类】添加"道路"和"高程_point"矢量数据，并将【高度字段】都改为"Elevation"字段，将"道路"【SF Type】改为"Hard_Line"，如图 4-1-17 所示，点击【确定】按钮，完成要素类的添加。

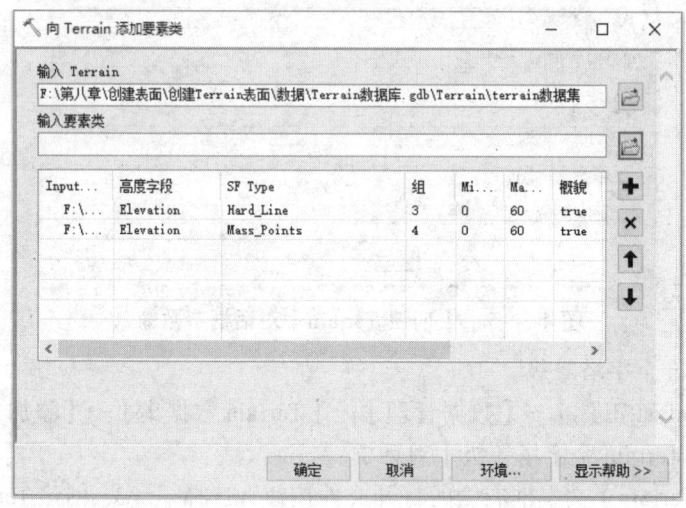

图 4-1-17　【向 Terrain 添加要素类】对话框

④ 构建 Terrain。

依次点击【3D Analyst 工具】→【数据管理】→【Terrain 数据集】→【构建 Terrain】，弹出【构建 Terrain】对话框。

点击【输入 Terrain】文本框右侧的打开文件按钮，选择"...\3. 创建 Terrain 表面\Terrain 数据库.gdb\terrain 数据集"数据，如图 4-1-18 所示。

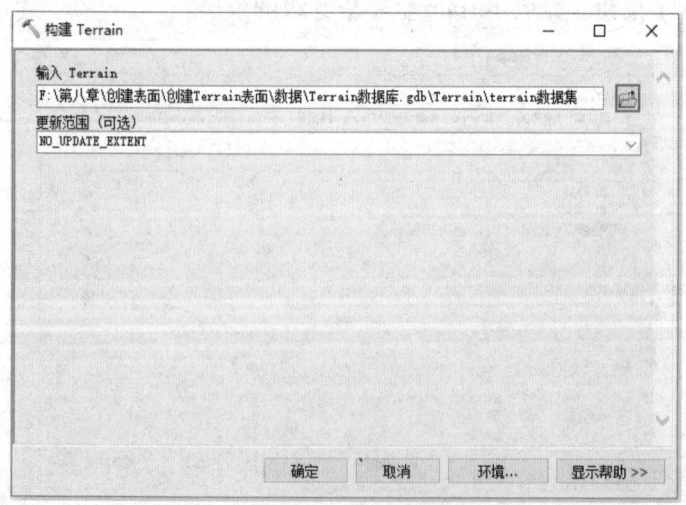

图 4-1-18　【构建 Terrain】对话框输入参数

点击【确定】按钮，完成 Terrain 的构建，将数据添加到 ArcMap 中，随着图层的放大，Terrain 数据信息更详尽，效果如图 4-1-19 和图 4-1-20 所示。

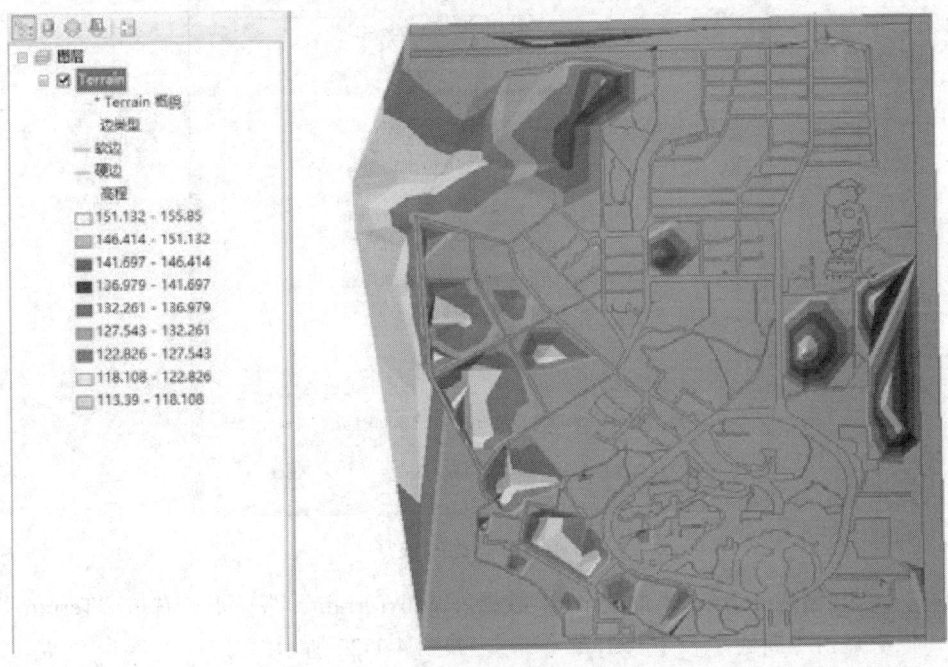

图 4-1-19　Terrain 表面效果 1

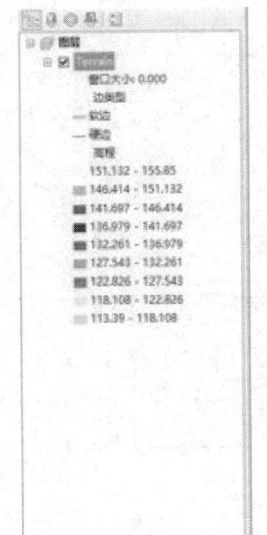 

图 4-1-20　Terrain 表面效果 2

（2）方法二。

① 打开 按钮，将数据连接到"...\3. 创建 Terrain 表面"路径下，如图 4-1-21 所示，点击【确定】按钮。

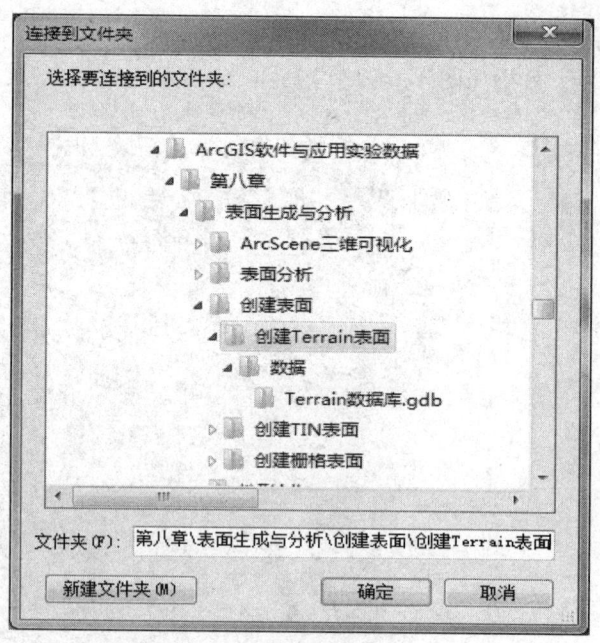

图 4-1-21 连接数据

② 在 "…\3. 创建 Terrain 表面\Terrain 数据库.gdb\Terrain" 路径下，右击 "Terrain" 要素数据集，依次点击【新建】→【Terrain（E）】，如图 4-1-22 所示。

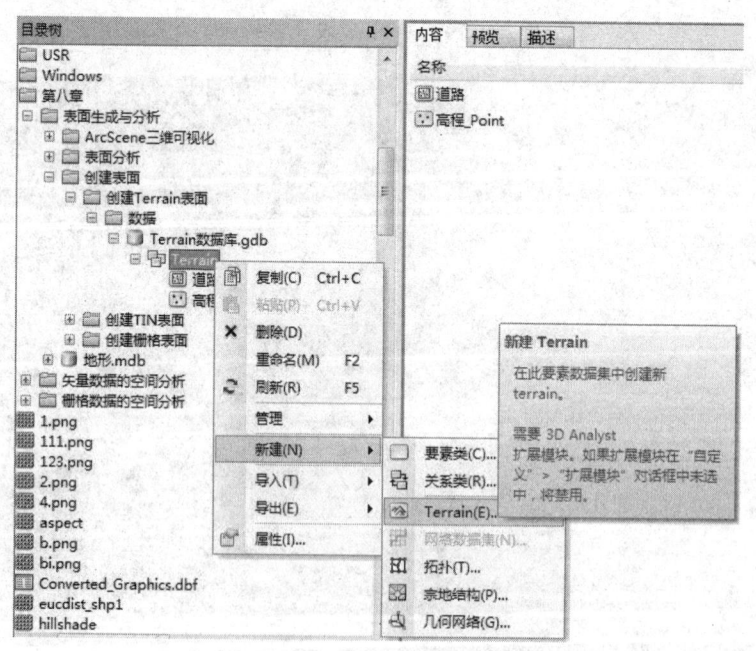

图 4-1-22 新建菜单

③ 点击【新建】→【Terrain（E）】，弹出【新建 Terrain】对话框，在【输入 terrain 的名称（T）:】文本框中输入 "Terrain"，在【选择要参与到 terrain 中的要素类】区域中，点击【全选（S）】按钮，在【近似点间距（P）】文本框中输入 "10"，如图 4-1-23 所示。

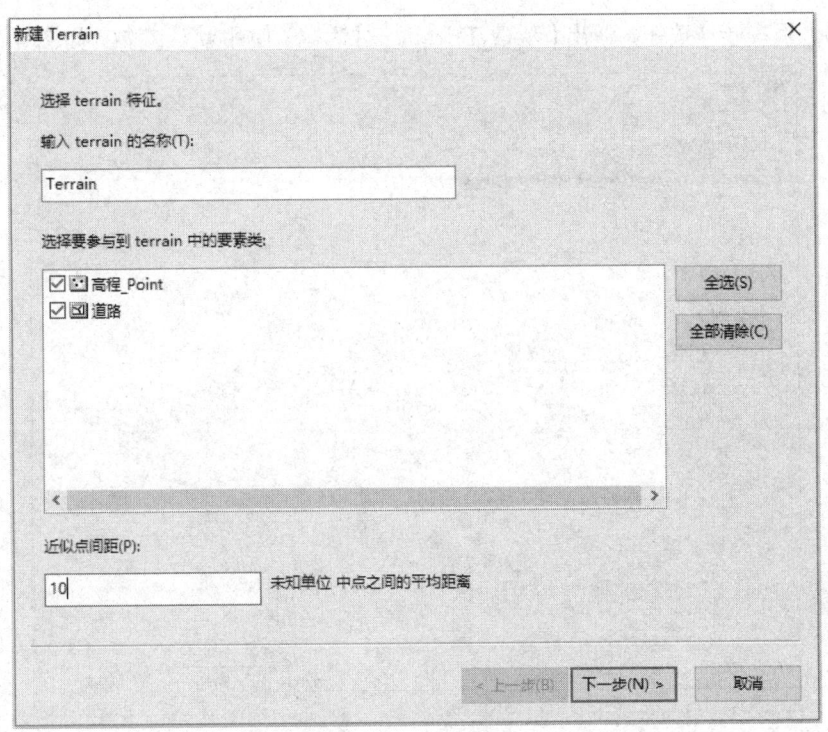

图 4-1-23 【新建 Terrain】对话框 1

④ 点击【下一步】按钮,弹出【新建 Terrain】对话框,在【通过点击每一列为要素选择选项】区域中,将"高程_Point"和"道路"要素类的【高度源】改为"Elevation"字段,将"道路"的【SFType】改为"硬断线",如图 4-1-24 所示。

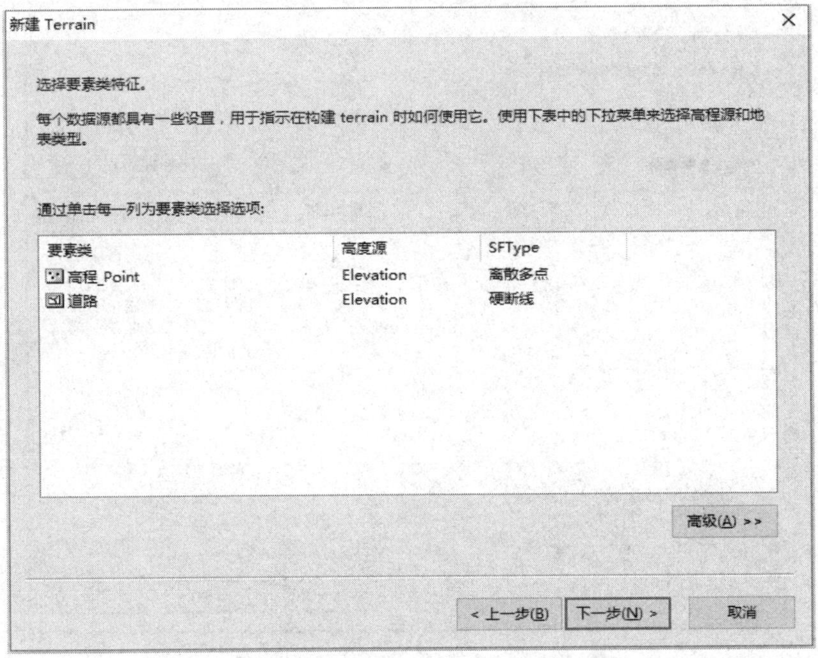

图 4-1-24 【新建 Terrain】对话框 2

⑤ 点击【下一步】按钮,弹出【新建 Terrain】对话框,使用默认参数,如图 4-1-25 所示。

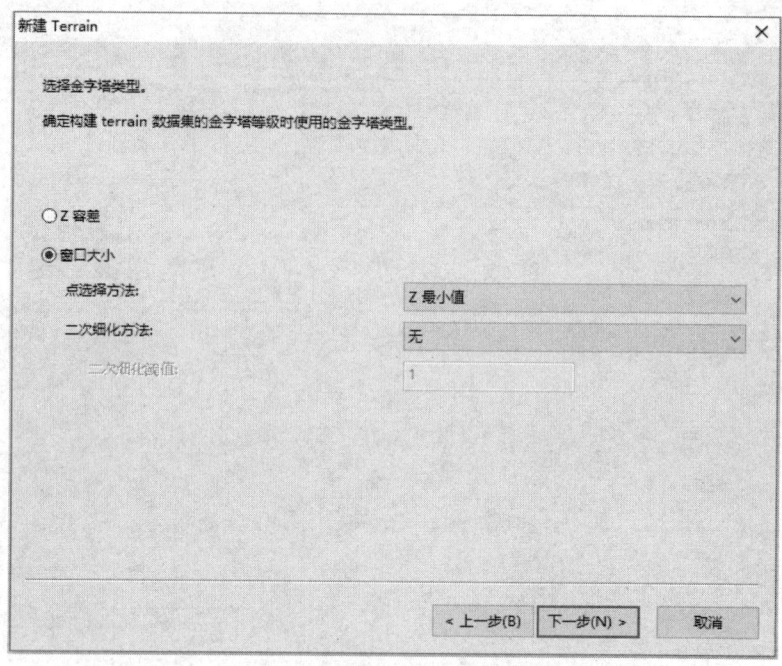

图 4-1-25　【新建 Terrain】对话框 3

⑥ 点击【下一步】按钮,弹出【新建 Terrain】对话框,点击【添加】按钮,这里添加三个等级,如图 4-1-26 所示。

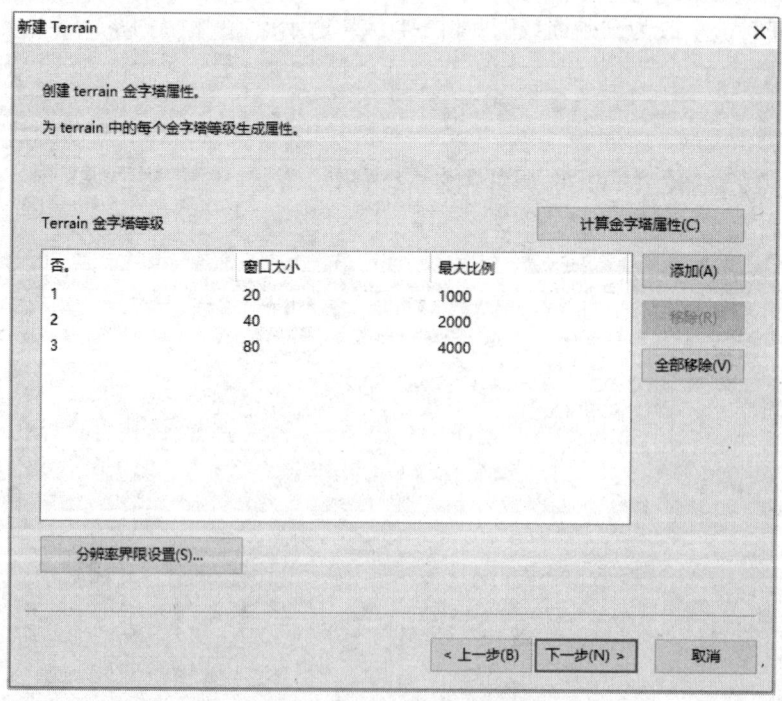

图 4-1-26　【新建 Terrain】对话框 4

⑦ 点击【下一步】按钮，弹出【新建 Terrain】对话框，如图 4-1-27 所示。

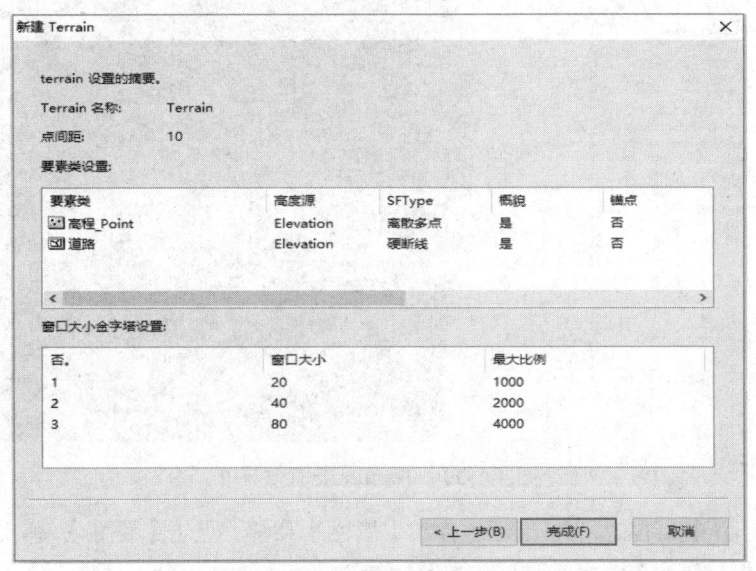

图 4-1-27　【新建 Terrain】对话框 5

⑧ 点击【完成】按钮，弹出【创建 Terrain】对话框，如图 4-1-28 所示。

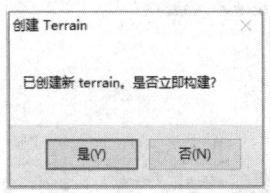

图 4-1-28　【创建 Terrain】对话框

⑨ 点击【是】按钮，即完成了 Terrain 的创建，将数据添加到 ArcMap 中，随着图层的放大，Terrain 数据信息更详尽，效果如图 4-1-29 和图 4-1-30 所示。

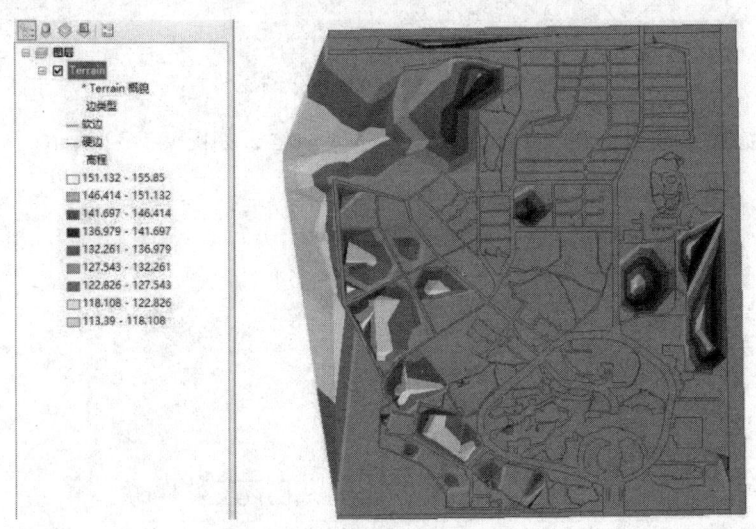

图 4-1-29　Terrain 表面效果 1

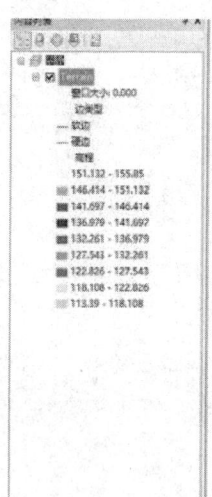

图 4-1-30　Terrain 表面效果 2

⑩ 在 ArcMap 中，右击"Terrain"，弹出【属性】菜单，点击【属性】，弹出【图层属性】对话框，并选中【符号系统】选项卡，如图 4-1-31 所示。

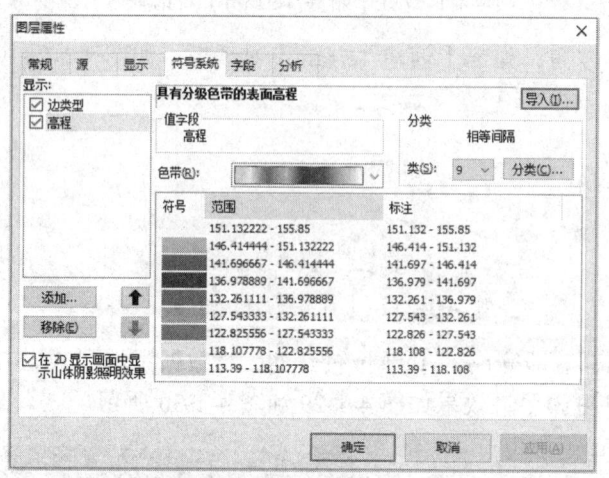

图 4-1-31　【图层属性】对话框

⑪ 点击【添加】按钮，弹出【添加渲染器】对话框，如图 4-1-32 所示。

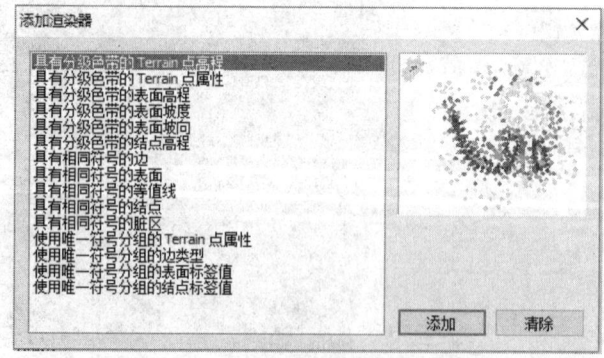

图 4-1-32　【添加渲染器】对话框

⑫ 在【添加渲染器】对话框中，有各种的显示效果，这里选择【具有分级色带的表面坡向】，并点击【添加】按钮，在【显示】区域中就多了【坡向】，如图 4-1-33 所示。

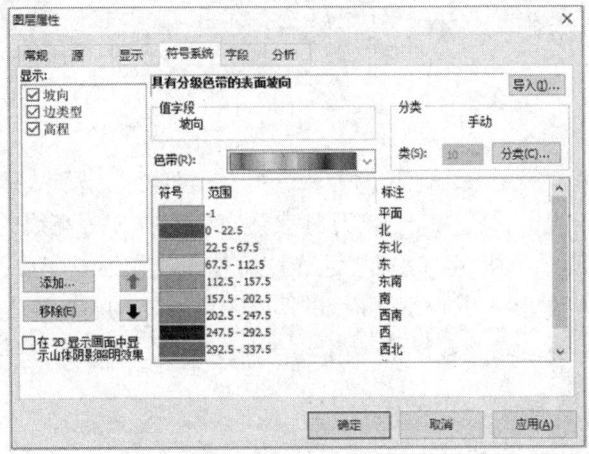

图 4-1-33 【图层属性】对话框

⑬ 点击【确定】按钮，添加坡度的 Terrain 效果如图 4-1-34 所示。

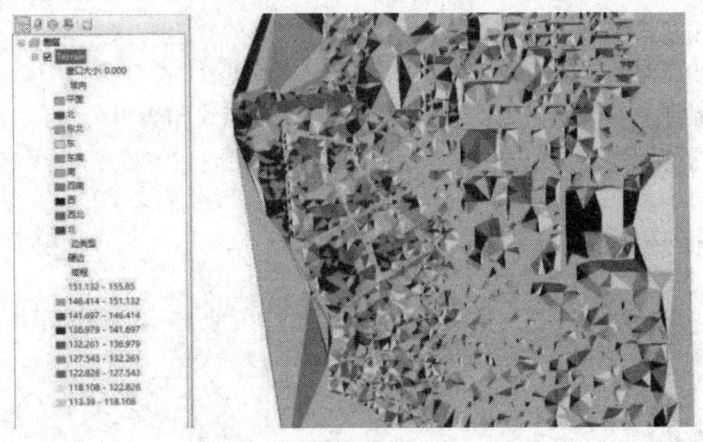

图 4-1-34 添加坡度的 Terrain 效果

任务 4-2 明暗等高线制作

 一、应用背景

等高线是地图上最常用的表示地貌的方法，但其不足之处是所表示的地形立体感不强，并非所有读者都能准确读出它所描述的实际地表形态。为提高等高线的表现力，在确定光源的前提下，将背光坡的等高线加粗或加深，迎光坡的等高线变细或变浅，即形成明暗的反差，从而提高等高线的立体效果。为强化等高线的明暗反差，有的将粗细与深浅相结合应用，如"浮雕式表现法"。明暗等高线既可保持等高线的基本功能，又具有立体感，其多用于表示海底、月球的地貌等。

 二、基础知识

对于如何用等高线表示地貌的立体形态，1895 年，波乌林（J.Pauling）提出明暗等高线法，又称波乌林法。其基本流程主要如下：
（1）根据斜坡所对的光线方向确定等高线的明暗程度。
（2）将受光部分的等高线印为白色，背光部分的等高线印为黑色。
（3）地图的底色设为灰色。

 三、学习目标

通过练习明暗等高线地图制作实例，让学生了解利用明暗等高线表示地貌立体形态的思想，并掌握其制作方法。

 四、案例数据

案例数据位于"…\任务 4-2 明暗等高线制作"文件夹，具体说明见表 4-2-1。

表 4-2-1 案例数据

名称	格式	坐标系	说明
dem	*.tif	—	用于地形分析和生成等值线

 五、任务要求

学会生成明暗等高线。要从 DEM 中提取一定等高距的矢量等高线，将区域分为受光部分和背光部分，可以对原始的全栅格 DEM 数据进行坡向提取，并根据坡向对等高线的分类，进而生成明暗等高线地图。明暗等高线地图制作的流程如图 4-2-1 所示。

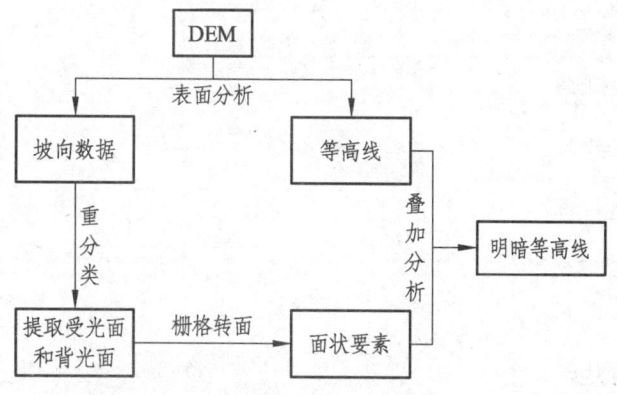

图 4-2-1　明暗等高线制作流程

六、操作步骤

打开 ArcMap 软件，将 DEM 数据加载到 ArcMap 软件，默认显示为黑白拉伸样式，如图 4-2-2 所示。

明暗等高线制作

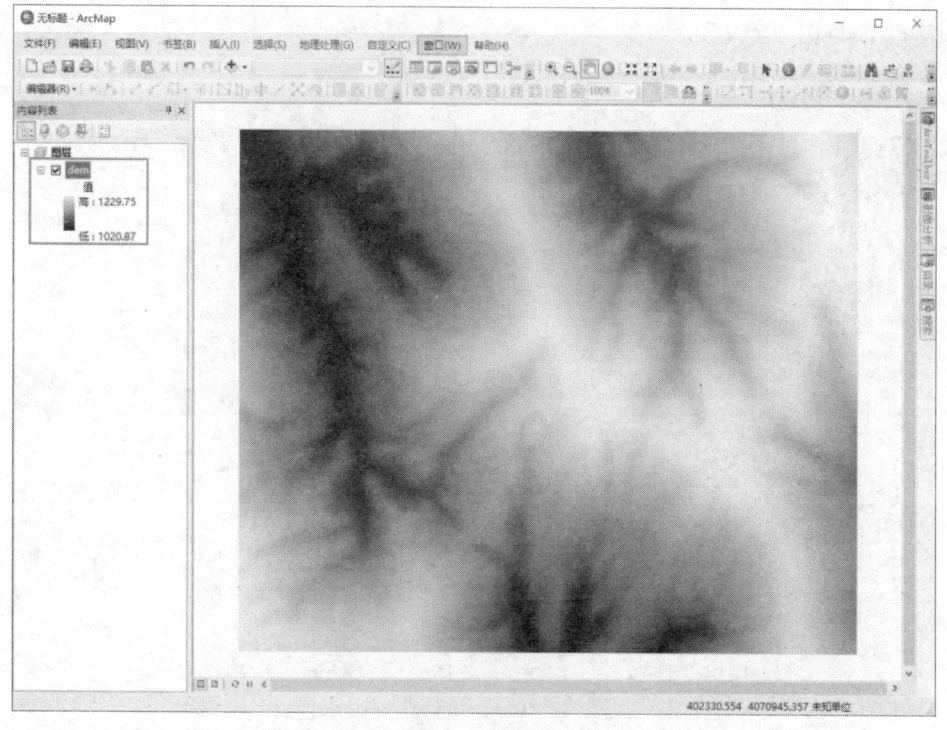

图 4-2-2　加载 DEM

1. 生成等值线

从 DEM 数据中提取一定等高距的矢量等高线。依次点击【ArcToolBox】→【空间分析】→【表面分析】→【等值线】。打开【等值线】对话框，【输入栅格】输入数据"dem.tif"，等值线间距根据实际情况而定，这里为 10 m，其他参数默认，点击【确定】，如图 4-2-3 所示。

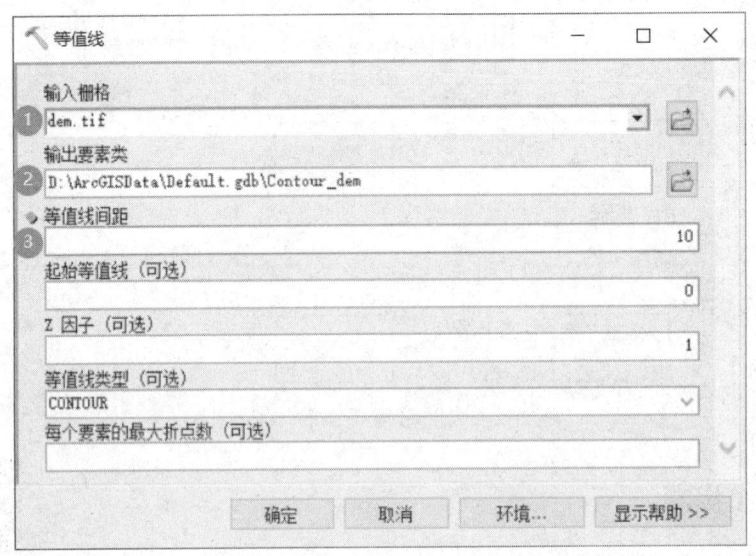

图 4-2-3 【等值线】对话框参数设置

查看输出结果，图 4-2-4 所示为基于 DEM 数据生成的等高线（颜色随机的）。

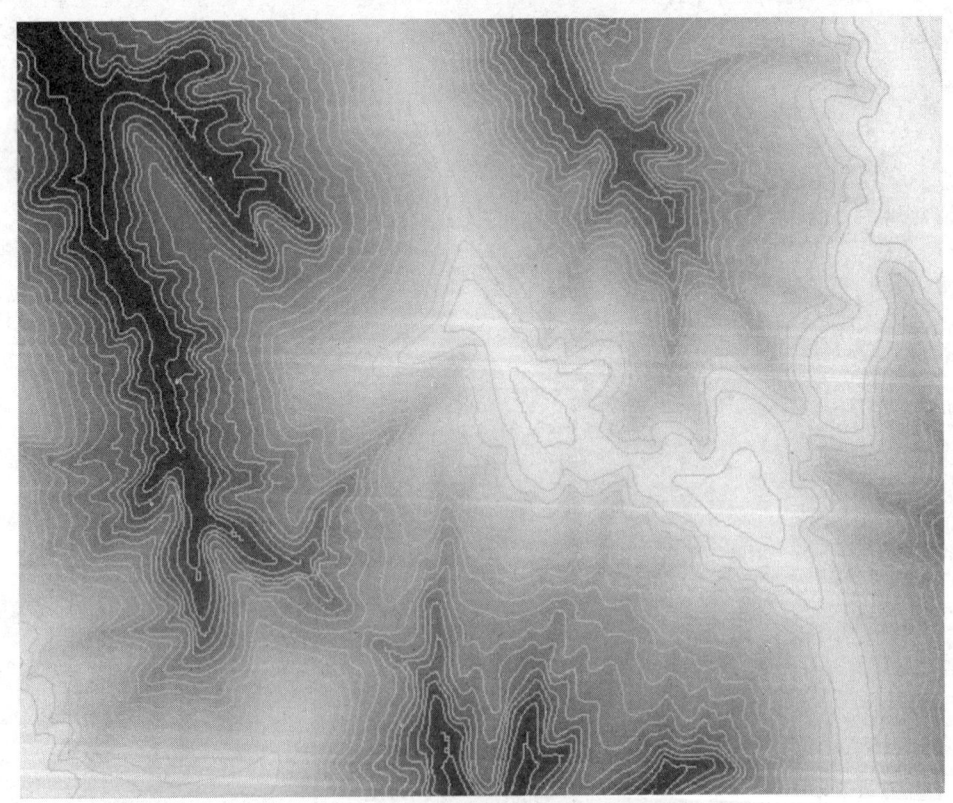

图 4-2-4 基于 DEM 生成的等高线

2. 制作坡向图

可以对基于 DEM 数据生成的坡向数据进行重分类，然后提取结果。打开【坡向】工具，输入数据"dem.tif"，其余参数默认，点击【确定】，如图 4-2-5 所示。

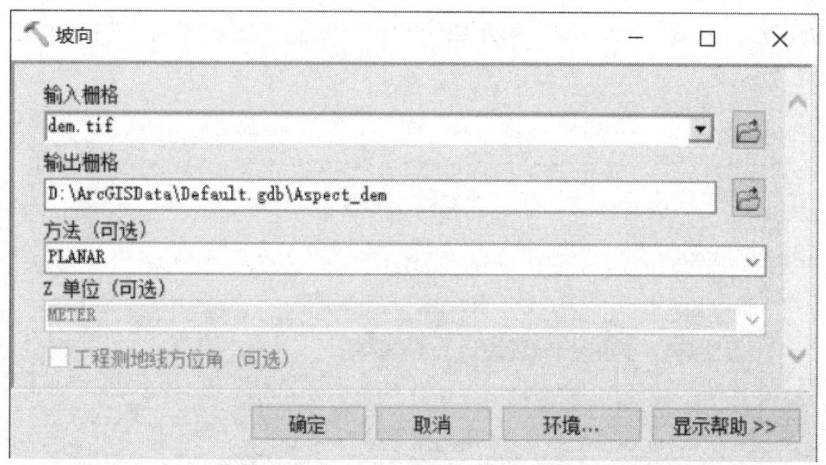

图 4-2-5 基于 DEM 生成坡向

输出坡向结果，如图 4-2-6 所示。

图 4-2-6 坡向图

3. 提取受光面与背光面

根据入射光方向和坡向，将地表划分为受光面与背光面，光源位置在光源的西北方向（自己根据情况选择）。

根据上述条件，我们将坡向图进行重分类。打开【重分类】工具，输入数据为之前生成的坡向，【分类】按钮中将数据分为三类，相等间隔，点击【确定】。在分类器中：旧值"0-

45"的新值为"1",旧值"225-360"的新值为"1",旧值"45-225"的新值为"2",点击【确定】,如图 4-2-7 所示。

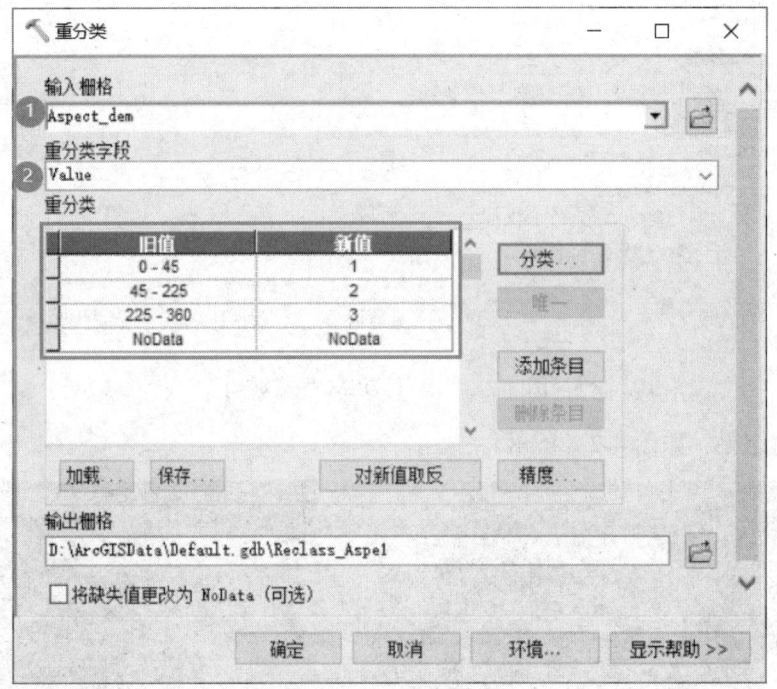

图 4-2-7　坡向图的重分类

生成二值化后的坡向图如图 4-2-8 所示。

图 4-2-8　二值化后的坡向图

4. 栅格转面

因为要将二值化后的坡向图与等高线图进行矢量叠加分析,这里需要将二值化后的坡向图转化为矢量面状图层。

打开【栅格转面】工具,输入刚才得到的二值化后坡向数据,其他参数默认,点击【完成】,如图 4-2-9 所示。

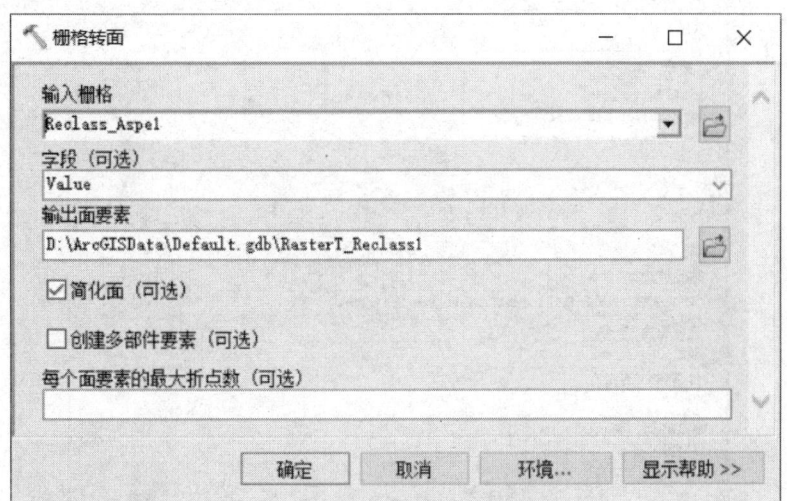

图 4-2-9　二值坡向栅格图转矢量

生成二值化矢量坡向图,如图 4-2-10 所示。

图 4-2-10　二值化矢量坡向图

5. 叠加分析

以上步骤已经得到了等高线矢量图与二值化矢量坡向图,接下来需要对两者进行叠加分析，将坡向的阴阳面信息添加到等高线属性中，这里我们选择使用【相交】工具。打开【相交】工具，输入数据为等高线矢量图与二值化矢量坡向图，其他参数默认，点击【确定】，如图 4-2-11 所示。

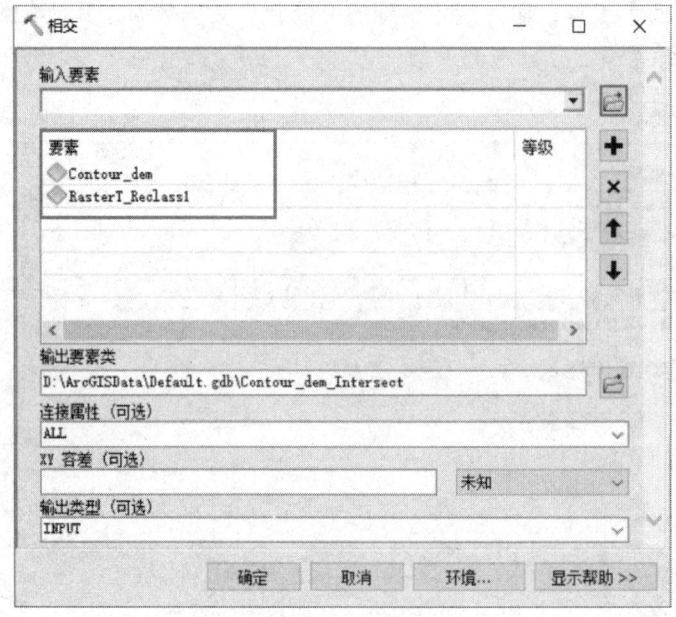

图 4-2-11 叠加分析

叠加分析会将等高线在和面相交的边界处打断并挂接面的属性值，如图 4-2-12 所示。

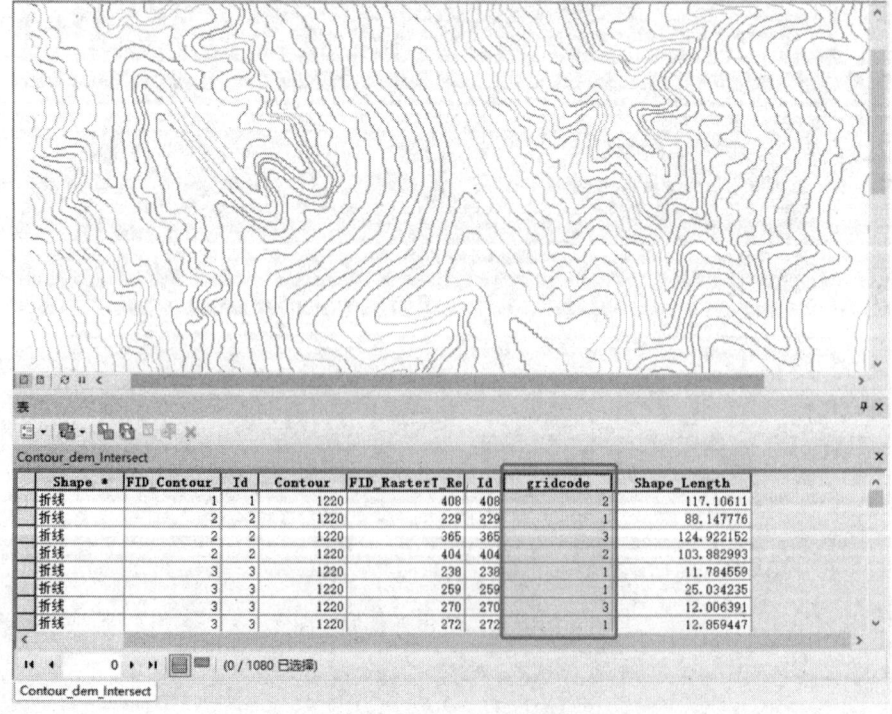

图 4-2-12 叠加分析结果

- 128 -

6. 等高线明暗符号化

对等高线的符号系统进行设置。右键点击叠加分析结果图层，依次点击【属性】→【符号系统】→【类别】→【唯一值】，值字段选择"gridcode"，"gridcode"值为"1"和"3"的等高线为受光面，线颜色设置为白色，"gridcode"值为"2"的等高线为背光面，线颜色设置为黑色，点击【确定】，如图 4-2-13 所示。

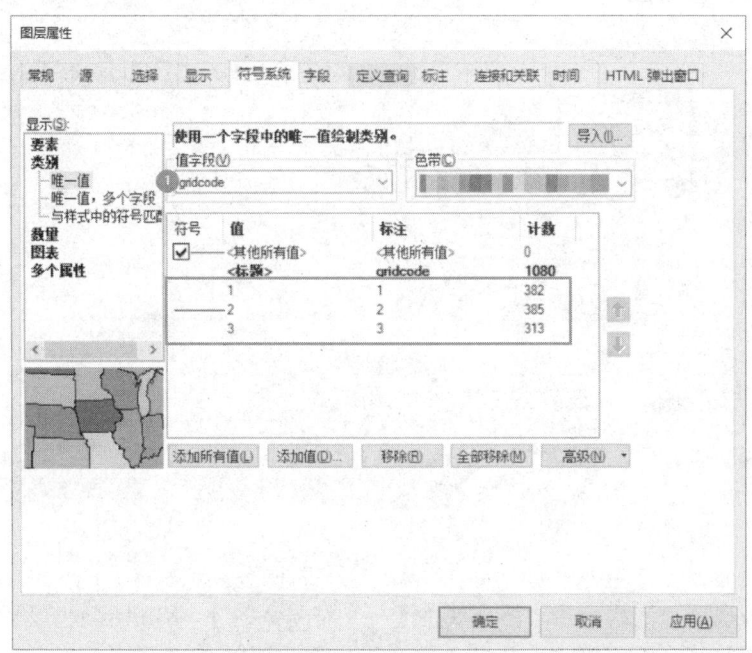

图 4-2-13　符号系统设置

等高线叠加 DEM 数据效果如图 4-2-14 所示。

图 4-2-14　等高线叠加 DEM 效果

7. 提取底图

将底图设置为灰色。可以通过栅格计算器工具将 dem>0 的部分提取出来，也就是整体图幅范围。打开【栅格计算器】，输入""dem.tif">0"，点击【确定】，这样就得到底图，如图 4-2-15 所示。

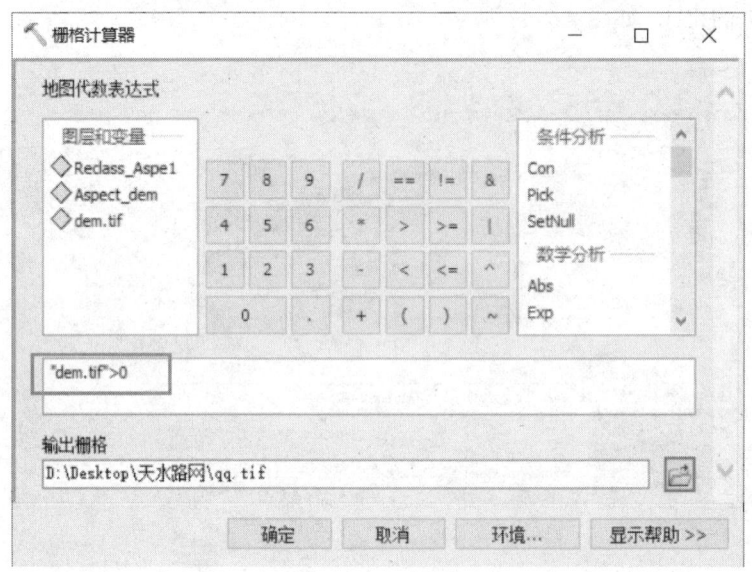

图 4-2-15　提取底图

右键点击该底图，依次点击【图层属性】→【符号系统】，将底图颜色设置为灰色，点击【确定】。至此明暗等高线图制作完毕，立体显示效果如图 4-2-16 所示。

图 4-2-16　明暗等高线

任务 4-3　地形分析

一、应用背景

三维表面通常蕴含着丰富的信息,如坡向、坡度、可视域,以及某一处的高度、温度、气压等。因此,对表面进行分析非常重要。

地形分析的主要任务是提取反映地形的特征要素,找出地形的空间分布特征。地形分析的各项操作主要以栅格 DEM 为基础,提取反映地形的各个因子,基于 DEM 模型的地形分析是对地形环境认识的一种重要手段。

二、基础知识

1. 坡　向

坡向定义为坡面法线在水平面上投影的方向(也可以通俗理解为由高到低的方向),或者说坡度为斜面倾角的正切值,假设 AO 垂直于 OB,那么 AB 为斜边,AB 在水平面投影的方位角就是坡向。

2. 等值线

等值线是表示连续现象(如高程、温度、降雨量、污染程度或大气压力)的栅格数据集中连接等值位置的线,常见有等温线、等压线、等高线和等势线等。等值线是许多人都熟悉的表面表示方式,三维场景中的许多应用都会涉及等值线。通过等值线在要素表中的值来设置等值线的基本高度,三维场景中的等值线可增强地形的显示效果。

3. 填挖方

填挖方是通过计算两个不同时间段给定位置的表面高程差异,通过添加或移除表面材料来修改地表高程的过程。借助填挖方工具,可以识别河谷中出现泥沙侵蚀和沉淀物的区域;可以计算要移除的表面材料的体积和面积,以及平整一块建筑用地所需填充的面积;可以识别在泥石流研究中经常被表面材料淹没的区域,从而找到地基稳定、适于构建房屋的安全区域。

4. 山体阴影

为栅格中的每个像元确定照明度,可获取表面的假定照明度。通过设置假定光源的位置和计算与相邻像元相关的每个像元的照明度值,即可得出假定照明度。进行分析或图形显示时,特别是使用透明度时,"山体阴影"工具可极大增强表面的立体感。

5. 坡　度

坡度可表明表面上某个位置的最陡下坡倾斜程度。坡度命令可提取输入的表面栅格,并计算出包含各个像元坡度的输出栅格。坡度值越小,地势越平坦;坡度值越大,地势越陡峭。可使用百分比单位计算输出坡度栅格,也可以以度为单位进行计算。

6. 曲率

曲率主要输出结果为每个像元的表面曲率。曲率是表面的二阶导数，或者可称之为坡度的坡度。曲率为正说明该像元的表面向上凸，曲率为负说明该像元的表面开口朝上凹入，曲率为 0 说明表面是平的。可供选择的输出曲率类型有剖面曲率（沿最大斜率的坡度）和平面曲率（垂直于最大坡度的方向）。从应用的角度看，曲率工具的输出可用于描述流域盆地的物理特征，从而便于理解侵蚀过程和径流形成过程。

7. 视域分析

利用可见性分析可以确定对一组观察点要素可见的栅格表面位置，或识别从各栅格表面位置进行观察时可见的区域。

8. 表面积和体积的计算

表面积和体积的计算功能可计算表面和参考平面之间区域的面积和体积，输出的文本文件将用于存储表面的完整路径、生成结果的参数，以及计算得出的面积和体积测量值。

9. 插值 Shape

插值 Shape 工具可通过为表面的输入要素插入 Z 值来将二维点、折线（Polyline）或面要素类转换为三维要素类。输入表面可以是栅格、不规则三角网（TIN）或 terrain 数据集，其中，输入中的属性被复制到输出。

10. 通视分析

通视分析工具用于识别某一位置是否从另一位置可见，以及这两个位置之间连线上的中间位置是否可见。一般，前一个位置点定义为观测点，后一个位置点定义为观测目标。

三、学习目标

掌握 ArcGIS 中常用地形分析工具使用方法，并能解决实际问题。

四、案例数据

案例数据位于"…\任务 4-3 地形分析"文件夹，具体说明见表 4-3-1。

表 4-3-1 案例数据

名称	格式	坐标系	说明
地面模型	文件地理数据库	—	用于地形分析
qpointRaster	*.tif	Beijing_1954_3_Degree_GK_CM_114E	用于填挖方分析
hpointraster	*.tif	Beijing_1954_3_Degree_GK_CM_114E	用于填挖方分析
tin_地面	不规则三角网	—	用于表面积和体积计算
tin	不规则三角网	Beijing_1954_3_Degree_GK_CM_114E	用于插值 Shape 分析
lineshapefile	文件地理数据库	Beijing_1954_3_Degree_GK_CM_114E	用于插值 Shape 分析

续表

名称	格式	坐标系	说明
hpointraster	*.img	Beijing_1954_3_Degree_GK_CM_114E	用于通视分析
ViewLine	Shapefile 线要素	Beijing_1954_3_Degree_GK_CM_114E	用于通视分析
视点	Shapefile 点要素	Beijing_1954_3_Degree_GK_CM_114E	用于通视分析

五、任务要求

掌握 ArcGIS 中常用地形分析工具的使用方法：
（1）完成坡向分析。
（2）完成等值线分析。
（3）完成填挖方分析。
（4）完成山体阴影分析。
（5）完成坡度分析。
（6）完成曲率分析。
（7）完成视域分析。
（8）完成表面积和体积的计算。
（9）完成插值 Shape 分析。
（10）完成通视分析。

六、操作步骤

1. 坡向分析

（1）打开 ArcMap，在"…\任务 4-3 地形分析\1.地形.mdb"路径下，添加"地面模型"栅格数据。在 ArcToolbox 工具箱中依次点击【Spatial Analyst 工具】→【表面分析】→【坡向】，弹出【坡向】对话框。

地形分析

（2）在【输入栅格】下拉列表中选择"地面模型"数据。在【输出栅格】文本框中指定输出栅格数据的保存路径和名称，如图 4-3-1 所示。

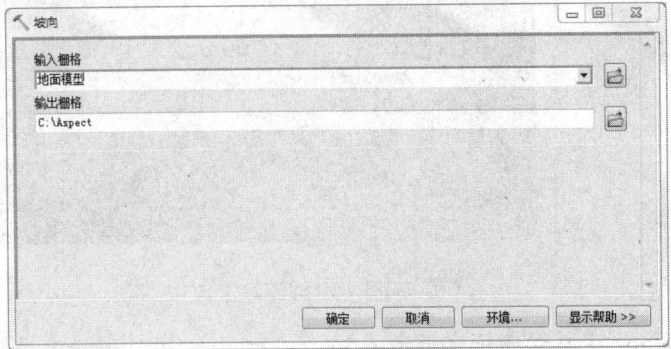

图 4-3-1 坡向对话框

(3)点击【确定】按钮,完成操作,坡向效果如图 4-3-2 所示。

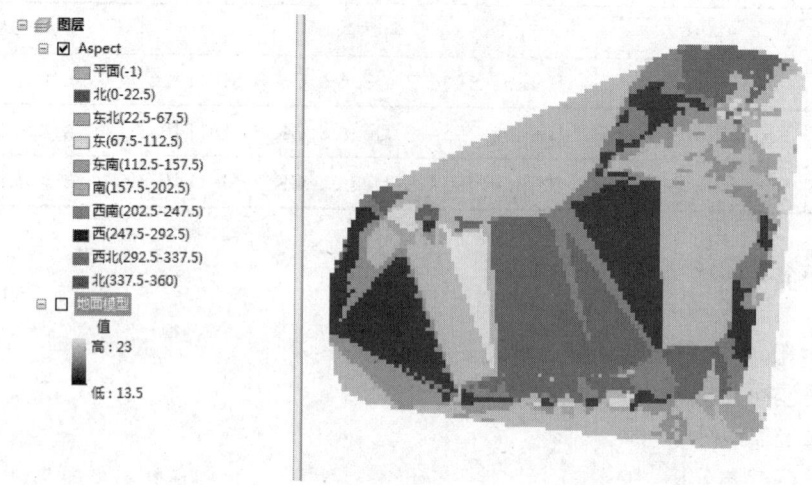

图 4-3-2 坡向效果

注意:坡向以度为单位,按逆时针方向进行测量,角度范围介于 0°(正北)~360°(仍是正北,循环一周)之间。坡向格网中各像元的值均表示该像元坡度所面对的方向,平坡没有方向,平坡的值被指定为–1。

2. 等值线分析

(1)打开 ArcMap,在"…\任务 4-3 地形分析\2.等值线"路径下,添加"DEM.tif"栅格数据,如图 4-3-3 所示。

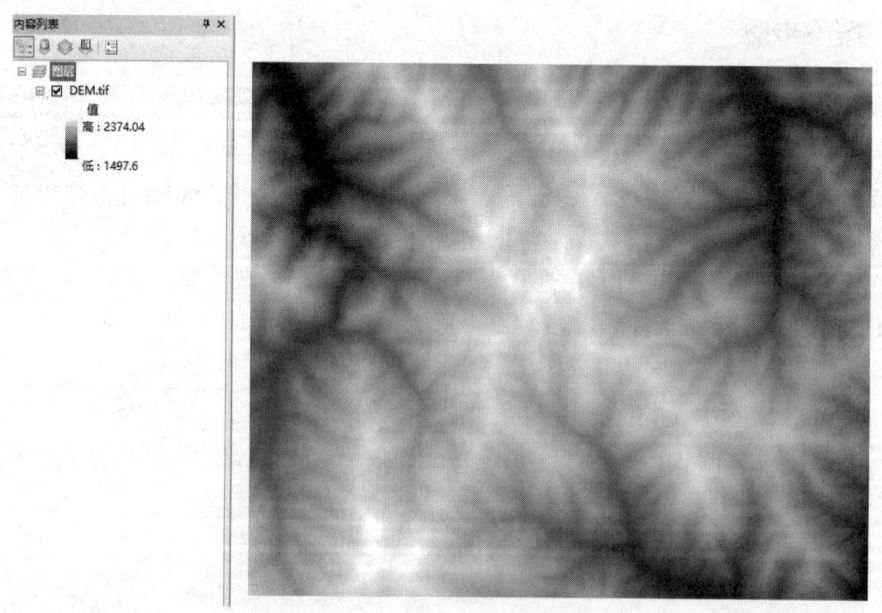

图 4-3-3 添加数据

(2)在 ArcToolbox 工具箱中依次点击【Spatial Analyst 工具】→【表面分析】→【等值线】,弹出【等值线】对话框,参数输入如图 4-3-4 所示。

（3）在【输入栅格】下拉列表中选择"DEM.tif"数据。
（4）在【输出折线要素】文本框中指定输出折线要素数据的保存路径和名称。
（5）在【等值线间距】文本框中输入等值线间距，这里输入"30"，其他参数默认。

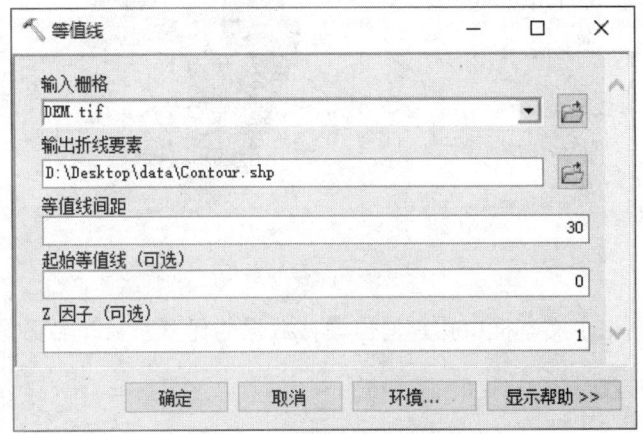

图 4-3-4 【等值线】对话框

（6）点击【确定】按钮，结果如图 4-3-5 所示。

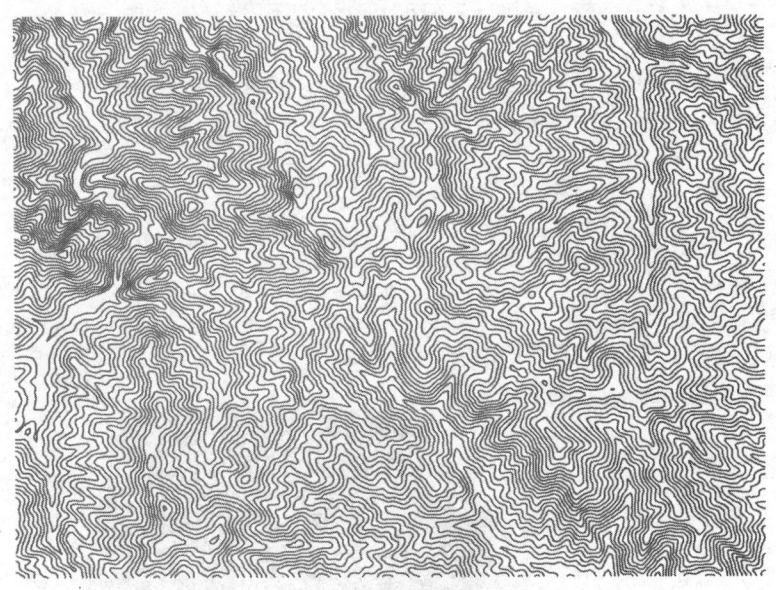

图 4-3-5 等值线效果

3. 填挖方分析

（1）打开 ArcMap，在"…\任务 4-3 地形分析\表面分析\3.填挖方"路径下，添加"qpointRaster"和"hpointraster"栅格数据，如图 4-3-6 所示。
（2）在 ArcToolbox 工具箱中双击【Spatial Analyst 工具】→【表面分析】→【填挖方】，弹出【填挖方】对话框。
（3）在【输入填/挖之前的栅格表面】下拉列表中选择"qpointRaster"数据。
（4）在【输入填/挖之后的栅格表面】下拉列表中选择"hpointraster"图层。

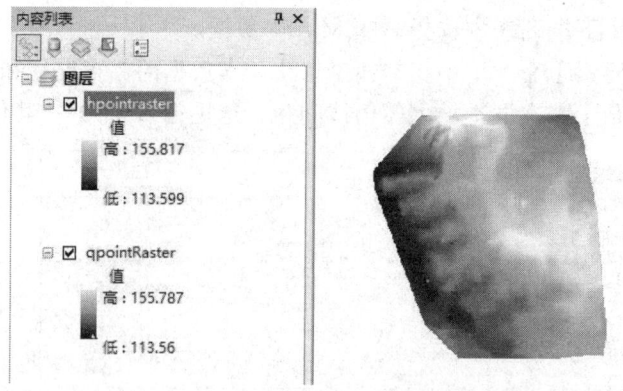

图 4-3-6 添加数据

(5)在【输出栅格】文本框中指定输出栅格数据的保存路径和名称,其他参数默认,如图 4-3-7 所示。

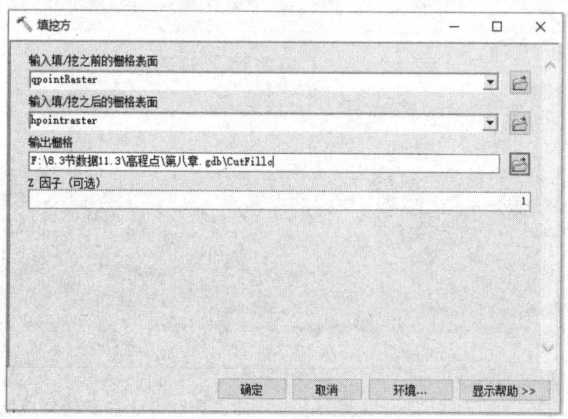

图 4-3-7 【填挖方】对话框

(6)点击【确定】按钮,结果如图 4-3-8 所示。

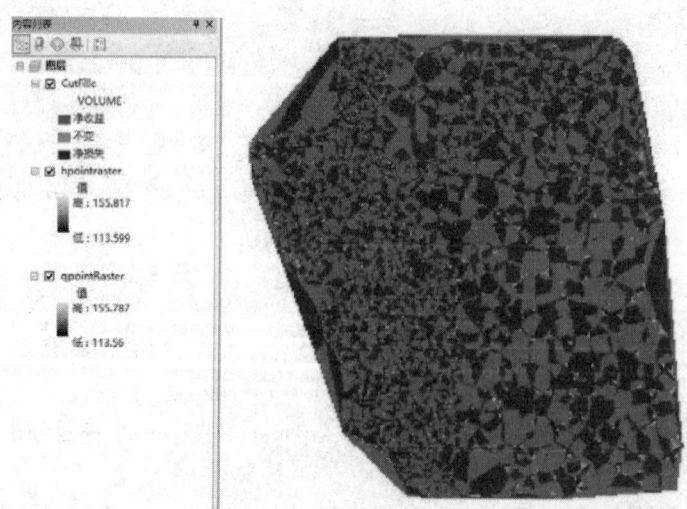

图 4-3-8 填挖方效果

注意：在填挖方得到的结果图中，"红色"区域为"净收益"表示已填充区域，"灰色区域"为"不变"表示既没有被填充也没有被挖掘，"蓝色"区域为"净损失"表示已挖掘区域。

4. 山体阴影分析

（1）打开 ArcMap，在"…\任务 4-3 地形分析\地形.mdb"路径下，添加"地形"栅格数据，如图 4-3-9 所示。

（2）在 ArcToolbox 工具箱中依次点击【Spatial Analyst 工具】→【表面分析】→【山体阴影】，弹出【山体阴影】对话框。

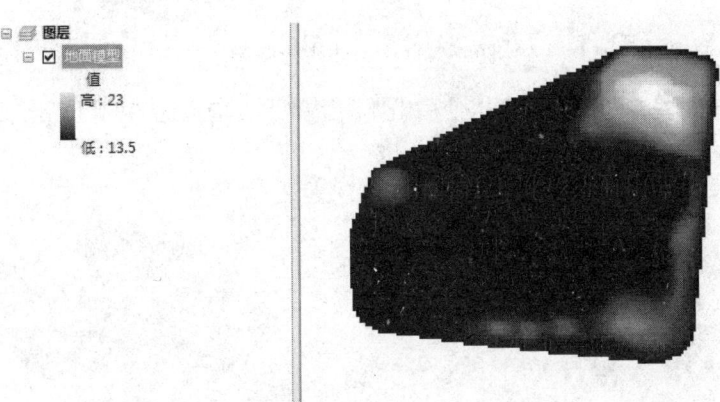

图 4-3-9 添加数据

（3）在【输入栅格】下拉列表中选择"地面模型"数据。

（4）在【输出栅格】文本框中指定输出栅格数据的保存路径和名称，其他参数默认，如图 4-3-10 所示。

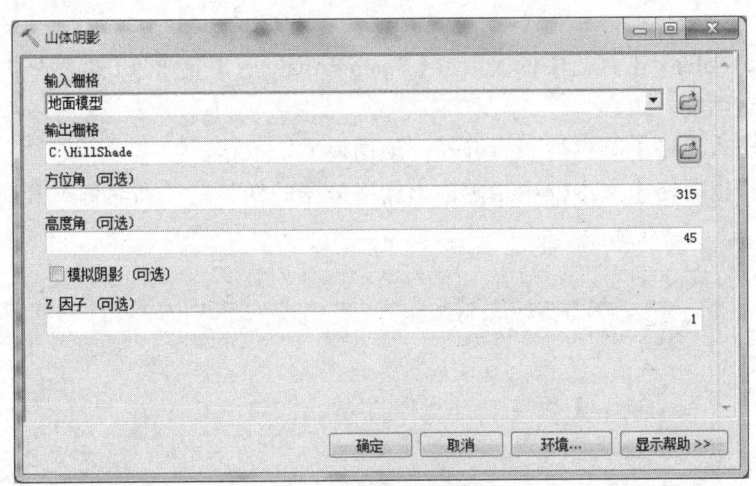

图 4-3-10 【山体阴影】对话框

（5）点击【确定】按钮，山体阴影效果如图 4-3-11 所示。

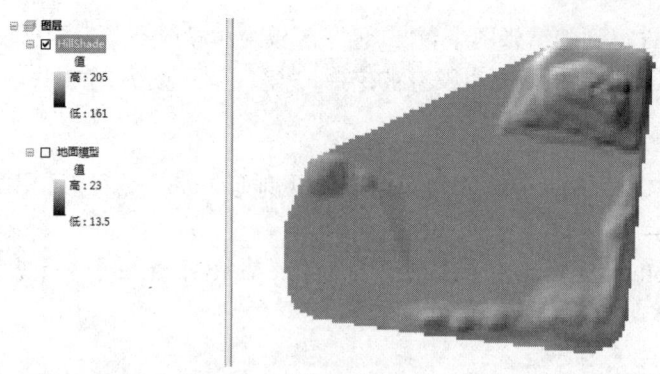

图 4-3-11　山体阴影效果

注意：在制作一些专题图时，可以使用山体阴影效果，增强地图的可视化效果，如图 4-3-12 和图 4-3-13 所示。

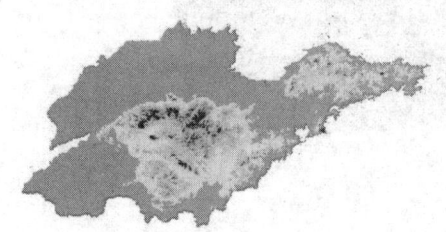 

图 4-3-12　使用山体阴影之前的效果　　　　图 4-3-13　使用山体阴影之后的效果

5. 坡度分析

（1）打开 ArcMap，在 "…\任务 4-3 地形分析\1.地形.mdb" 路径下，添加 "地面模型" 栅格数据。

（2）在 ArcToolbox 工具箱中依次点击【Spatial Analyst 工具】→【表面分析】→【坡度】，弹出【坡度】对话框。

（3）在【输入栅格】下拉列表中选择 "地面模型" 数据。

（4）在【输出栅格】文本框中指定输出栅格数据的保存路径和名称，其他参数默认，如图 4-3-14 所示。

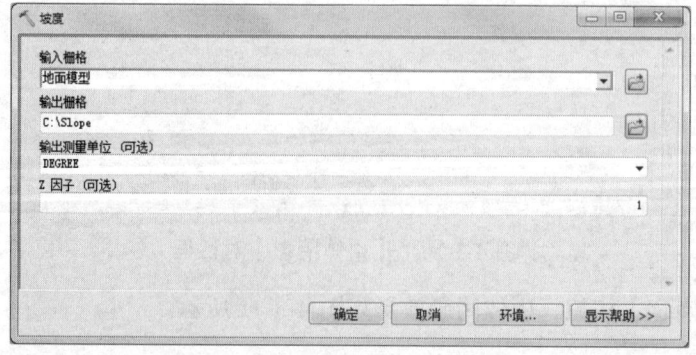

图 4-3-14　【坡度】对话框

（5）点击【确定】按钮，坡度效果如图 4-3-15 所示。

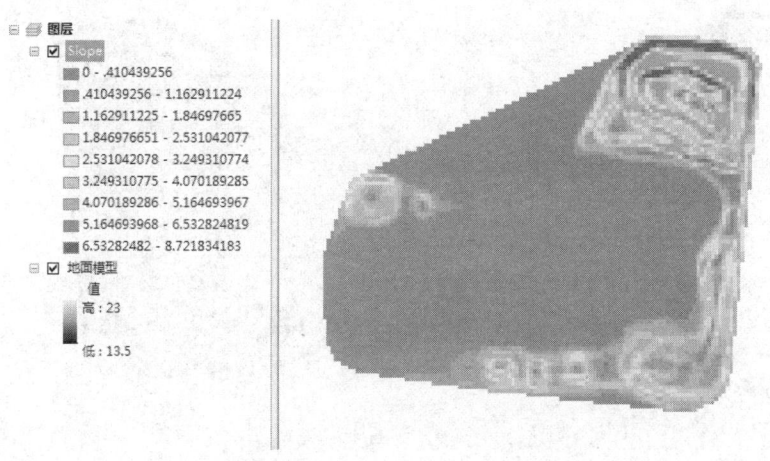

图 4-3-15　坡度效果

6. 曲率分析

（1）打开 ArcMap，在"…\任务 4-3 地形分析\1.地形.mdb"路径下，添加"地面模型"栅格数据。

（2）打开 ArcMap，在 ArcToolbox 工具箱中依次点击【Spatial Analyst 工具】→【表面分析】→【曲率】，弹出【曲率】对话框，如图 4-3-16 所示。

（3）在【输入栅格】下拉列表中选择"地面模型"数据。

（4）在【输出曲率栅格】文本框中指定输出栅格数据的保存路径和名称。

（5）在【输出剖面曲线栅格（可选）】和【输出平面曲线栅格（可选）】文本框中指定输出栅格数据的保存路径和名称，也可以选择不填写，其他参数默认，如图 4-3-16 所示。

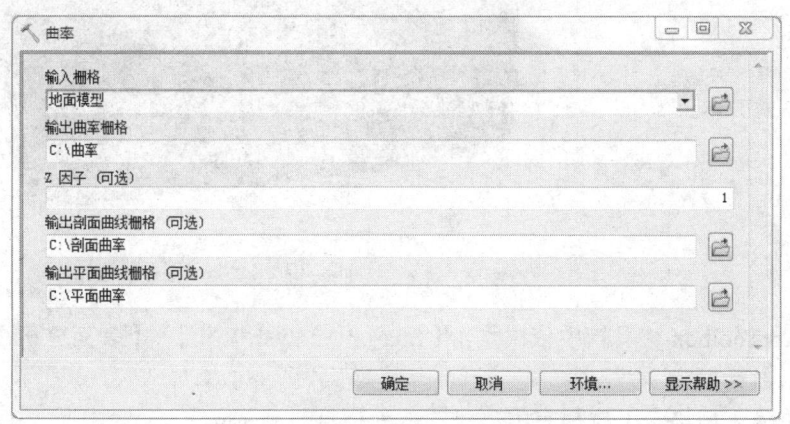

图 4-3-16　【曲率】对话框

（6）点击【确定】按钮，曲率效果如图 4-3-17 所示。

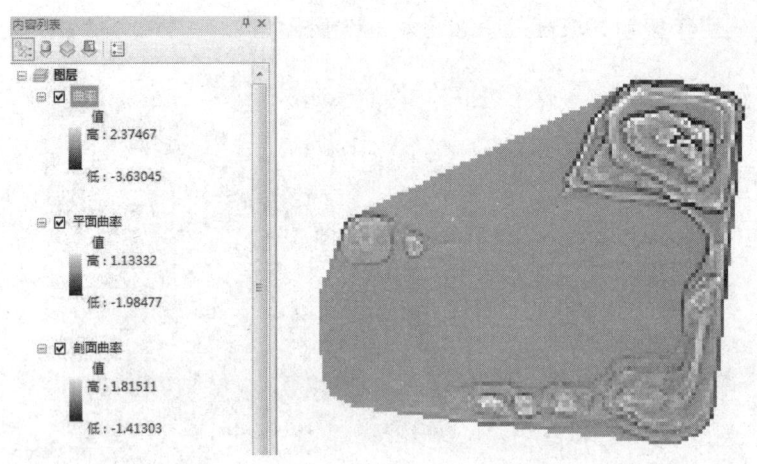

图 4-3-17 曲率效果

7. 视域分析

（1）打开 ArcMap，在"…\任务 4-3 地形分析\1.地形.mdb"路径下，添加"地面模型"和"观察点"数据，如图 4-3-18 所示。

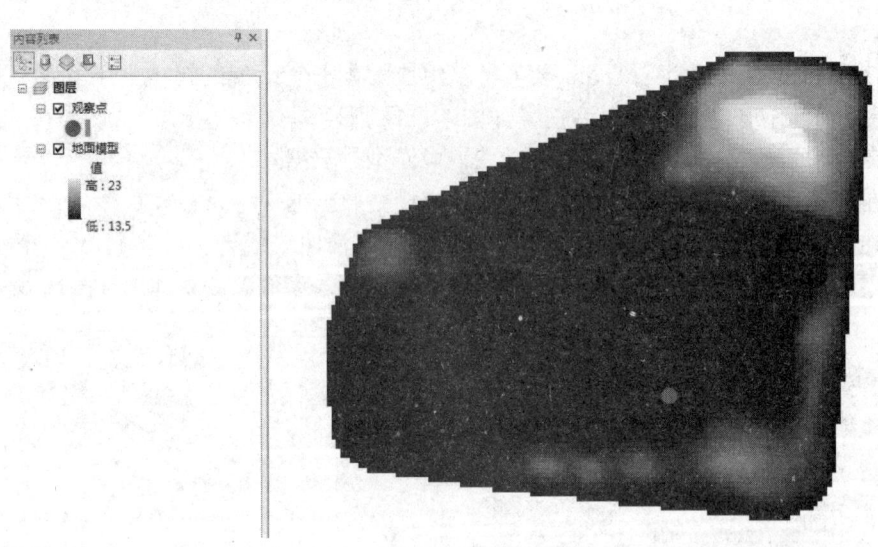

图 4-3-18 添加数据

（2）在 ArcToolbox 工具箱中依次点击【Spatial Analyst 工具】→【表面分析】→【视域】，弹出【视域】对话框。

（3）在【输入栅格】下拉列表中选择"地面模型"数据。

（4）在【输入观察点或观察折线要素】下拉列表中选择"观察点"数据。

（5）在【输出栅格】文本框中指定输出栅格数据的保存路径和名称，其他参数默认，如图 4-3-19 所示。

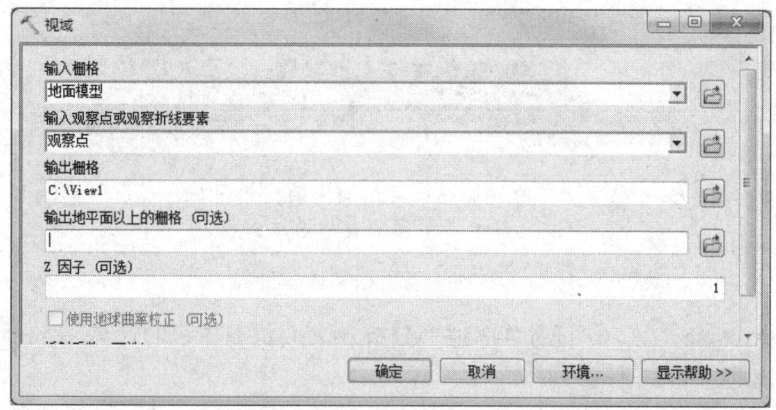

图 4-3-19 【视域】对话框

（6）点击【确定】按钮，视域分析结果如图 4-3-20 所示，其中红色区域为不可见的区域，绿色区域为可见的区域。

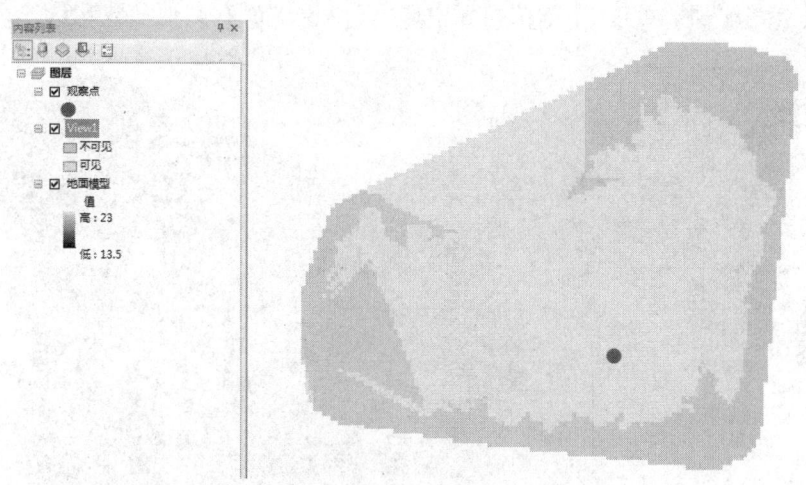

图 4-3-20 视域分析结果

8. 表面积和体积的计算

该功能可计算表面和参考平面之间区域的面积和体积，如图 4-3-21 所示，输出文本文件将用于存储表面的完整路径、生成结果的参数，以及计算得出的面积和体积测量值。示例的具体操作步骤如下：

（a）参考平面上方的表面在参考平面上的投影面积、表面面积，
以及与参考平面围成的区域体积

（b）参考平面下方的表面在参考平面上的投影面积、表面面积，
以及与参考平面围成的区域体积

图 4-3-21　表面积和体积计算

（1）打开 ArcMap，在"…\任务 4-3 地形分析\5.表面积和体积的计算"路径下，添加"tin_地面"数据，如图 4-3-22 所示。

（2）在 ArcToolbox 工具箱中依次点击【3D Analyst 工具】→【功能性表面】→【表面体积】，弹出【表面体积】对话框，如图 4-3-23 所示。

（3）在【输入表面】下拉列表中选择"tin_地面"数据。

（4）在【输出文本文件（可选）】文本框中指定输出文本文件的保存路径和名称。

（5）在【参考平面（可选）】下拉列表中选择"ABOVE"，其他参数默认。

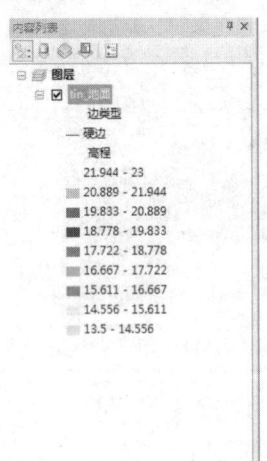
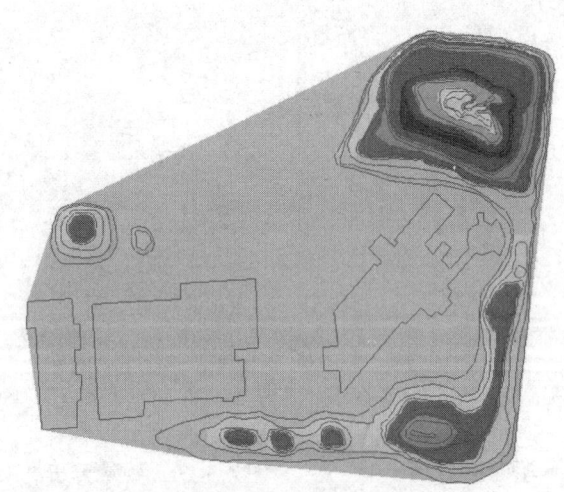

图 4-3-22　添加数据

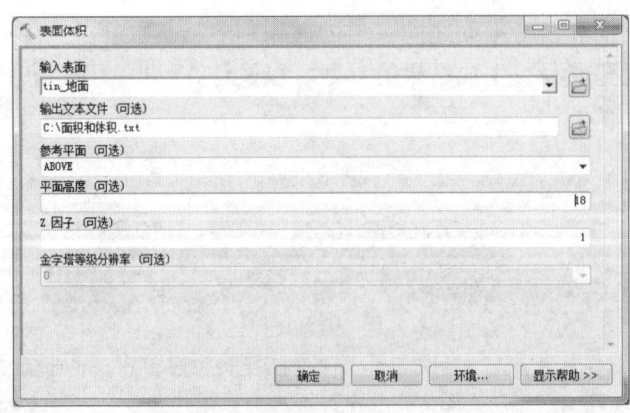

图 4-3-23　【表面体积】对话框

（6）点击【确定】按钮，完成操作，打开生成的"表面和体积"属性表即可看到计算出的面积和体积，如图4-3-24所示。

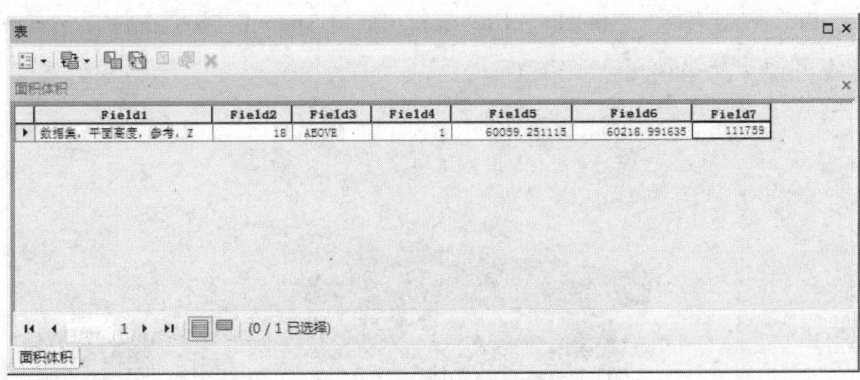

图4-3-24 属性表

注意："Field2"字段表示默认的平面高度，"Field5"字段表示二维面积，为"60059.251115076"；"Field6"字段表示三维面积为"60218.991634785"；"Field7"字段表示体积为"111759"。

9. 插值 Shape

（1）打开ArcMap，在"…\任务4-3地形分析\6.插值Shape"路径下添加"tin"，在"…\任务4-3地形分析\6.插值Shape\数据库.gdb"路径下添加"lineshapefile_"矢量数据。

（2）在ArcToolbox工具箱中依次点击【3D Analyst 工具】→【功能性表面】→【插值Shape】，弹出【插值Shape】对话框，如图4-3-25所示。

（3）在【输入表面】下拉列表中选择"tin"数据。

（4）在【输入要素类】下拉列表中选择"lineshapefile"数据，在【输出要素类】文本框中指定输出要素类的保存路径和名称。

（5）在【方法（可选）】选择"LINEAR"，其他参数默认。

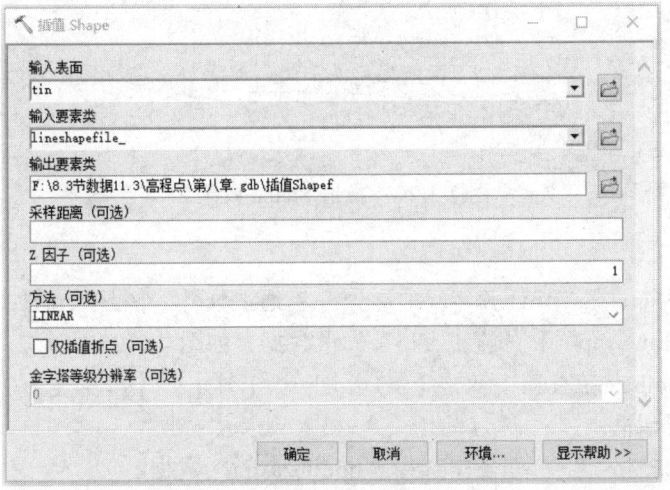

图4-3-25 插值Shape对话框

（6）点击【确定】按钮，完成操作，在 ArcMap 中，插值效果不是很明显，将"tin"和"lineshapefile_"数据，还有得到的"插值 Shapef"数据添加在 ArcScene 中，"插值 Shapef"数据依附在"tin"数据表面，"lineshapefile_"和"插值 Shapef"数据在位置上有所区别，效果如图 4-3-26 和图 4-3-27 所示。

图 4-3-26　插值 Shape 效果 1

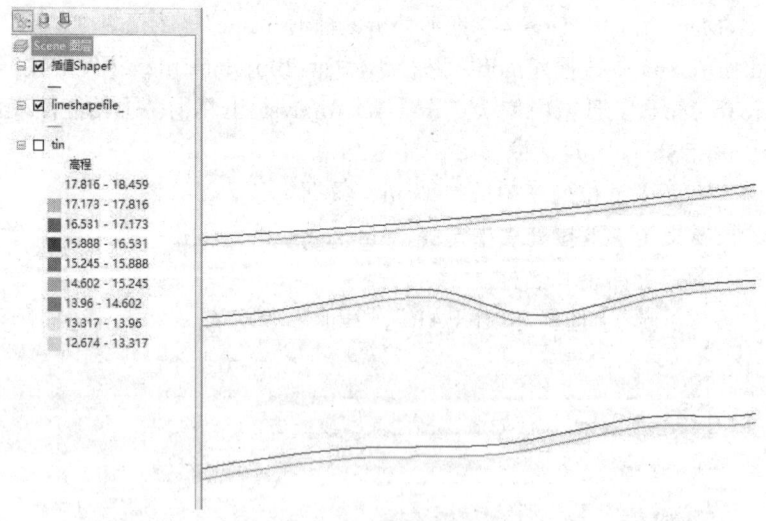

图 4-3-27　插值 Shape 效果 2

10. 通视分析

（1）打开 ArcMap，在"…\任务 4-3 地形分析\7.通视分析"路径下，添加"hpointraster.img"栅格数据、"ViewLine.shp"和"视点.shp"矢量数据，如图 4-3-28 所示。

（2）在 ArcToolbox 工具箱中双击【3D Analyst 工具】→【可见性】→【通视分析】，弹出【通视分析】对话框。

（3）在【输入栅格】下拉列表中选择"hpointraster"数据。

（4）在【输入线要素】下拉列表中选择"ViewLine"数据。

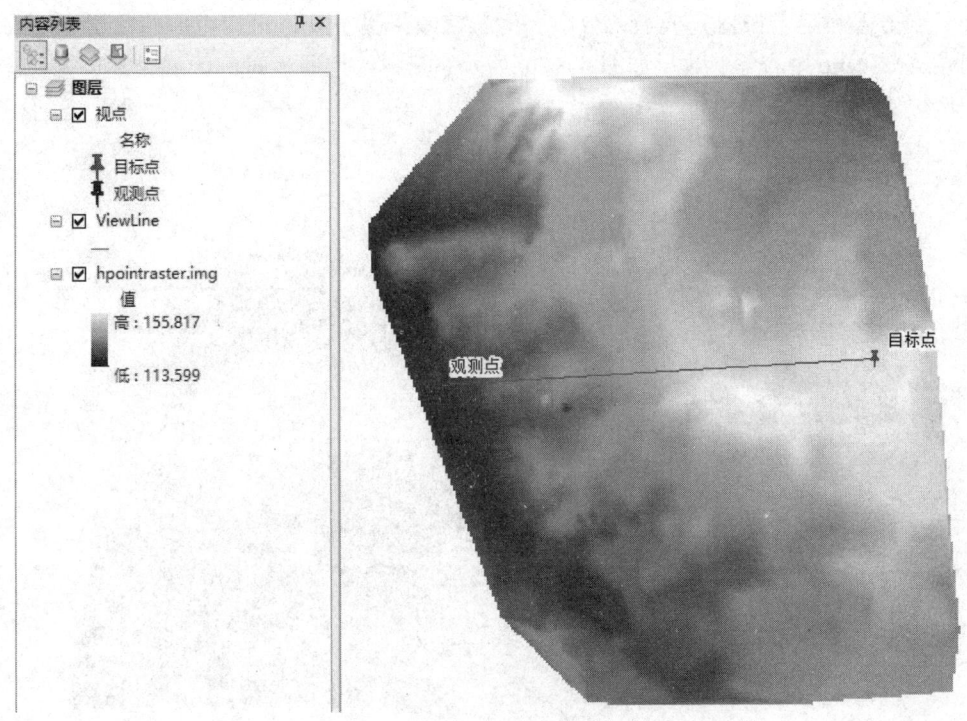

图 4-3-28　添加数据

（5）在【输出要素类】文本框中指定输出要素类的保存路径和名称，其他参数默认，如图 4-3-29 所示。

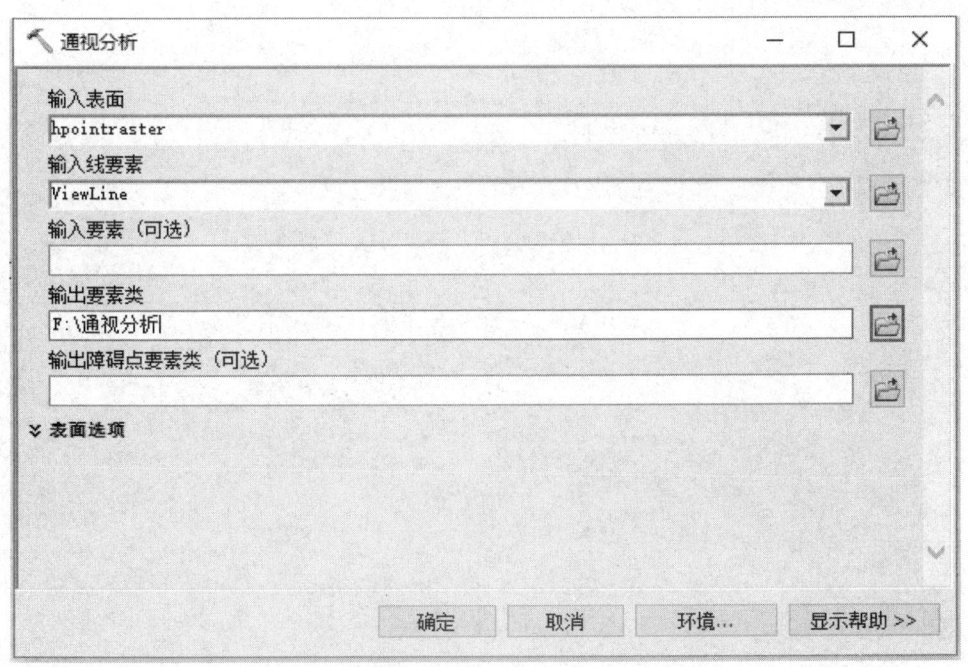

图 4-3-29　【通视分析】对话框

（6）点击【确定】按钮完成通视分析。为了使效果更直观，可以把原始数据与生成的数据添加在 ArcScene 中查看，效果如图 4-3-30 所示，其中红色线经过的区域为不可见，蓝色线经过的区域为可见。

图 4-3-30　通视分析效果

任务 4-4　水文分析

一、应用背景

水资源是人类生存和发展的自然资源，具有很强的不可替代性。随着经济社会的发展，人们对生活用水以及工业用水的需求都在不断增加，水资源已经成为各个地区、国家发展的重要战略性资源。近年来，水资源危机不断加剧，水环境质量也在不断恶化，水资源污染以及水资源短缺已成为全球性的问题。GIS 技术作为一种新型的技术，在各行各业都有着广泛的应用，其在水文水资源领域的应用主要包括：水文水资源规划、水文模拟、水质、水情信息查询显示、防洪预警等。

在 ArcGIS 软件中，基于 DEM 地表水文分析的主要内容是利用水文分析工具提取水流方向、汇流累积量、水流长度、河流网络、河网分级以及流域分割等。

GIS 技术的广泛运用推动了水文水资源领域管理水平的提升，同时，水资源领域对于 GIS 的需求也在推动 GIS 技术的不断完善，水文水资源与 GIS 技术相结合将成为未来水文水资源领域的重要发展方向，并具有光明的发展前景。

二、基础知识

接收水流的区域以及水流到达出水口前所流经的网络，称为水系。流经水系的水流只是通常所说的水文循环的一个子集，水文循环还包括降雨、蒸发和地下水流。水文分析工具重点处理的是水在地表上的运动情况，如图 4-4-1 所示，水文分析工具用于为地表水流建立模型。

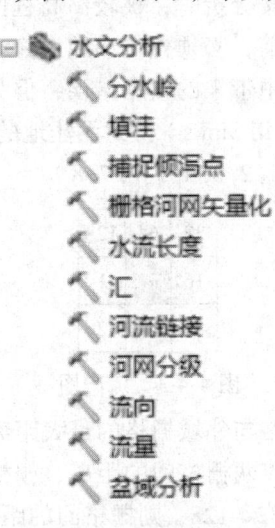

图 4-4-1　水文分析工具

（1）盆域分析（Basin）：创建描绘所有流域盆地的栅格。
（2）填洼（Fill）：通过填充表面栅格中的汇来移除数据中的小缺陷。

（3）流量（Flow Accumulation）：创建每个像元累积流量的栅格。可选择性应用权重系数。

（4）流向（Flow Direction）：创建从每个像元到其最陡下坡相邻点的流向的栅格。

（5）水流长度（Flow Length）：计算沿每个像元的流路径的上游（或下游）距离或加权距离。

（6）汇（Sink）：创建识别所有汇或内流水系区域的栅格。

（7）捕捉倾泻点（Snap Pour Point）：将倾泻点捕捉到指定范围内累积流量最大的像元。

（8）河流连接（Stream Link）：向各交汇点之间的栅格线状网络的各部分分配唯一值。

（9）河网分级（Stream Order）：为表示线状网络分支的栅格线段指定数值顺序。

（10）栅格河网矢量化（Stream to Feature）：将表示线状网络的栅格转换为表示线状网络的要素。

（11）分水岭（Watershed）：确定栅格中一组像元之上的汇流区域。如图4-4-2所示为排水系统：

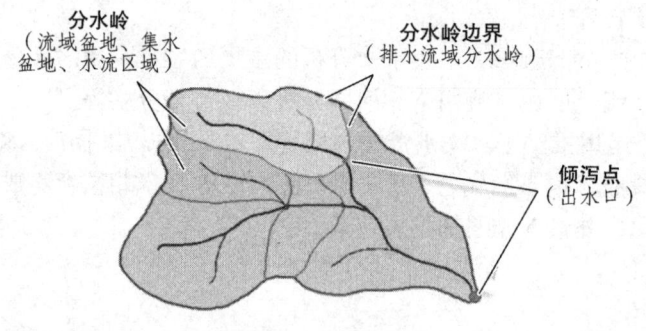

图 4-4-2　排水系统

（12）数字高程模型（Digital Elevation Model，DEM）数据：存储高程数据的栅格称为数字高程模型。每个像元只有一个高程值。

无洼地的 DEM 数据在进行水文分析时，被较高高程区域围绕的洼地是进行水文分析的一大障碍，因此在确定水流方向以前，必须先将洼地填充。

有些洼地是在 DEM 生成过程中带来的数据错误，但另外一些却表示了真实的地形，如采石场或岩洞等。通过填充洼地（Fill Sinks）得到无洼地的 DEM 水流方向约定如图4-4-3所示，共有 8 个方向，分别是 2^n（n=1，2，3，4，5，6，7，8）。

32	64	128
16		1
8	4	2

图 4-4-3　流向图

水流的流向是通过计算中心栅格与邻域栅格的最大距离权落差来确定的。距离权落差是指中心栅格与邻域栅格的高程差除以两栅格间的距离，栅格间的距离与方向有关，如果邻域栅格对中心栅格的方向值为 2、8、32、128，则栅格间的距离为 Sqrt（2）≈1.414，否则距离为 1。如果高程差为正值，则为流出，为负值则为流入。

从 DEM 中提取水文信息（如分水岭边界和河流网络），其流程如图4-4-4所示。

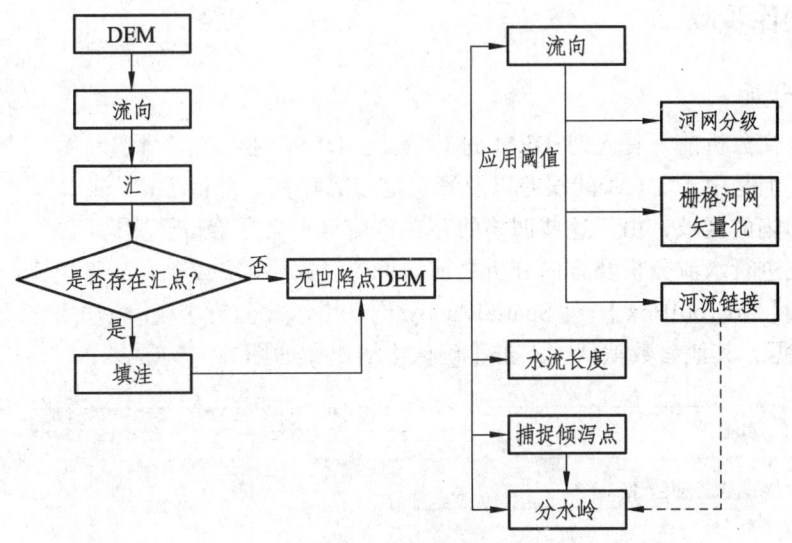

图 4-4-4　基于 DEM 提取水文信息流程

三、学习目标

了解水文分析的基本原理，掌握汇流网络提取和河网分级的基本方法。

四、案例数据

案例数据位于"…\任务 4-4 水文分析"文件夹，具体说明见表 4-4-1。

表 4-4-1　案例数据

名称	格式	坐标系	说明
dem	*.tif	—	某地区 5 m 分辨率 DEM 数据，用于水文分析

五、任务要求

在充分理解水文分析基本原理的基础上，掌握汇流网络提取和河网分级的基本方法。利用案例数据，完成以下练习：

（1）对 DEM 进行填洼。
（2）计算水流方向。
（3）计算汇流累积量。
（4）筛选汇流累积量数据。
（5）完成河网分级。

六、操作步骤

1. 填洼分析

在进行水文分析前,首先对 DEM 进行填洼。DEM 是比较光滑的地形表面模型,但是由于 DEM 的误差以及真实地形的存在,使得 DEM 表面存在一些凹陷的区域,由于这些凹陷的存在,使得水文分析得到方向不合理甚至错误的水流方向,因此进行水流分析及方向分析之前,首先对原始 DEM 进行洼地填充。

依次点击【ArcToolBox】→【Spatial Analyst】→【水文分析】→【填洼】,打开填洼工具,输入 DEM 数据,其他参数默认,点击【确认】输出,如图 4-4-5 所示。

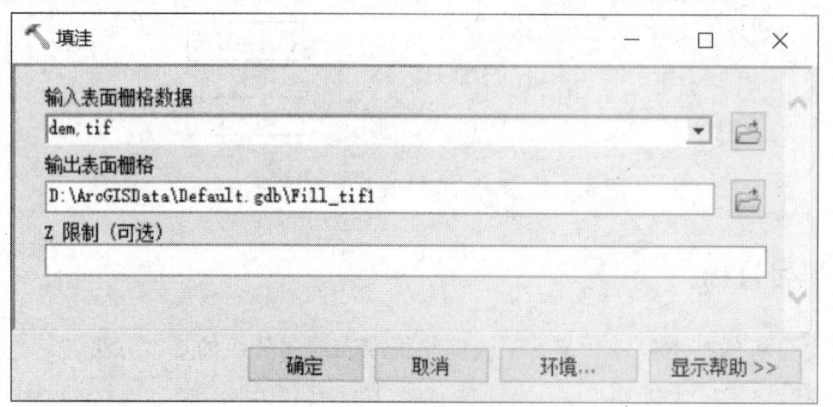

图 4-4-5 填洼设置

查看输出结果,如图 4-4-6 所示。

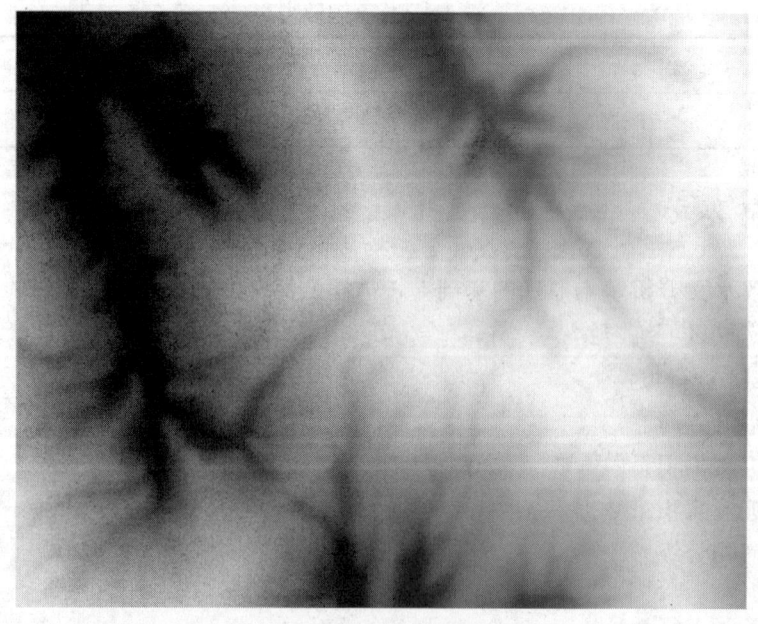

图 4-4-6 填洼输出结果

2. 分析水流方向

点击【ArcToolBox】→【Spatial Analyst】→【水文分析】→【流向】，打开流向工具。输入数据为填洼后的 DEM，点击【确定】，如图 4-4-7 所示。

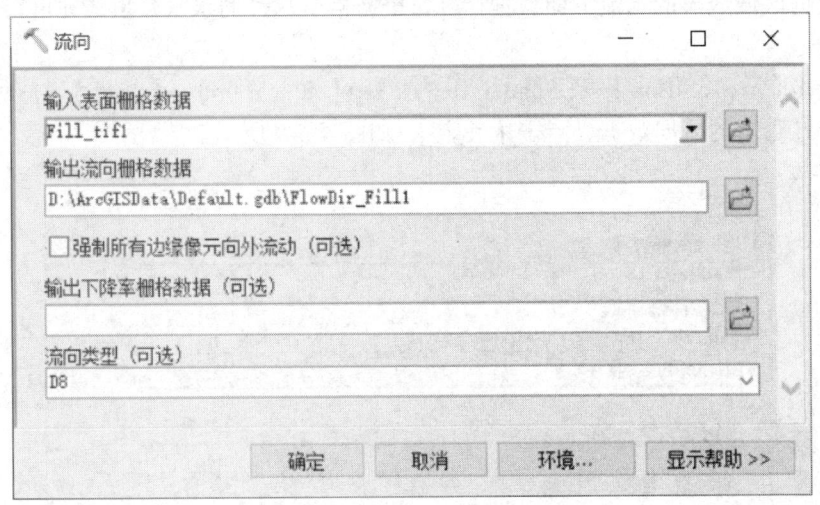

图 4-4-7　计算流向

输出的流向结果为 1、2、4、6、8、16、32、64、128 等代号，如图 4-4-8 所示。对于每一个栅格，水流方向是计算水流离开此栅格的方向。ArcGIS 中默认采用的是 D8 算法，即通过计算中心栅格与邻域栅格的最大距离权落差来确定。

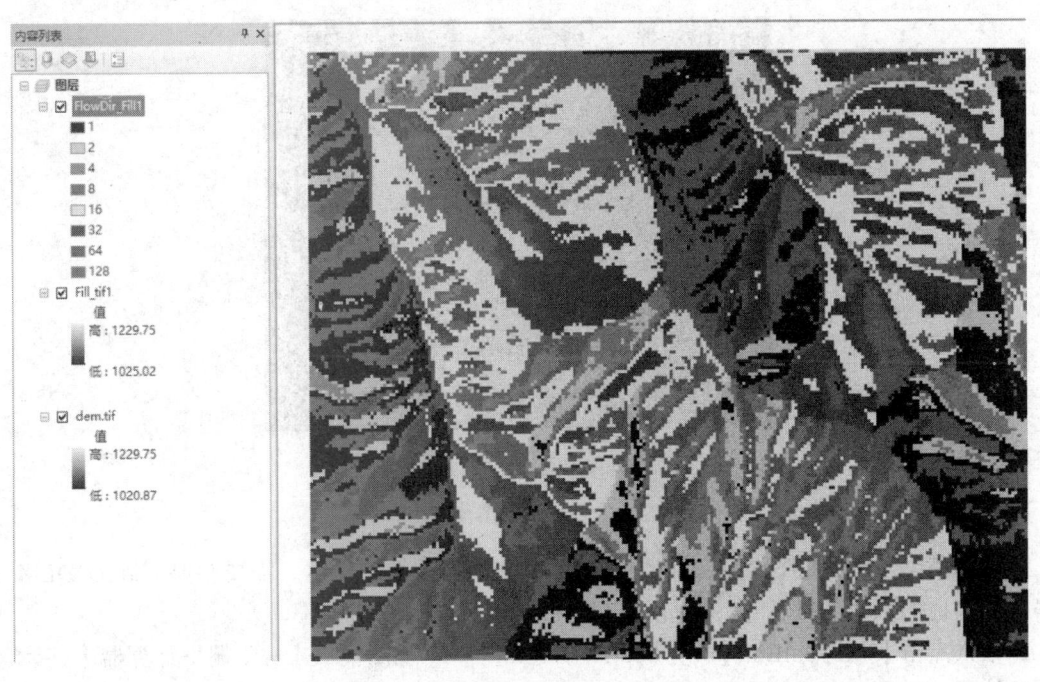

图 4-4-8　流向

3. 计算汇流累积量

在地表径流模拟过程中,汇流累积量是基于水流方向得到的,汇流累积量的基本思想是:以规则格网表示的数字高程模型,每点处有一个单位的水量,按照自然水流从高处流往低处的规律,根据区域地形的水流方向数据计算每个栅格所流过的水量数值,即可得到该区域的汇流累积量。

依次点击【ArcToolBox】→【Spatial Analyst】→【水文分析】→【流量】,打开流量工具。输入上一步计算出的流向数据,点击【确定】,如图4-4-9所示。

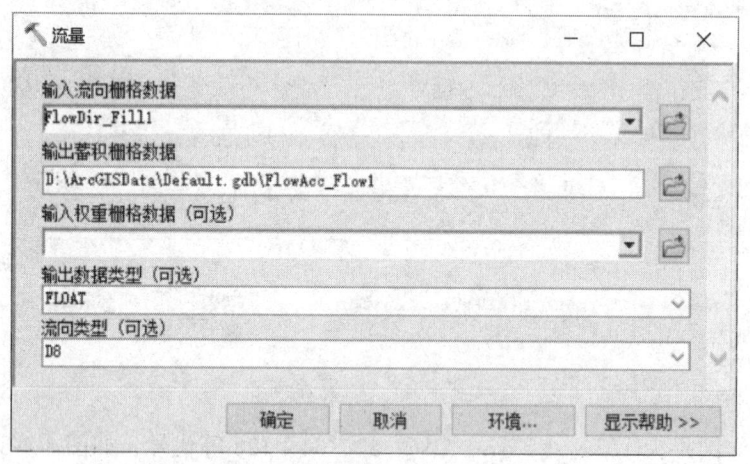

图 4-4-9 计算流量

查看流量计算输出成果,如图4-4-10所示。

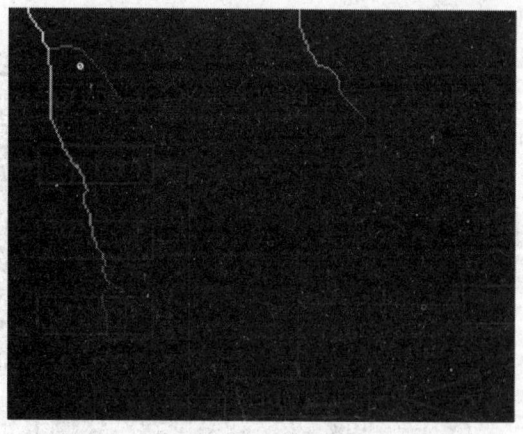

图 4-4-10 流量

4. 筛选汇流累积量

根据阈值条件,筛选汇流累积量数据。根据阈值条件的设定,需要参照实际的DEM数据,即当地的水文条件,这一功能可以使用栅格计算器来完成。

依次点击【ArcToolBox】→【Spatial Analyst】→【地图代数】→【栅格计算器】,启动栅格计算器。输入上一步计算得到的汇流累积量数据,选择提取值大于等于1 000的数据,输入公式""FlowAcc_Flow1">=1000",点击【确定】,如图4-4-11所示。

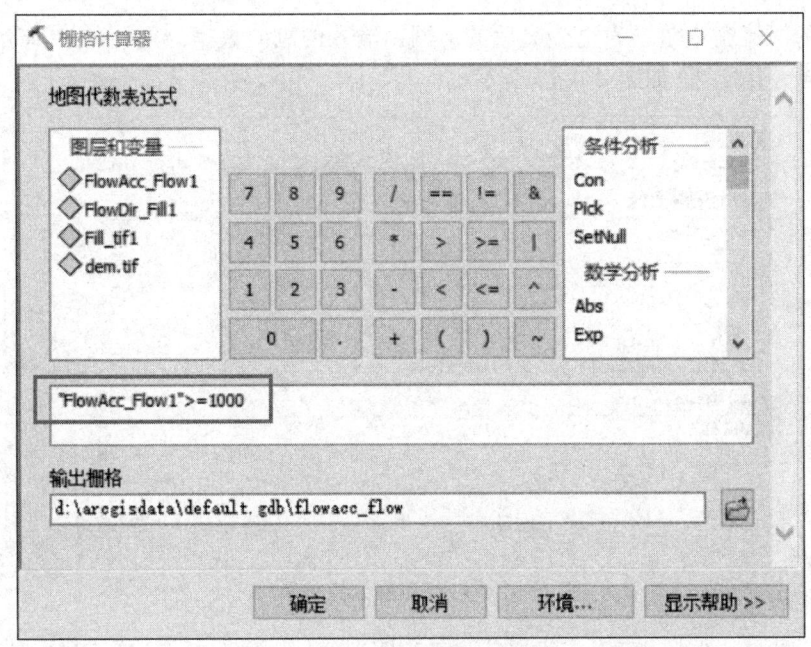

图 4-4-11 筛选汇流累积量数据

查看提取出的河网数据，如图 4-4-12 所示。

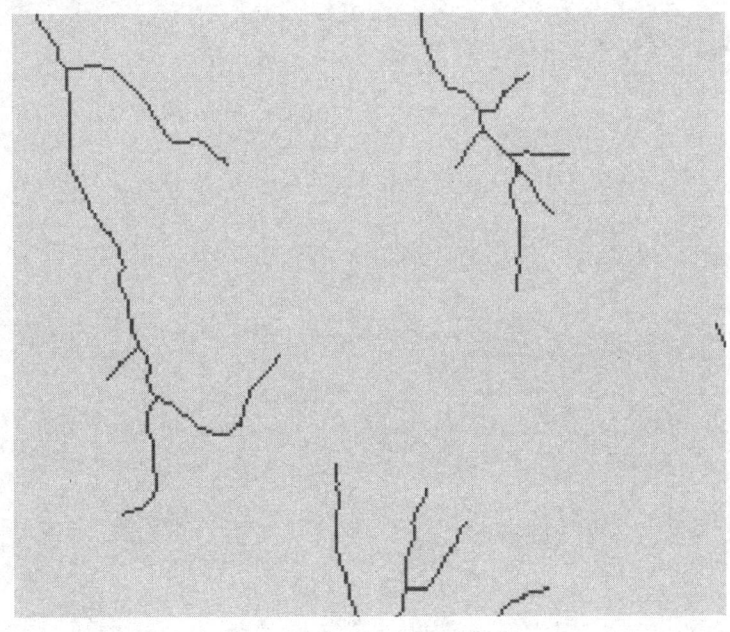

图 4-4-12 河网

5. 河网分级

河网分析工具可以实现对一个线性网络以数字标识的形式划分级别，在地貌学中，是根据河流的流量形态等因素分析得到。

点击【ArcToolBox】→【Spatial Analyst】→【水文分析】→【河网分级】，打开河网分级

工具。输入的河流栅格数据为重分类后的河网，输入的流向数据为之前的计算结果，选择输出位置，点击【确定】，如图4-4-13所示。

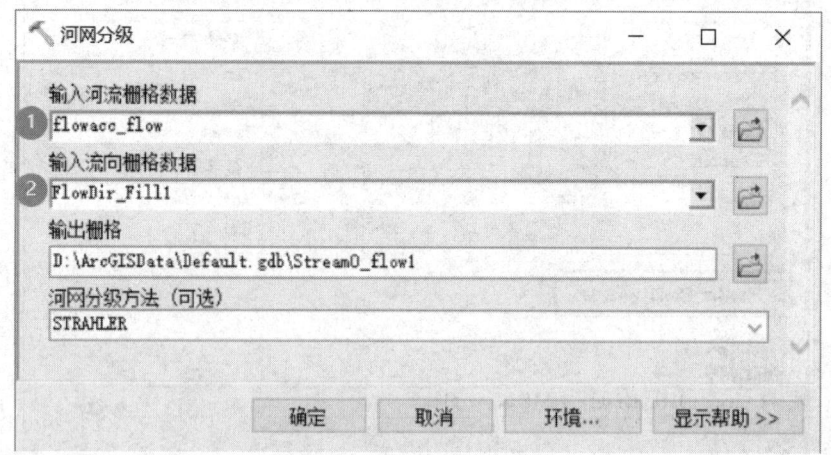

图 4-4-13　河网分级设置

输出结果如图4-4-14所示，共生成2个等级的河网，其中蓝色的河流等级高于绿色河流，后者是前者的支流。

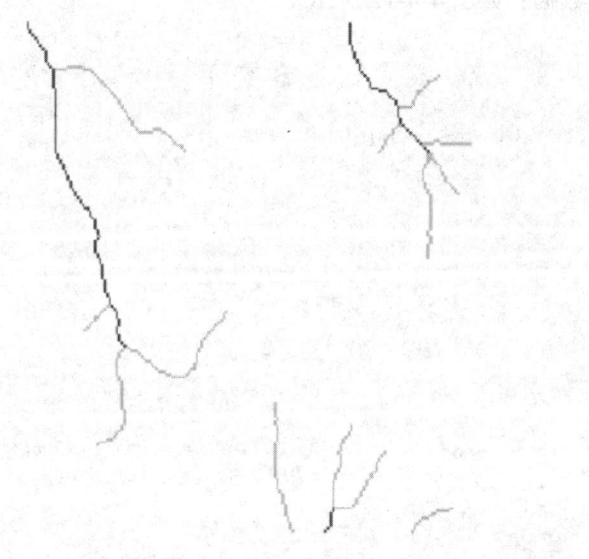

图 4-4-14　河网分级

任务 4-5　ArcScene 三维可视化

一、应用背景

三维地形可视化是在计算机上对数字地形模型中的地形数据进行逼真的三维显示、模拟仿真、简化、多分辨率表达和网络传输等内容的一种技术，它可用直观、可视、形象、多视角、多层次的方法，快速逼真地模拟出三维地形，使地形模型和用户有很好的交互性，让用户有身临其境的感觉。三维地形逼真模拟在地形漫游、土地规划、三维地理信息系统等众多领域都有着广泛的应用。

二、基础知识

1. 二维数据的三维显示

为了方便观察和分析，可以将二维数据进行三维效果的显示，使其更符合人的视觉感受。在 ArcScene 中添加图层时，具有三维几何要素的将自动以三维形式进行绘制，但可能有其他未定义 Z 值的二维数据源需要以三维形式显示。要在三维模式下查看二维要素，需要定义其 Z 值，方便其显示。二维数据的三维显示的方式有两种：

（1）通过属性进行三维显示。

（2）地形与影像的叠加。

2. 三维动画

三维地形可视化在地球科学研究中具有重要应用价值，它对于动态、形象、多视角、全方位、多层次描述客观现实，虚拟化研究、再现预测地学现象等都有重要意义。

高精度的三维影像动画，对于宏观观察者（如上级主管领导、项目决策者）而言，其实际效果相当于乘坐在一定高度的飞行器上进行航空路线观察；对于遥感图像解译者而言，高精度的三维影像动画提供了可供反复使用的真实、客观、信息连续的宏观分析地面景观影像。

三、学习目标

掌握 ArcScene 中三维可视化及漫游动画制作的基本方法，并能解决实际问题。

四、案例数据

案例数据位于"…\任务 4-5 水文分析"文件夹，具体说明见表 4-5-1。

表 4-5-1 案例数据

名称	格式	坐标系	说明
建筑	Shapefile 面要素	Beijing_1954_3_Degree_GK_CM_117E	用于属性三维可视化
地面模型	个人地理数据库	—	用于地形三维可视化
影像	个人地理数据库	—	用于地形三维可视化

五、任务要求

1. 二维数据的三维显示

（1）通过属性实现三维显示。

（2）基于地形与影像的叠加实现三维显示。

2. 完成三维动画创建

六、操作步骤

ArcScene 三维可视化

1. 通过属性进行三维显示

（1）打开 ArcScene，在 "…\任务 4-5 ArcScene 三维可视化\1.二维数据的三维显示" 路径下，添加 "建筑.shp" 矢量数据，如图 4-5-1 所示。

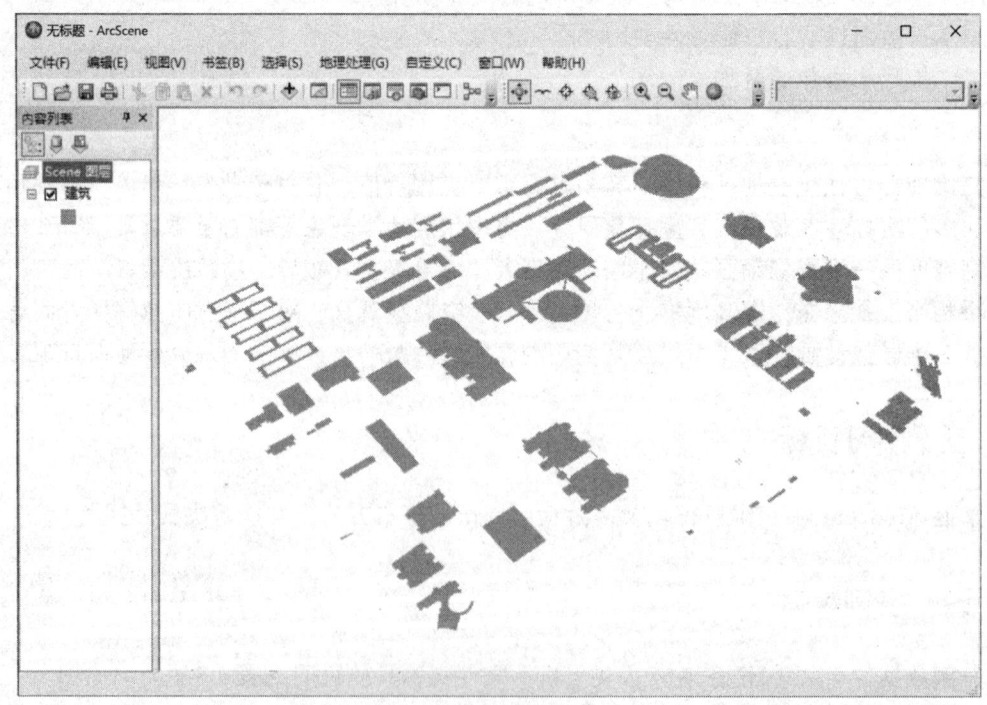

图 4-5-1 添加数据

（2）在内容列表中右击 "建筑" 图层，在弹出的菜单中点击【属性】菜单，弹出【图层属性】对话框，并点击【拉伸】选项卡，勾选【拉伸图层中的要素】。可将点拉伸成垂直线，将线拉伸成墙面，将面拉伸成块体】复选框。

（3）在【拉伸值或表达式】区域中，点击 按钮，弹出【表达式构建器】对话框，如图 4-5-2 所示。

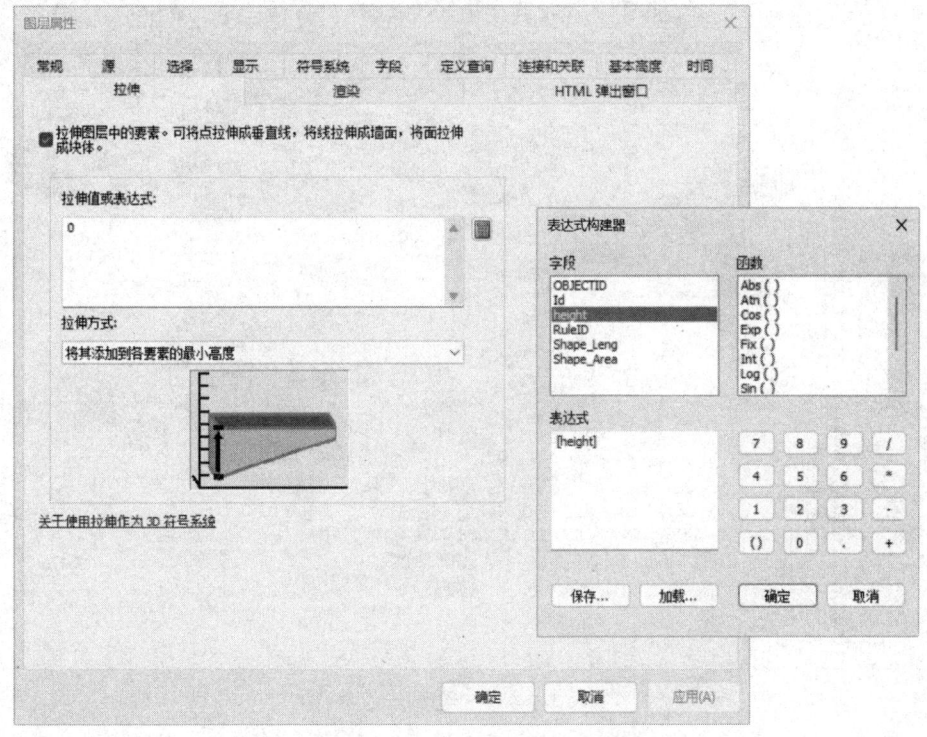

图 4-5-2 【图层属性】对话框

（4）在【表达式构建器】对话框中，可以在【表达式】文本框中输入所需"数值"，这里在字段列表中双击"height"，如图 4-5-3 所示。

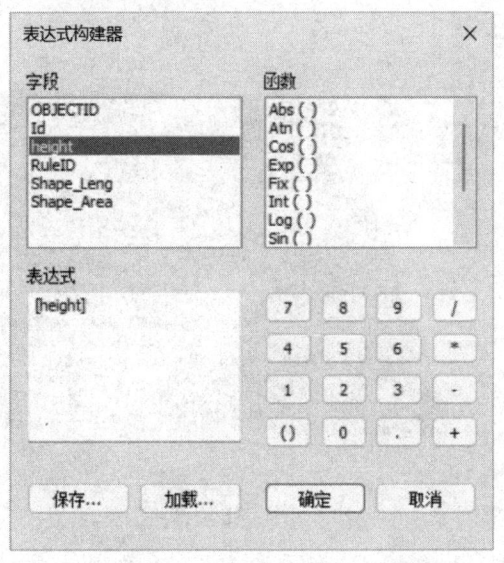

图 4-5-3 【表达式构建器】对话框

（5）点击【确定】按钮，完成操作，效果如图 4-5-4 所示。

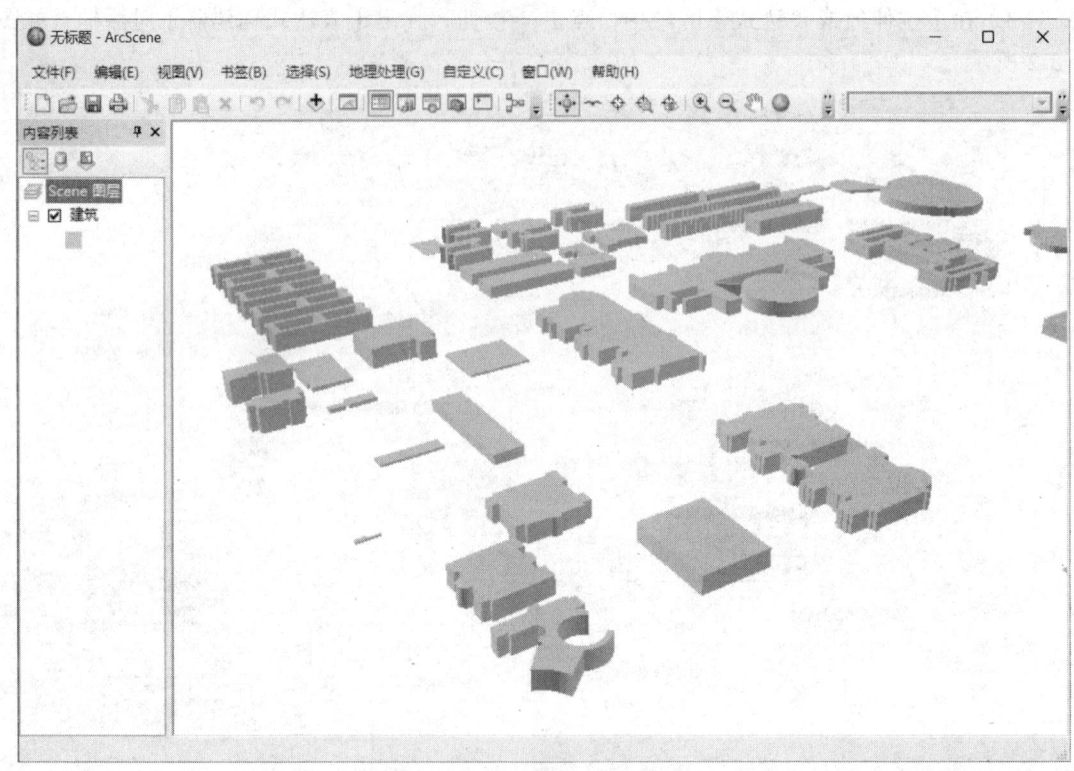

图 4-5-4　三维显示效果

2. 地形与影像的叠加

（1）打开 ArcScene，在"…\任务 4-5 ArcScene 三维可视化\1.二维数据的三维显示\地形与影像叠加.mdb"路径下，添加"地面模型"数据和"影像"数据，如图 4-5-5 所示。

图 4-5-5　添加数据

（2）在内容列表中右击"影像"图层，在弹出的菜单中点击【属性】菜单，弹出【图层属性】对话框,并点击【基本高度】选项卡,在【从表面获取的高程】区域下选中【在自定义表面上浮动】单选按钮,并将【用于将图层高程值转换为场景单位的系数】中【自定义】参数改为"5"(提升高度对比效果),点击【确定】按钮,效果如图 4-5-6 所示。

图 4-5-6 地形与影像叠加效果

3. 创建三维动画

(1)捕获视图作为关键帧创建动画。

① 打开 ArcScene,在"…\任务 4-5 ArcScene 三维可视化\2.三维动画"路径下,添加道路、道路中心线、建筑和水系数据。加载数据后,对建筑基于 height 属性值进行高度拉伸。

② 在主菜单中点击【自定义】→【工具条】→【动画】,加载【动画】工具条,如图 4-5-7 所示。

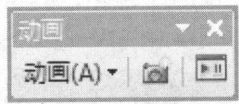

图 4-5-7 添加动画工具条

③ 在【动画】工具条中,点击 按钮,创建显示校园全范围场景的关键帧 1,如图 4-5-8 所示。

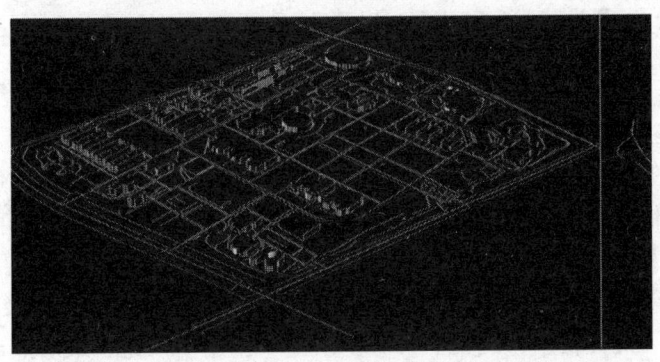

图 4-5-8 关键帧 1 画面

④ 然后通过【基础工具】中的放大按钮,将地图放大到某一局部场景,创建关键帧 2,如图 4-5-9 所示。

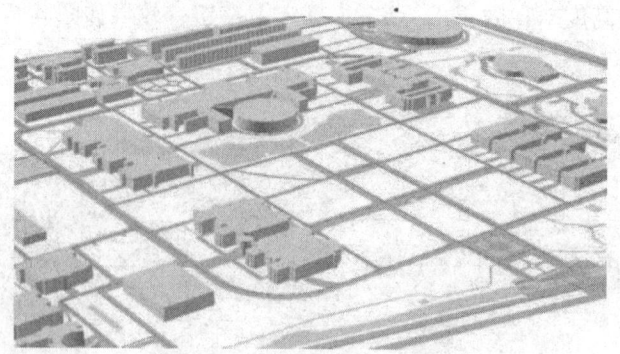

图 4-5-9　关键帧 2 画面

⑤ 在【动画】的工具条,点击▶Ⅱ,打开【动画控制器】对话框,如图 4-5-10 所示。

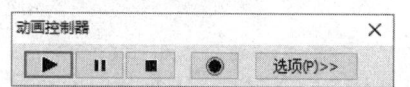

图 4-5-10　动画控制器对话框

⑥ 点击▶按钮,播放动画。

(2) 使用 3D 书签创建动画。

① 在 ArcScene 中,通过滚动鼠标缩放图层到图书馆,创建书签,点击【书签】→【创建】,弹出【创建书签】的对话框后输入"图书馆",点击【确定】按钮,如图 4-5-11 所示。

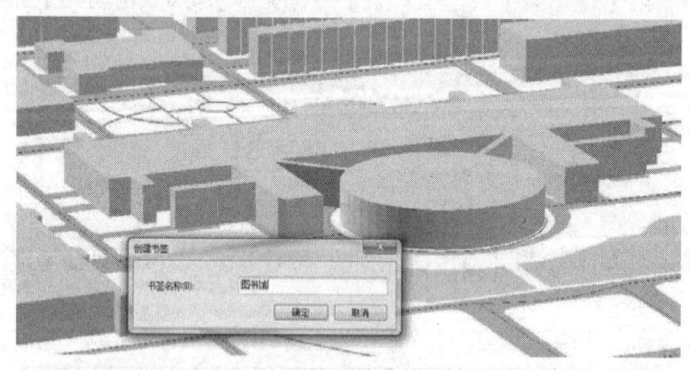

图 4-5-11　创建书签

② 然后按步骤(1)的方法,依次创建名为"先骕楼""方荫楼""白鹿会馆""正大广场""名达楼""惟义楼""长胜园"的书签。

③ 在【动画】工具条中,点击【动画】→【创建关键帧】,在弹出的【创建动画关键帧】对话框的【类型】中选择"透视(照相机)",【从书签导入】中选择"图书馆",点击【新建】按钮,如图 4-5-12 所示。

④ 勾选【从书签导入】复选框,依次选中"图书馆""先骕楼""方荫楼""白鹿会馆""正大广场""名达楼""惟义楼""长胜园",分别点击【创建】按钮,最后点击【关闭】按钮。

⑤ 打开【动画控制器】的窗口,点击【选项】按钮点击▶,就会播放动画。

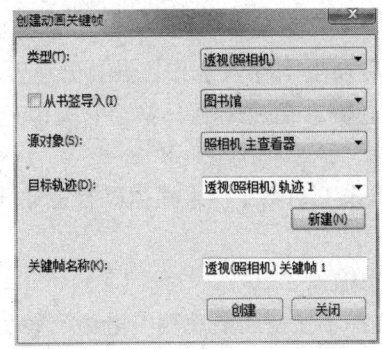

图 4-5-12　创建动画关键帧

(3) 沿预定义路径移动对象创建动画。

① 打开 ArcScene,打开 "…\任务 4-5 ArcScene 三维可视化\2.三维动画" 路径下的 "三维动画.sxd" 文件。利用选择要素工具选中一条道路,如图 4-5-13 所示。

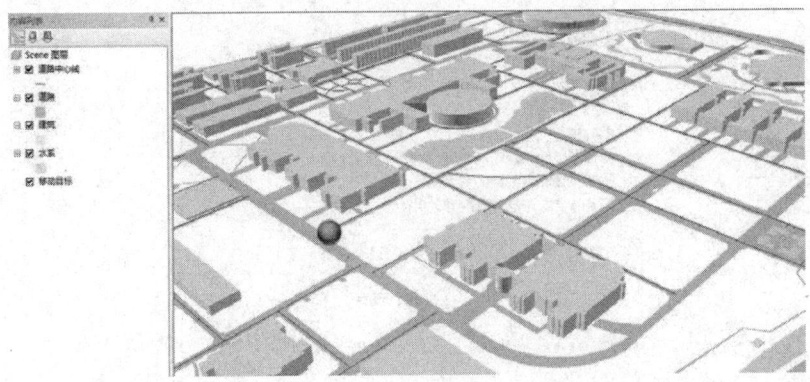

图 4-5-13　添加数据

② 在【动画】工具条,点击【动画】→【沿路径移动图层】,弹出【沿路径移动图层】对话框,如图 4-5-14 所示。

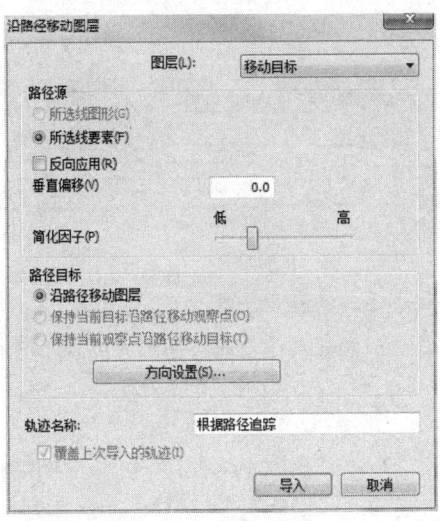

图 4-5-14　【沿路径移动图层】对话框

③在【图层】下拉框中选择"移动目标"。

④点击【确定】按钮,最后点击【导入】按钮,打开【动画控制器】的窗口。

⑤点击【选项】按钮,点击▶,播放动画,将会看见绿色球沿着选择的道路运动。

(4)根据路径创建动画。

①在【动画】工具条中,点击【动画】→【根据路径创建飞行动画】,弹出【根据路径创建飞行动画】对话框。

②在【垂直偏移】文本框中输入"20"。

③在【路径目标】区域中选择【保持当前观测点沿路径移动目标】单选按钮,如图 4-5-15 所示。

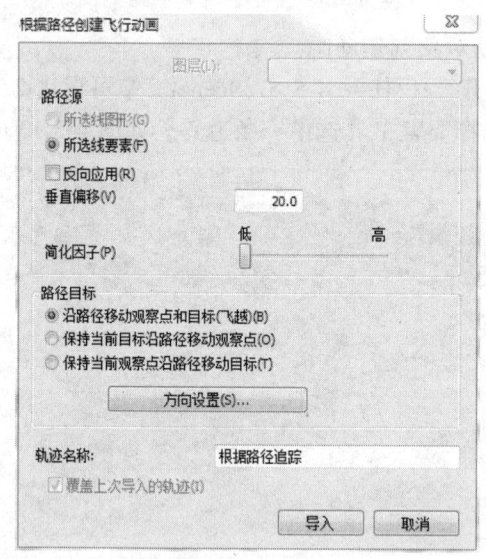

图 4-5-15　【根据路径创建飞行动画】对话框

④点击【导入】按钮,打开【动画控制器】的窗口,点击【选项】,点击▶,播放动画,效果如图 4-5-16 所示。

图 4-5-16　播放动画效果

项目 5　地图制图

任务 5-1　土地利用现状图制作

一、应用背景

土地利用图是表达土地资源的利用现状、地域差异和分类的专题地图，常采用逐级分类法，如一级分类有都市用地、农业用地、林地、水体、灌木、草地、沼泽、荒地等；二级分类如农业用地中分作物、果园、苗圃等。它是研究土地利用的重要工具和基础资料，同时也是土地利用调查研究的主要成果之一。在编制土地利用图的基础上，对当前利用的合理程度和存在的问题、进一步利用的潜力、合理利用的方向和途径进行综合分析和评价。它包括土地利用现状图、土地资源开发利用程度图、土地利用区划图。因此，土地利用图是调整土地利用结构，因地制宜进行农业、工矿业和交通布局、城镇建设、区域规划、国土整治、农业区划等的一项重要科学依据。1∶10 000 土地利用现状图是目前我国要求各县级土地管理部门用来进行乡镇土地利用总体规划，实施耕地保护、划定基本农田、建立土地利用数据库，以及实施土地利用年度变更等工作所用的基础图件，它在土地日常微观管理方面发挥着十分重要的作用。

二、基础知识

1. 土地利用现状图

地图是按照一定的法则，有选择地以二维或多维形式与手段在平面或球面上表示地球若干现象的图形或图像，它具有严格的数学基础、符号系统、文字注记，并能用地图概括原则，科学地反映出自然和社会经济现象的分布特征及其相互关系。

2. 地图三要素

（1）地理要素：也称图形要素，是地图根据制图的要求所表达的内容，包括几何图形、地学基础。

（2）数学要素：用来确定地学要素的空间相关位置，是地图的"骨架"要素，包括地图坐标、投影、比例尺、控制点等。

（3）图边要素（辅助要素）：说明地图编制状况及为方便地图应用所必须提供的内容，包括图名、图号、图廓间注记、图例、数字比例尺三北方向图以及其他附图和成图方法说明等。

3. 比例尺大小关系

同一地理要素在同样大小的图幅上，比例尺越大，地图上所表示的实地范围越小，但表示的内容越详细,精确度越高;比例尺越小,则表示的范围越大,内容越简单,精确度越低。

图纸与比例尺可根据制图规范及制图经验合理设置,尽量选择常用比例尺,避免因比例尺过大、图纸过小,或者比例尺过小、图纸过大,造成图纸浪费。

4. 插　　图

插在文字中间用以说明文字内容的图画。插图是对文字内容作形象的说明,以加强作品的感染力和书刊版式的灵活性,用图示的方法展示正文的内容,更形象直观、一目了然,也可以作为文字部分的补充。

三、学习目标

(1)能区分地图三要素及在地图中的组成关系。
(2)掌握地图符号化、地图图廓、地图整饰、地图花边、地图晕线、图例等地图要素的详细制作过程。
(3)掌握土地利用现状图制作的工艺流程。

四、案例数据

案例数据位于"…\任务 5-1 土地利用现状图制作"文件夹,具体说明见表 5-1-1。

表 5-1-1　案例数据

名称	格式	坐标系	说明
村名	Shapefile 点要素	CGCS2000 3 Degree GK Zone 35	用于村名注记
政府所在地	Shapefile 点要素	CGCS2000 3 Degree GK Zone 35	用于政府所在地注记
乡镇界	Shapefile 线要素	CGCS2000 3 Degree GK Zone 35	用于制作乡镇界与位置示意图
村界	Shapefile 线要素	CGCS2000 3 Degree GK Zone 35	用于制作村界
河流	Shapefile 线要素	CGCS2000 3 Degree GK Zone 35	用于制作河流
国道	Shapefile 线要素	CGCS2000 3 Degree GK Zone 35	用于制作道路网
地类图斑	Shapefile 面要素	CGCS2000 3 Degree GK Zone 35	用于土地利用现状的展示
刘堡镇	Shapefile 面要素	CGCS2000 3 Degree GK Zone 35	用于位置示意图制作
张家川回族自治县	Shapefile 面要素	CGCS2000 3 Degree GK Zone 35	用于位置示意图制作
符号库	*.style	—	存储图形符号化样式的文件,为国家土地制图标准样式,用于地类图斑等图层符号化

五、任务要求

土地利用现状图是最常见的地理信息图件,本案例将地图设计为一幅大幅面的挂图,制作要求如下：

（1）符号化图层。针对大幅面挂图尺寸和制图数据整体范围调整地图页面尺寸、空间布局和图层顺序，基于给定的"三调符号库全 TDT1055-2019 版.style"样式文件符号化地类图斑，并按要求完成其他要素图层的符号化。

（2）整饰地图。设计一幅比例尺为 1∶10 000 的土地利用现状图，包含图名、图例、指北针、比例尺、图廓花边、晕线、示意图、注记等要素。

（3）导出地图。检查地图空间布局是否合理，表达要素是否齐全，地图三要素是否正确，检查完成后导出地图。

六、操作步骤

1. 图框制作

图框是指工程制图中图纸上限定绘图区域的线框。图纸大小一般根据比例尺、制图要求、打印设备、携带方便等因素确定。

地图符号化（土地利用现状图制作）

（1）设置图纸大小：在作图之前应该根据比例尺要求，预先设计与比例尺匹配的图纸大小，即图纸的宽和高。设置图纸大小时，图框小于规定最大图纸尺寸。

打开 ArcGIS 软件，依次点击【文件】→【页面和打印设置】，进入图幅设置界面，首先需要把【地图页面设置】→【使用打印机纸张设置】的勾选去掉，根据出图的挂图尺寸和制图数据整体范围设置图宽 116 cm，高 114 cm，如图 5-1-1 所示。

图 5-1-1　图纸设置

（2）固定比例尺：首先在地图视窗中将地图比例尺设置为1∶10 000，接着在菜单栏中依次选择【视图】→【布局视图】→【数据框属性】→【数据框】→【固定比例尺】，这样在接下来的符号化与地图整饰过程中地图的比例尺就会固定不变，如图5-1-2所示。

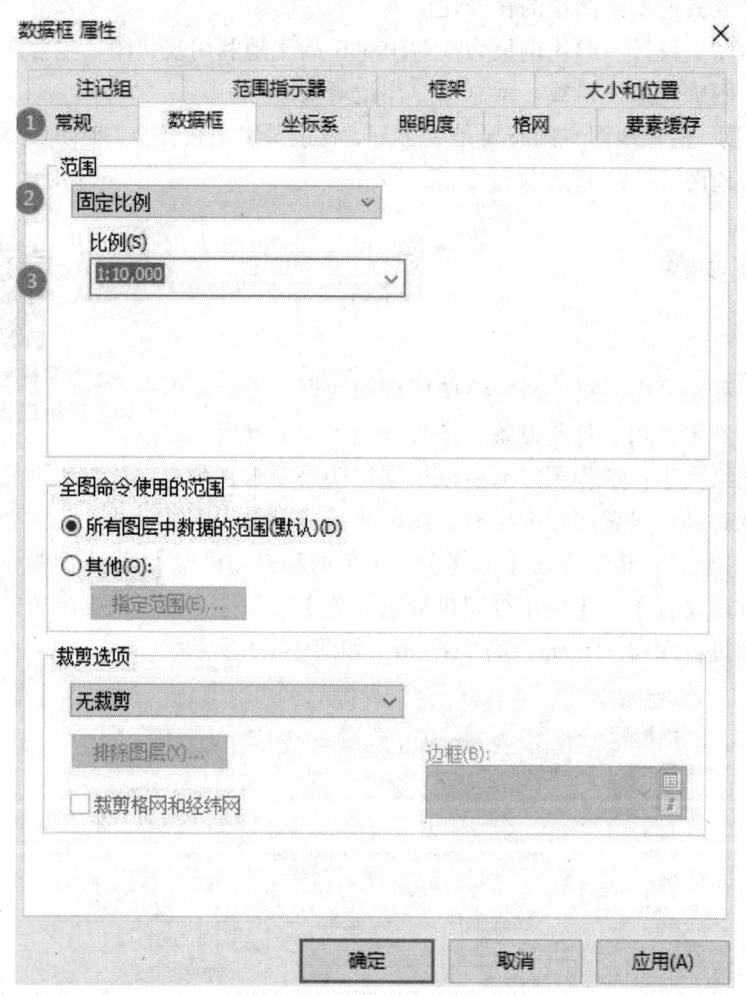

图 5-1-2　设置固定比例尺

图框为制图的具体范围，合理地设置图框能够使图件协调美观，因此在确定好比例尺后根据比例大小设置图框间距大小。在菜单栏依次点击【视图】→【布局视图】，接着在图层内容列表中右键点击图层选择【属性】菜单，弹出【数据框 属性】对话框，选择【大小和位置】选项卡，设置 X、Y 位置值及宽度、高度值，如图5-1-3所示。其中，X、Y 表示图框左下角与图纸的距离，这能确保图件在图纸中居中显示。

2. 加载数据

加载制图需要的点、线、面数据，其顺序为：点数据在上层，面数据在底层，中间为线数据。根据制图规范要求，相关数据重复时，重要因素在上层展示，例如河流与境界线重合时，境界线在上层。

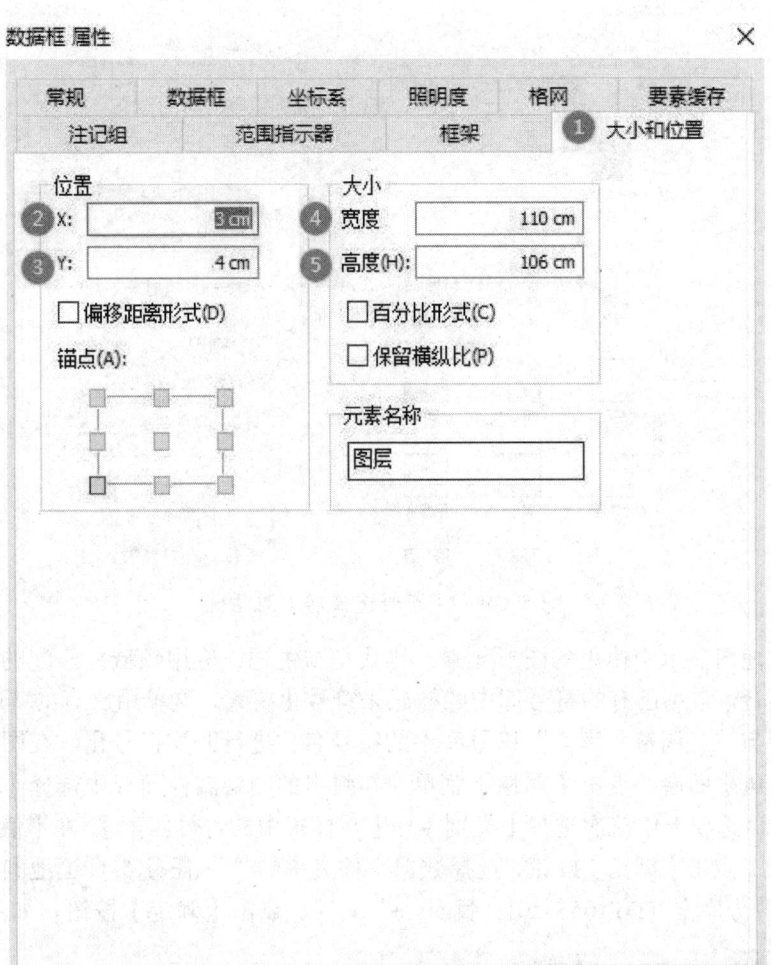

图 5-1-3　图框设置

3. 地图符号化

地图符号是地图上各种形状、大小和颜色的图形和文字的总称，是地图内容体现的一种主要手段，也是地图区别于其他空间环境现象表示方法的一个特征。高质量的地图符号是丰富地图内容、增强地图易读性和表达效果的必要前提。符号化是以图形的方式对地图中的地理要素、标注和注记进行描述、分类和排列，以找出并显示定量和定性关系的过程。

点状要素、线状要素和面状要素都可以通过要素的属性特征实现单一符号化、类别（定性）符号化、数量（定量）符号化、图表符号化、多个属性符号化等多种表示方法，以实现数据的符号化，制作出符合用户需求的各种地图。

在内容列表中点击【地类图斑】图层下的面符号，弹出【符号选择器】对话框，进行地类图斑的符号化，如图 5-1-4 所示。

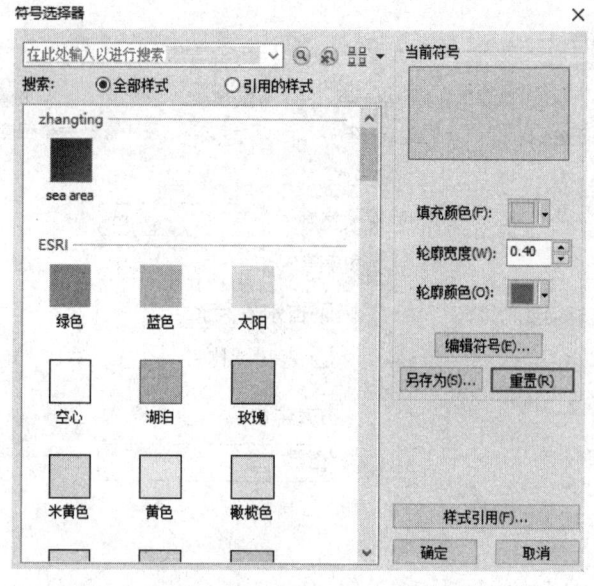

图 5-1-4 【符号选择器】对话框

符号是在地图显示中使用的图形元素。样式是与主题或应用领域相匹配的符号、颜色及地图元素的集合。常用已有的符号库中的样式来符号化要素，这里用已有的"DLBM"（地类编码）字段值与"三调符号库全"符号库中的符号名称进行匹配符号化。在图层内容列表中勾选【地类图斑】图层，点击【属性】菜单，在弹出的图层属性面板中选择【符号系统】选项卡，接着在该选项卡中依次选择【类别】→【与样式中的符号匹配】，在【值字段】中选择"DLBM"字段，点击【浏览】按钮，选择数据文件夹中的"…\任务 5-1 土地利用现状图制作\符号库\三调符号库全 TDT1055-2019 版.style"文件，点击【确定】按钮。如图 5-1-5 所示。

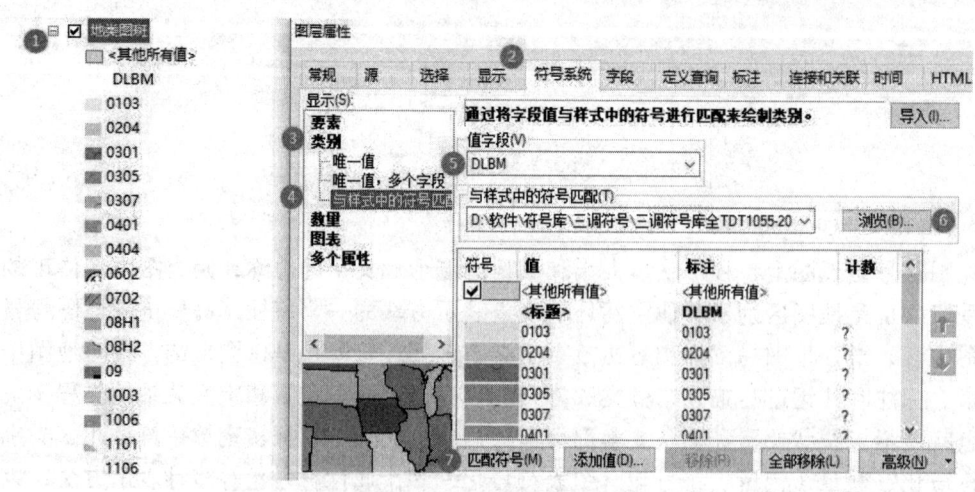

图 5-1-5 面要素符号化

点、线要素符号化设置可参考面要素符号化。点、线要素可在其【符号选择器】面板中点击【样式引用】按钮，在弹出的对话框中选择【将样式添加到列表】，加载所需要的符号库【三调符号库全】并勾选，点击【确定】按钮，如图 5-1-6 所示。

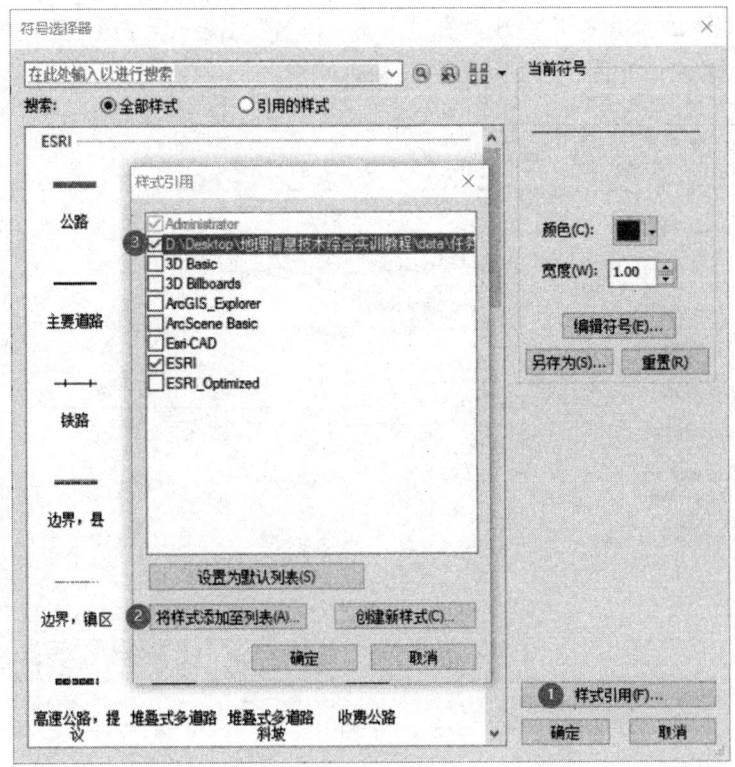

图 5-1-6　添加样式文件

4. 地图整饰

（1）要素注记。

需要标注的图层有乡（镇）政府驻地名称、公路、其他重要地物名称等。如图 5-1-7 所示，首先标注图层字段属性，在内容列表中右键点击"村名"图层，在弹出的面板中选择【标注】选项卡，勾选【标注此图层中的要素】复选框，接着【标注字段】中选择"ZLDWMC"字段，设置字体大小及字体。

地图整饰（土地利用现状图制作）

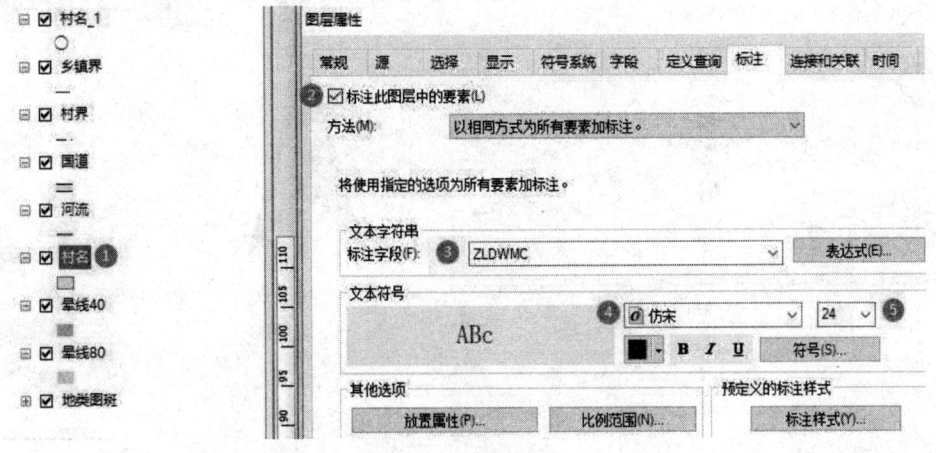

图 5-1-7　图形注记

如图 5-1-8 所示，字段标注完成后右键点击"村名"图层，点击【将标注转换为注记】菜单，将标注转换为注记（注：注记需存储于数据库中）。

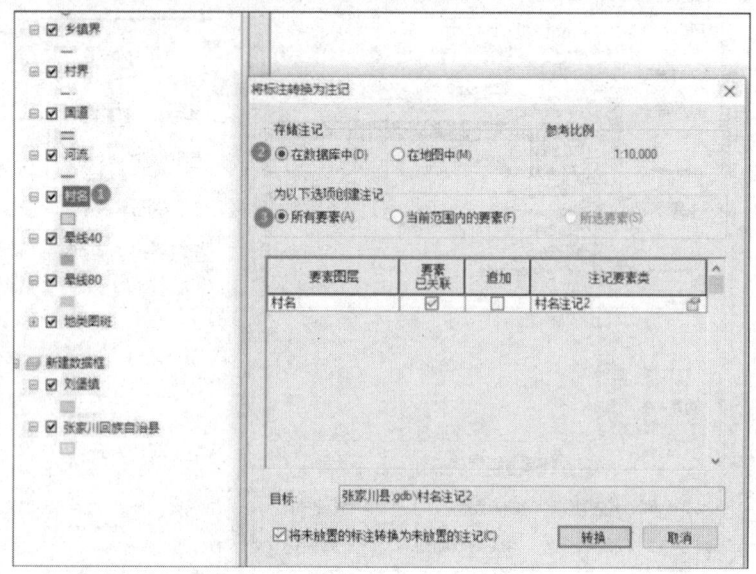

图 5-1-8　图形注记

（2）指北针插入。

在菜单栏点击【插入】→【指北针】，弹出【指北针 选择器】对话框，在对话框中选择所需的指北针的类型，点击【属性】按钮，弹出【指北针】对话框，在【指北针】选项卡中，设置所需指北针样式，然后点击【确定】按钮，如图 5-1-9 所示。在【指北针选择器】对话框中点击【确定】按钮，完成指北针的插入。

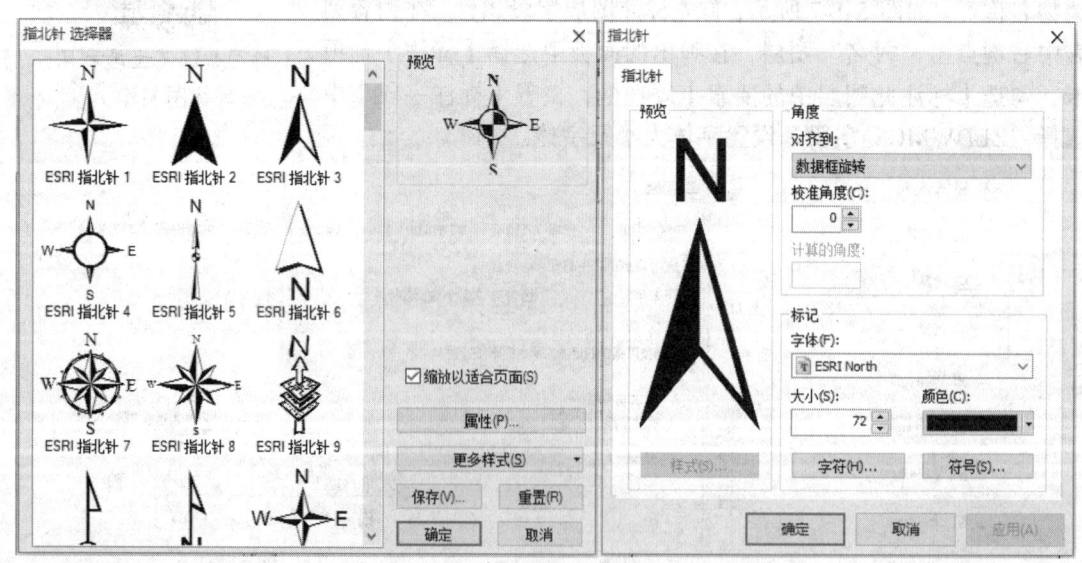

图 5-1-9　添加指北针

（3）图名等文本设置。

如图 5-1-10 所示，在菜单栏点击【插入】→【标题】，弹出【插入标题】对话框，输入地图的标题，点击【确定】按钮，这时有个标题矩形框出现在布局视图中，点击标题矩形框，并按住鼠标左键，将标题矩形框拖动到合适的位置。

图 5-1-10　插入标题对话框图

接下来还需设置图名的样式，鼠标双击图名弹出【属性】对话框，如图 5-1-11 所示。对标题文本进行修改，为了整体协调美观将图名宽度改占图框宽度的三分之二且居中，点击【更改符号】按钮，设置字体大小设为"90"，字体为"华文新魏"（华文新魏体威严大方，庄重美丽，同时又充满着浓郁的艺术气息，在常用图件中推荐使用），点击【确定】按钮，完成标题文本的修改，如图 5-1-12 所示。

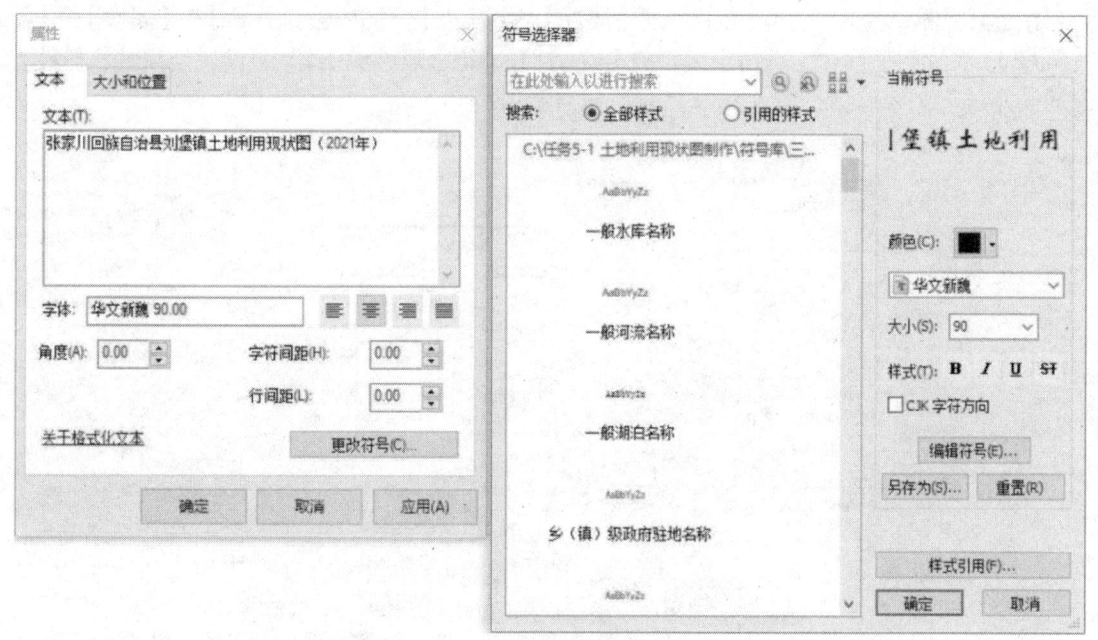

图 5-1-11　编辑图名对话框　　　　图 5-1-12　更改属性对话框

（4）比例尺。

文本比例尺就是使用文字来表示地图的比例尺，在 ArcGIS 中使用【比例文本】来创建文本比例尺。在菜单栏点击【插入】→【比例文本】，弹出【比例文本选择器】对话框，如图 5-1-13 所示。选择绝对比例，点击右侧【属性】按钮，弹出【比例文本】对话框设置相关参数，这里参数默认，如图 5-1-14 所示。在【比例文本　选择器】对话框中点击【确定】按钮，完成比例文本的插入。

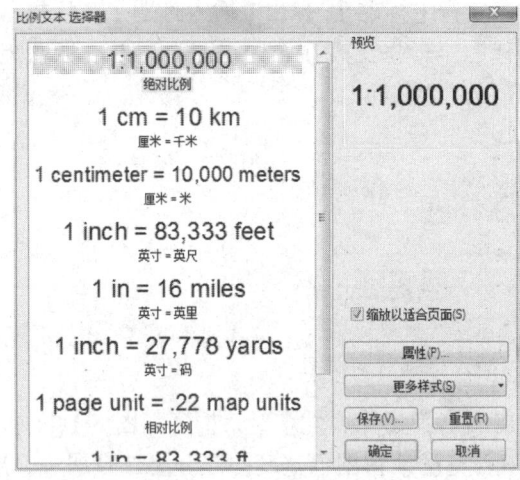
图 5-1-13 【比例文本 选择器】对话框

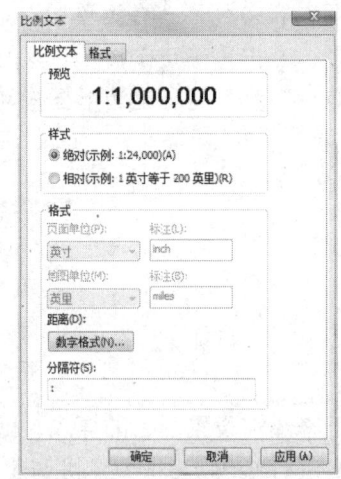
图 5-1-14 【比例文本】对话框

（5）花边制作。

花边具有一定的造型美，能产生装饰性的审美效果。

在布局视图中右击内图框，依次点击【属性】→【框架】→【边框 选择器】→【属性】→【更改符号】，修改图框颜色，点击【编辑符号】，打开【符号属性编辑器】，设置线属性，修改宽度和大小等如图 5-1-15、图 5-1-16 所示。

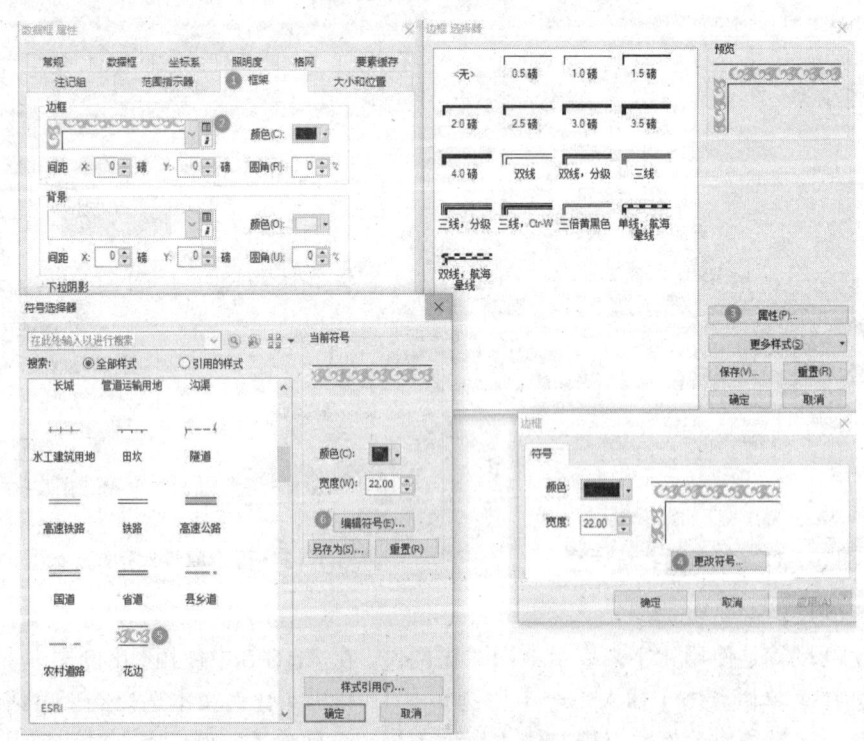
图 5-1-15 花边设置

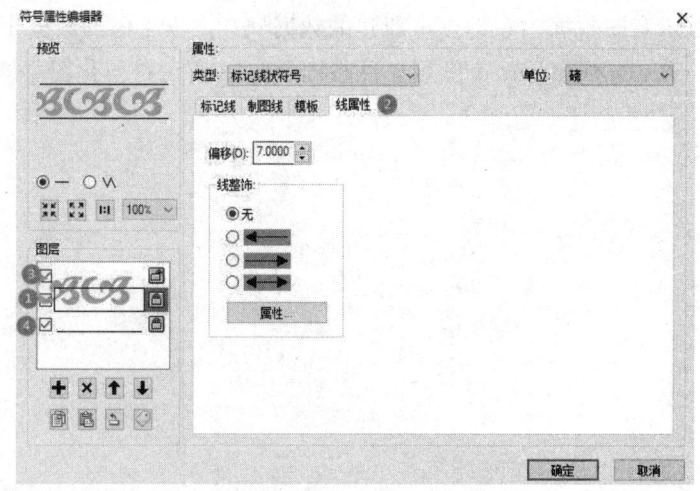

图 5-1-16 花边大小设置

（6）晕线制作。

在内容列表中选择乡镇界中的刘堡镇，将"刘堡镇"选中复制 2 次，并将其线宽分别改为 40 m 和 80 m 后作为两条晕线，晕线作为辅助要素起到了美观作用。晕线颜色设置为内深外浅，深色 RGB 值为（255, 115, 223），浅色 RGB 值为（255, 190, 232）。

（7）位置示意图制作。

位置示意图显示目标区所在大区域内的位置，可宏观掌握地图的相对位置和周围地形环境。在菜单栏依次点击【插入】→【数据框】，这时在布局视图中出现一个"新建数据框"（注：多个数据框可独立显示和布局加载的数据），将该"新建数据框"鼠标拖动到图幅左上角或右上角并调整数据框大小，接着右键点击"新建数据框"点击【属性】菜单，在弹出的【数据框属性】面板中选择【框架】选项卡，设置背景色为白色，如图 5-1-17 所示。

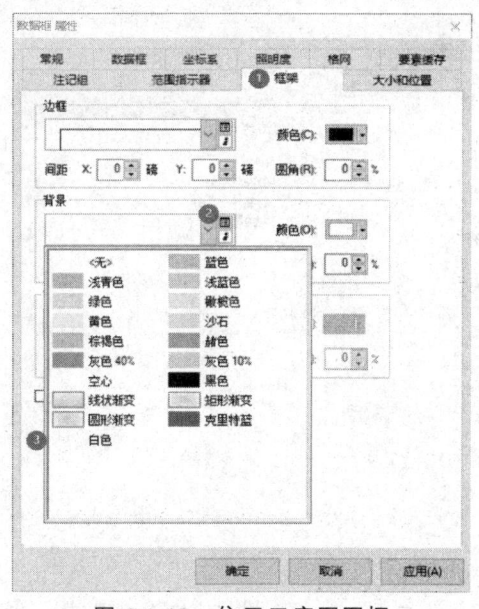

图 5-1-17 位置示意图图框

继续加载位置示意图数据,右键点击新建的数据框,点击【添加数据】菜单,加载"张家川回族自治县"和"刘堡镇"两个图层,并按图 5-1-18 所示符号化图层样式。

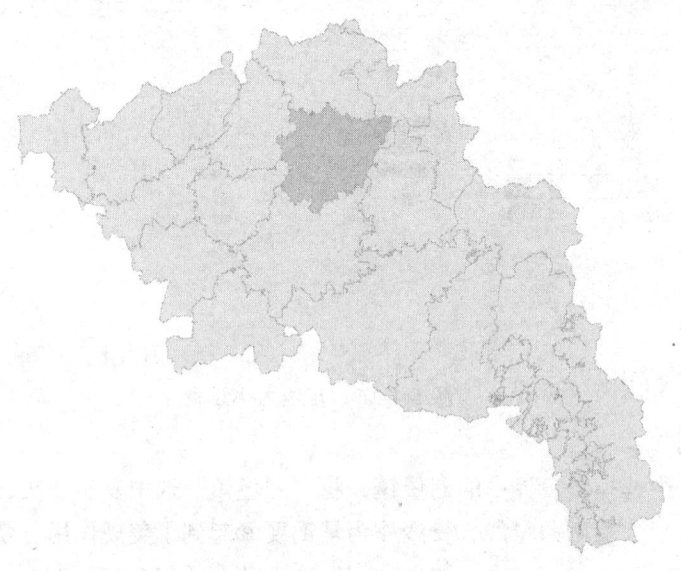

图 5-1-18　刘堡镇在张家川回族自治县的位置示意

(8)图例制作。

图例是地图上表示地理事物的符号,是集中于地图一角或一侧的地图上各种符号和颜色所代表内容与指标的说明,有助于用户理解地图内容,方便使用地图。在菜单栏点击【插入】→【图例】,弹出【图例向导】对话框,如图 5-1-19 所示。

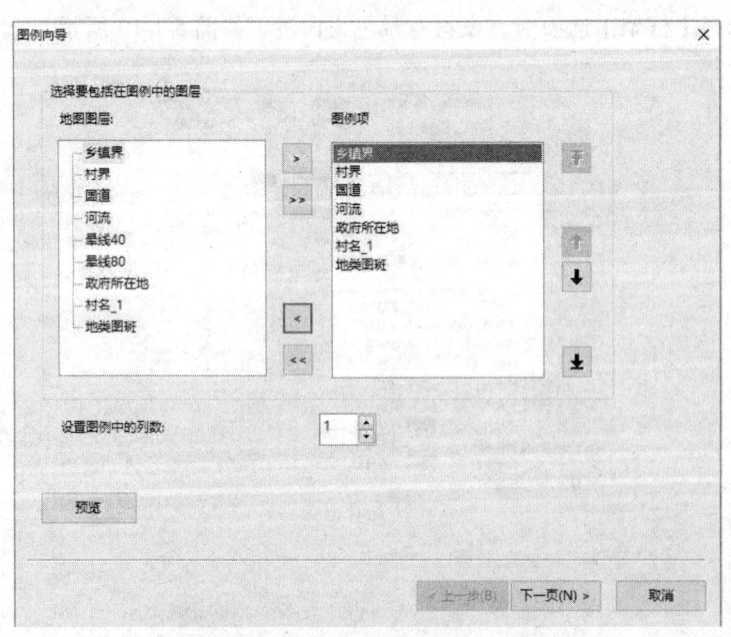

图 5-1-19　【图例向导】对话框

在【图例向导】中,有【地图图层】和【图例项】两栏,一般默认两栏中的图层相同,即数据框所有的图层都出现在图例中。在【地图图层】列表框中可以选择包含在图例中的图层,点击按钮,将其添加到【图例项】中。在【图例项】栏中可以调整图例项的排序,也可以设置图例中的列数,点击【预览】按钮,查看图例的预览效果。

点击【下一步】按钮,在【图例标题】文本框中可以输入图例的标题,在【图例标题字体属性】区域中设置图例标题相关的属性,如颜色、大小、字体等;在【标题对齐方式】区域可以选择对齐方式。继续点击【下一步】按钮,在【图例框架】区域中可以设置图例的边框符号为0.5、图例的背景为白色,以及图例的阴影颜色、间距、圆角等。

可以对图例中的线面符号进行"图画大小"和"形状"的修改。在【宽度】或【高度】文本框中输入图例方框的宽度或高度,还可以在【线】、【面】下拉框中选择线、面的样式。在该对话框中可以设置各部分之间的间距(这里默认不变)。

点击【完成】按钮,则完成了插入图例。但图例较为凌乱,不能直接作为出图使用,还需要重新排列组合,一般情况按照点、线、面的方式依次排列。

对于以上生成的图例,首先右击【转换为图形】,全选图例点击【取消分组】,重复【取消分组】,这样才能对图例进行编辑,删除多余的文字注记。图例内部字体必须一致,符号相互对齐,排列顺序为点、线、面或面、线、点两种格式。整饰完的图例效果如图5-1-20所示。

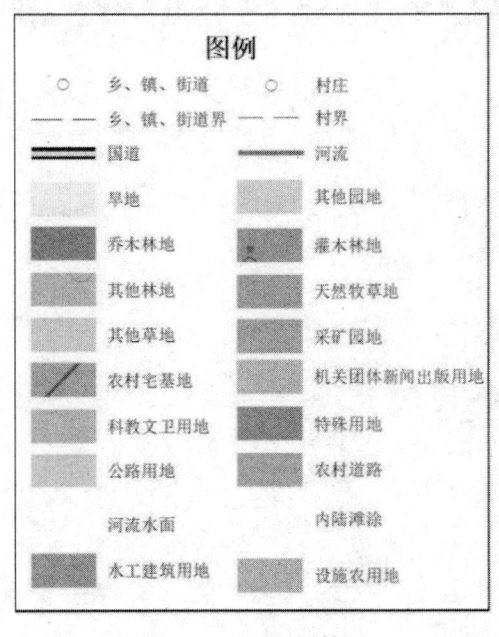

图 5-1-20　图例效果

5. 图件输出与分辨率设置

在菜单栏点击【文件】→【导出地图】,弹出【导出地图】对话框,如图5-1-21所示,输入导出的地图名称为"张家川回族自治县刘堡镇土地利用现状图(2021年)",设置保存类型为"JPEG(*.jpg)"格式,设置分辨率为"300"(一般出图分辨率设为300 dpi以上)。

图5-1-22所示为导出的张家川回族自治县刘堡镇土地利用现状图(2021年)地图,可进一步指导土地开发工作。

图 5-1-21 导出地图设置

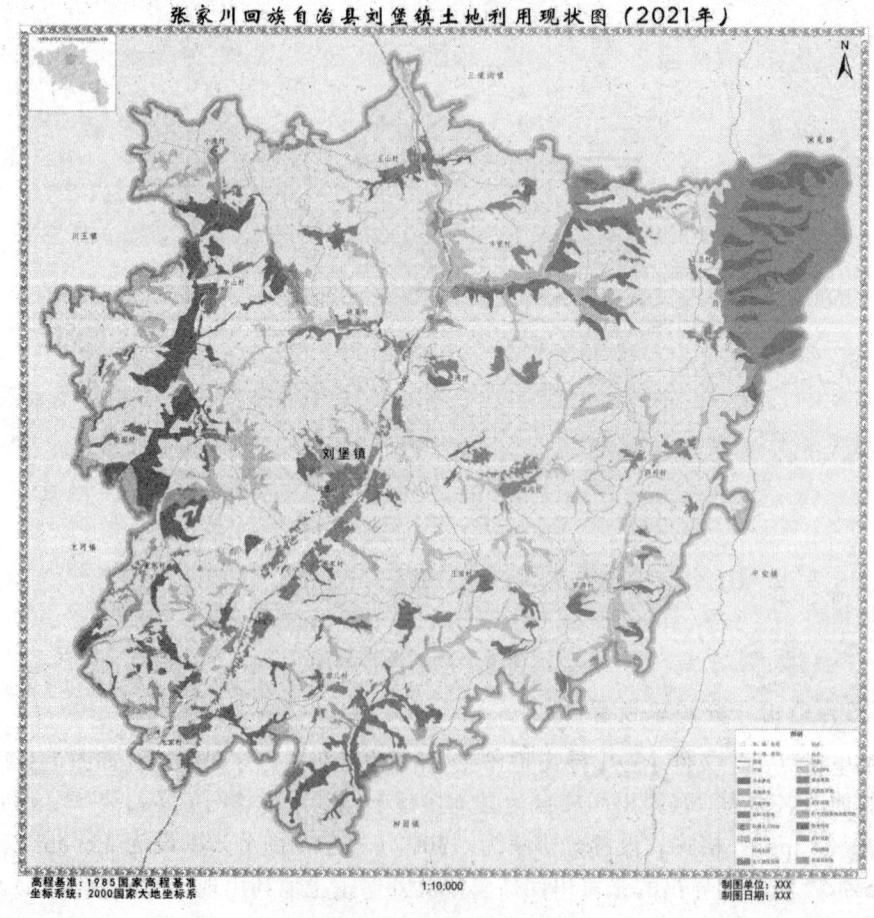

图 5-1-22 土地利用现状图

任务 5-2 地形晕渲图制作

 一、应用背景

地形起伏变化影响着人文、社会的分布，在宏观上对于交通、聚居地等的布局以及军事上的计划和部署也有一定影响。因此，地貌的表达一直是地图制图研究的热点问题，其表现形式和方法包括写景法、晕滃法、等高线法、分层设色法、晕渲法等。晕渲法由于其表达能力强、表现直观易读以及欣赏性强等优势，逐渐成为主要的地貌表示方法。晕渲法在近几百年的发展中逐渐成熟，成为表达地貌信息最直观、易读的方法之一，使得传统静态的、平面的地图向动态的、三维的方向发展。地图的三维可视化已经是 GIS 与数字制图领域的常用方案。

 二、基础知识

1. 地形晕渲图

地形晕渲图是在 DEM 的基础上，假定地表各部位受到某一个或多个位于固定位置的强度不变的平行光线照射，通过一定的光照模型计算，来获得地表各单元的明暗变化，从而在二维平面地图上塑造地貌的立体形态，表现地面的高低起伏、倾斜程度以及它们的区域对比关系。目前，利用 DEM 制作的技术已经成熟，大多数城市也制作了相应的地貌晕渲图。

2. 山体阴影分析

山体阴影主要分析或模拟地面的光照情况，产生地形表面的阴影图。可测定研究区域中给定位置的太阳光强度和光照时间，分析地形阴影与太阳光照的关系并且对实际地面进行逼真的立体显示，增强地面的起伏感。

 三、学习目标

（1）掌握山体阴影分析的原理，理解方位角和太阳高度角的含义。
（2）掌握地形晕渲图制作的工艺流程。

 四、案例数据

案例数据位于"…\任务 5-2 地形晕渲图制作"文件夹，具体说明见表 5-2-1。

表 5-2-1 案例数据

名称	格式	坐标系	说明
点	Shapefile 点要素	CGCS2000_3_Degree_GK_Zone_35	表达注记
道路	Shapefile 线要素	CGCS2000_3_Degree_GK_Zone_35	表达道路要素

续表

名称	格式	坐标系	说明
河流	Shapefile 线要素	CGCS2000_3_Degree_GK_Zone_35	表达河流要素
省界	Shapefile 线要素	CGCS2000_3_Degree_GK_Zone_35	表达地图背景
DEM	*.tif	CGCS2000_3_Degree_GK_Zone_35	表达山体阴影分析与地形晕渲

五、任务要求

本案例设计并制作一幅小尺寸的地形晕渲图，制作要求如下：

（1）符号化图层。基于 DEM 数据并利用晕渲法实现地形的三维可视化。针对小尺寸插图调整地图页面尺寸、空间布局和图层顺序。此外按要求完成其他要素图层的符号化。

（2）整饰地图。设计一幅比例尺为 1∶400 000 的土地利用现状图，包含图名、图例、指北针、比例尺、图廓花边、晕线、示意图、注记、方里网等要素。

（3）导出地图。检查地图空间布局是否合理，表达要素是否齐全，地图三要素是否正确，检查完成后导出地图。

六、操作步骤

1. 图框制作

图框制作方法参考任务 5-1 案例中的流程，本任务案例的地势图制作按照图件制作相关要求及县域大小，比例尺设置为 1∶400 000 为宜，图框大小设置为 19 cm×27.7 cm，图纸大小为设置为 21 cm×29.7 cm。

2. DEM 生成山体阴影数据

加载 DEM 数据，利用 DEM 生成山体阴影数据。山体阴影数据较大，生成过程相对较慢。在 ArcToolbox 中打开【3D Analyst 工具】→【栅格表面】→【山体阴影】工具，输入数据源选择 DEM 图层，其他参数使用默认值（Z 因子可从 1 往上适当递增，数值越大山体起伏效果越明显），具体如图 5-2-1 所示。

山体阴影分析与处理

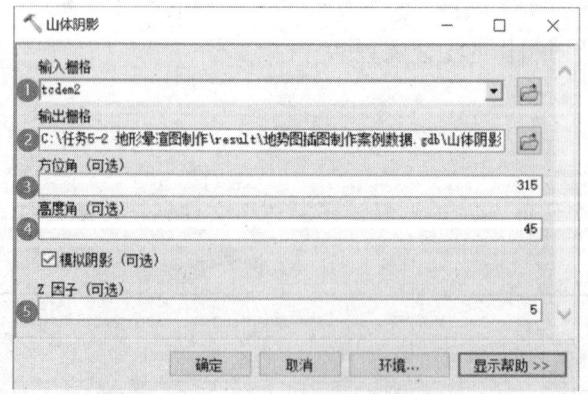

图 5-2-1　DEM 生成山体阴影数据

3. DEM 和山体阴影数据晕渲

（1）DEM 数据晕渲。

系统默认的颜色对于晕渲效果不佳，这就需要对数据进行美化，在图层内容列表中右键点击 DEM 图层，点击【属性】，打开图层属性窗口切换至【符号系统】，点击【拉伸】，选择带有晕渲效果的色带，点击【属性】，选择要调整的【算法色带】，点击【属性】进行调整（颜色搭配中主要以绿色、土黄色为主，青色为辅），选择【山体阴影效果】（Z 值默认），设置拉伸类型为【最值】，切换至【显示】，依次调整【对比度】→【亮度】→【透明度】（调整对比度为 "-10"，亮度值为 "20"，这是为了调整整体配色的饱和度。调整透明度则是为了显示下层数据山体阴影的立体感，各数值在制图过程中可根据实际情况调整），具体如图 5-2-2～图 5-2-4 所示。

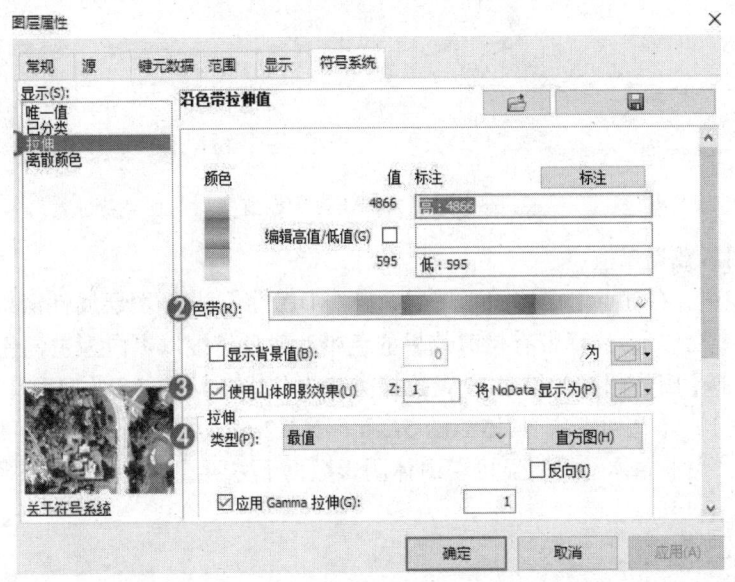

图 5-2-2　DEM 符号系统设置

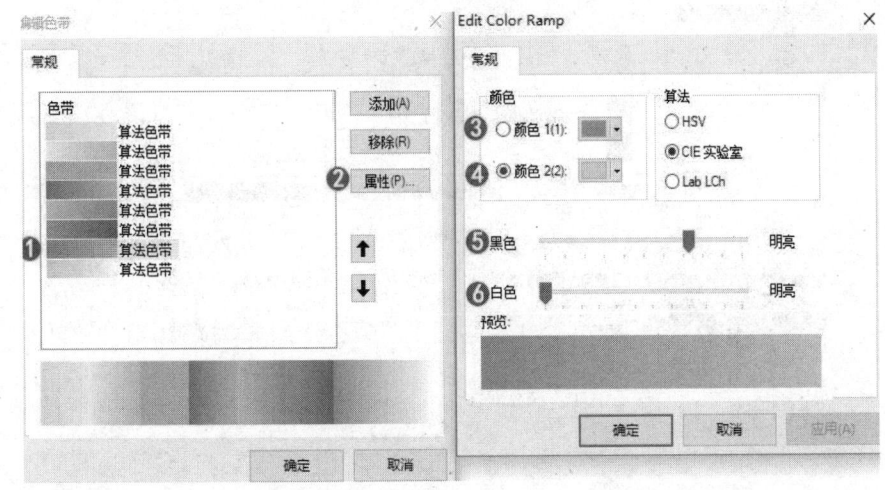

图 5-2-3　DEM 符号系统色带调整

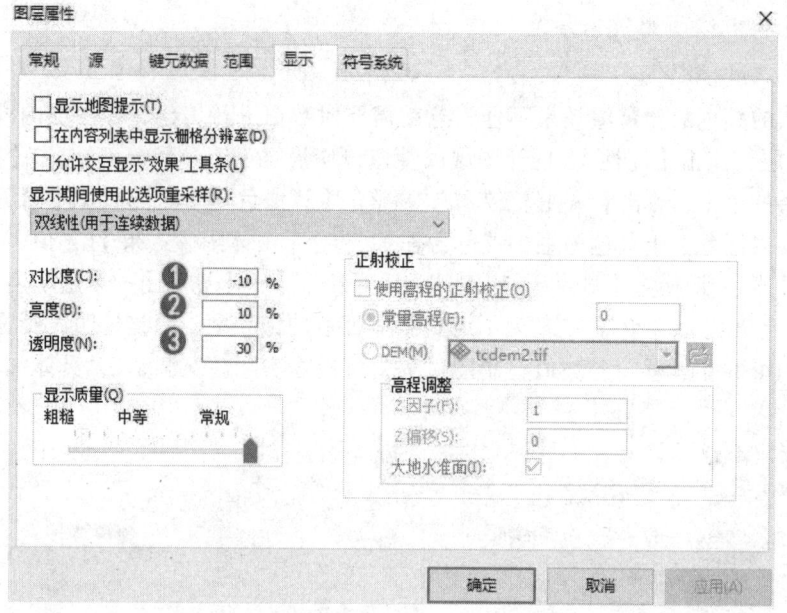

图 5-2-4 DEM 显示设置

（2）山体阴影数据晕渲。

在内容列表中，右键点击山体阴影图层，点击【属性】，打开图层属性窗口并切换至【符号系统】，点击【拉伸】，选择带有晕渲效果的色带（颜色搭配以黑白为主，色带调整方法同 DEM 一致），选择【山体阴影效果】，设置拉伸类型为【最值】，切换至【显示】，依次调整【对比度】→【亮度】→【透明度】，具体如图 5-2-5、图 5-2-6 所示。对比度、亮度、透明度调整的意义同 DEM，为了立体感更明显可在山体阴影数据下方再叠加一层山体阴影数据。

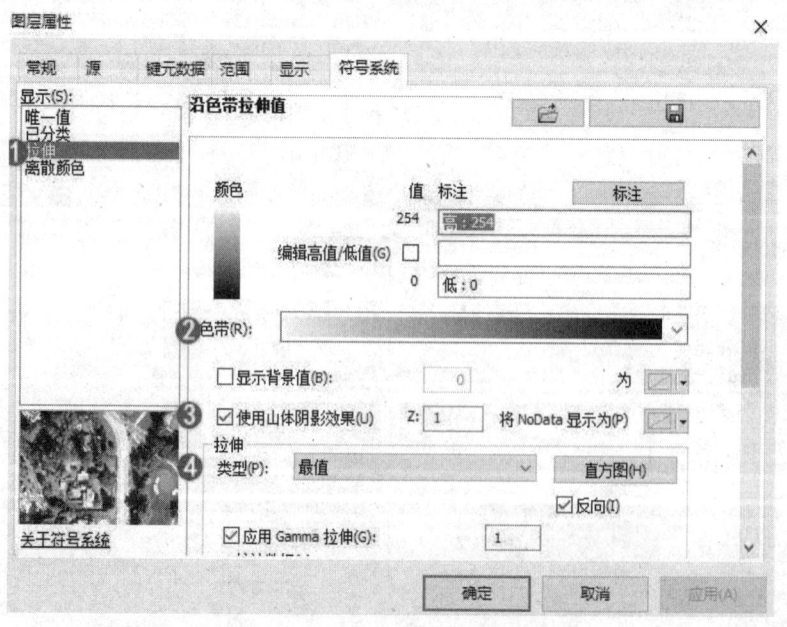

图 5-2-5 山体阴影符号系统设置

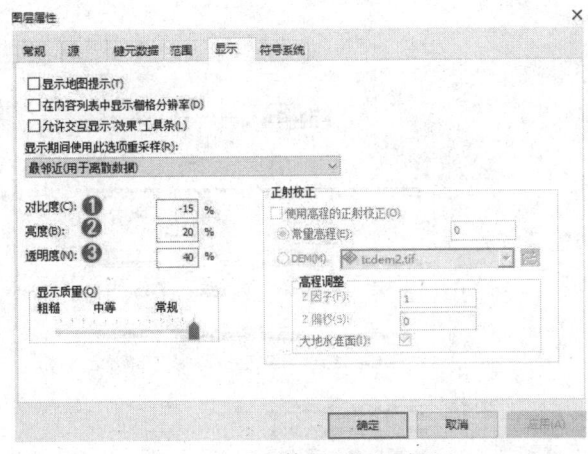

图 5-2-6 山体阴影显示设置

注：在案例作业过程中，数据在内容列表中的排列顺序为 DEM 在上层、山体阴影数据在下层。

4. 地图符号化

对道路、河流、境界线、注记等进行符号化，具体的操作方法参见任务 5-1。

地图符号化（地形晕渲图制作）

5. 插入图例

图例是地图上各种符号和颜色所代表内容与指标的说明，它具有双重任务，在编图时作为图解表示地图内容的准绳，在用图时作为必不可少的阅读指南。图例应符合完备性和一致性的原则。具体操作如下：在菜单栏点击【插入】，选择【图例】，在【图例向导】中移除多余项，点击【下一步】，依次设置图例框架（一般为 1）、图例背景（一般白色），点击【完成】，选中图例右击【转换为图形】，点击【取消分组】，整理排列如图 5-2-7 ~ 图 5-2-9 所示。

地图整饰（地形晕渲图制作）

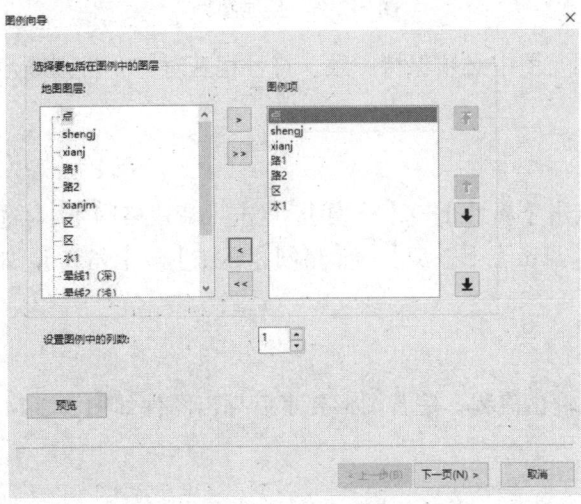

图 5-2-7 插入图例

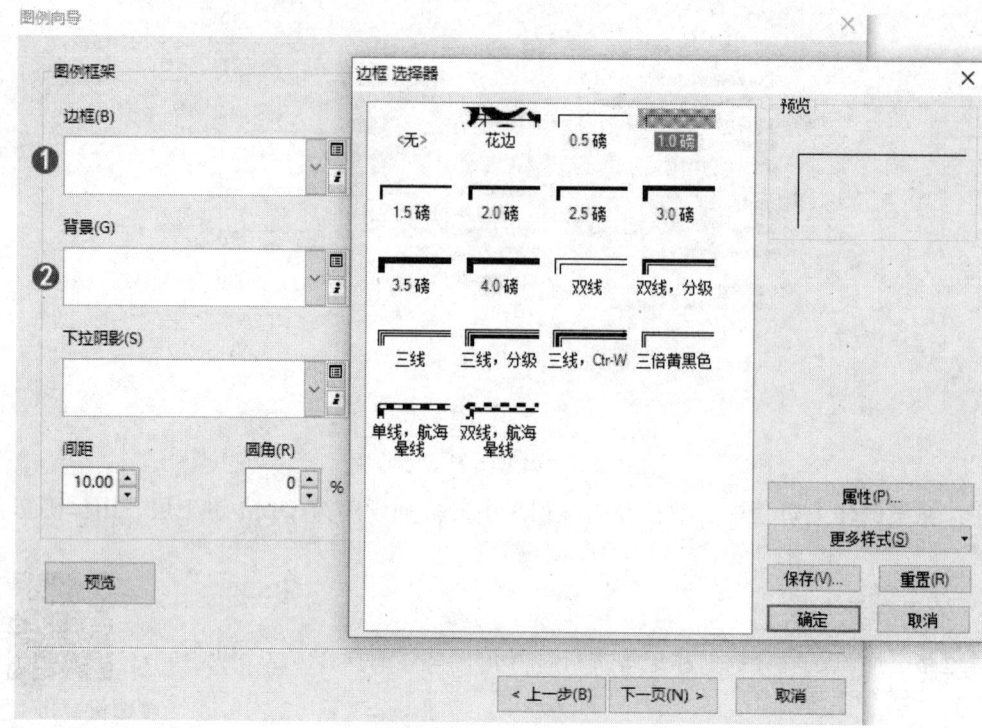

图 5-2-8　设置图例

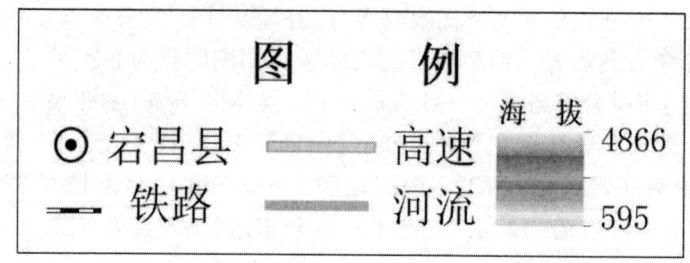

图 5-2-9　整理图例

注：图例内部字体与图中必须保持一致，符号相互对齐，排列顺序为点、线、面或面、线、点两种格式。

6. 插入方里格网

选中图框，依次点击【属性】→【格网】，点击【新建格网】，勾选【方里格网：将地图分割为一个单元格网】，点击【下一步】→【格网和标注】→【完成】，如图 5-2-10～图 5-2-13 所示。

7. 图件输出

根据任务 5-1 图件输出流程，完善图形要素后导出图件如图 5-2-14 所示。

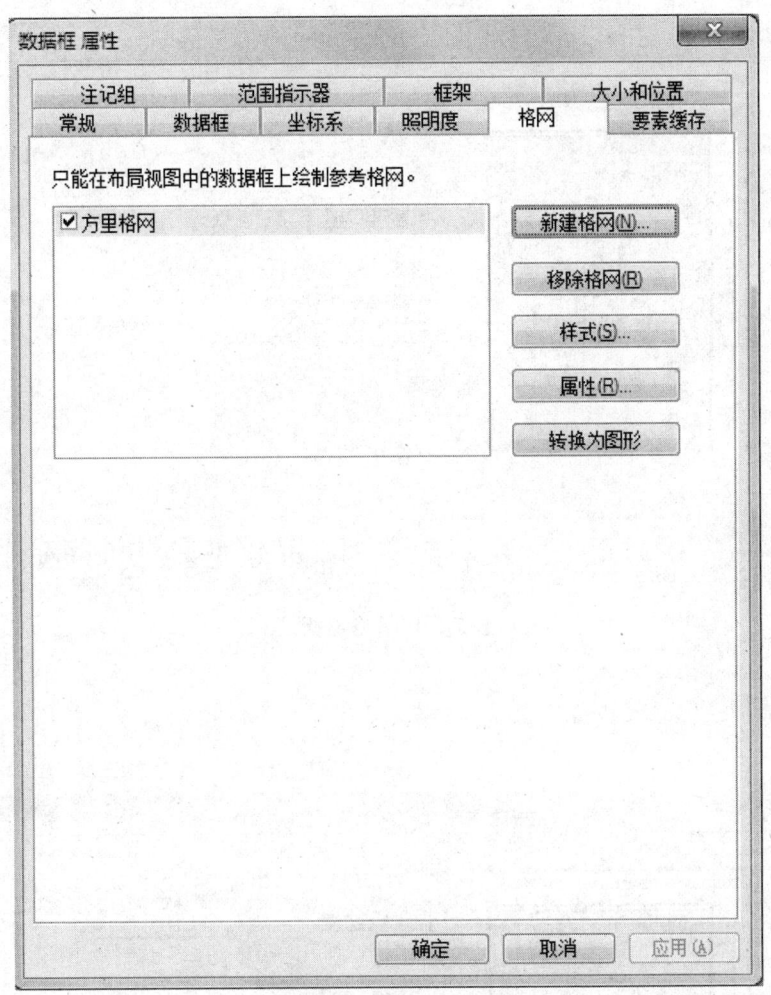

图 5-2-10 插入格网

图 5-2-11 选择方里格网

图 5-2-12 格网标注

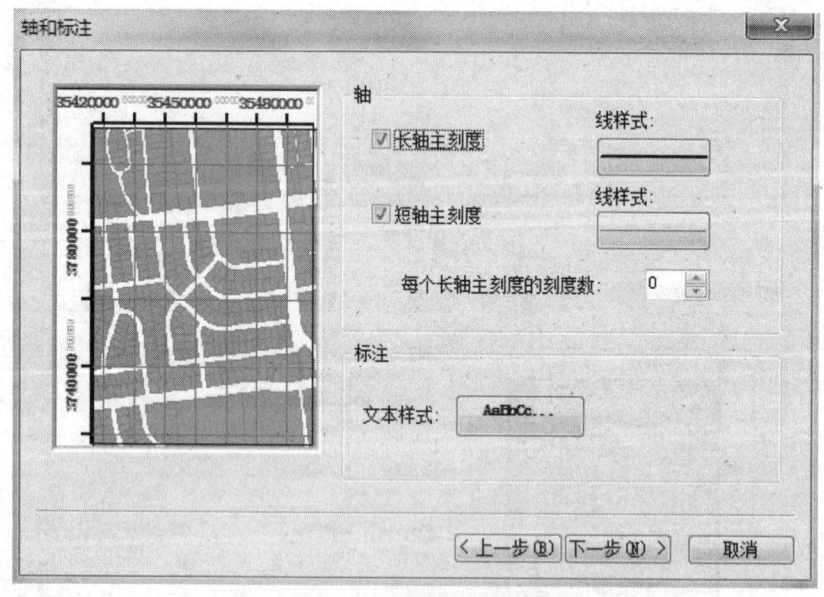

图 5-2-13 设置格网参数

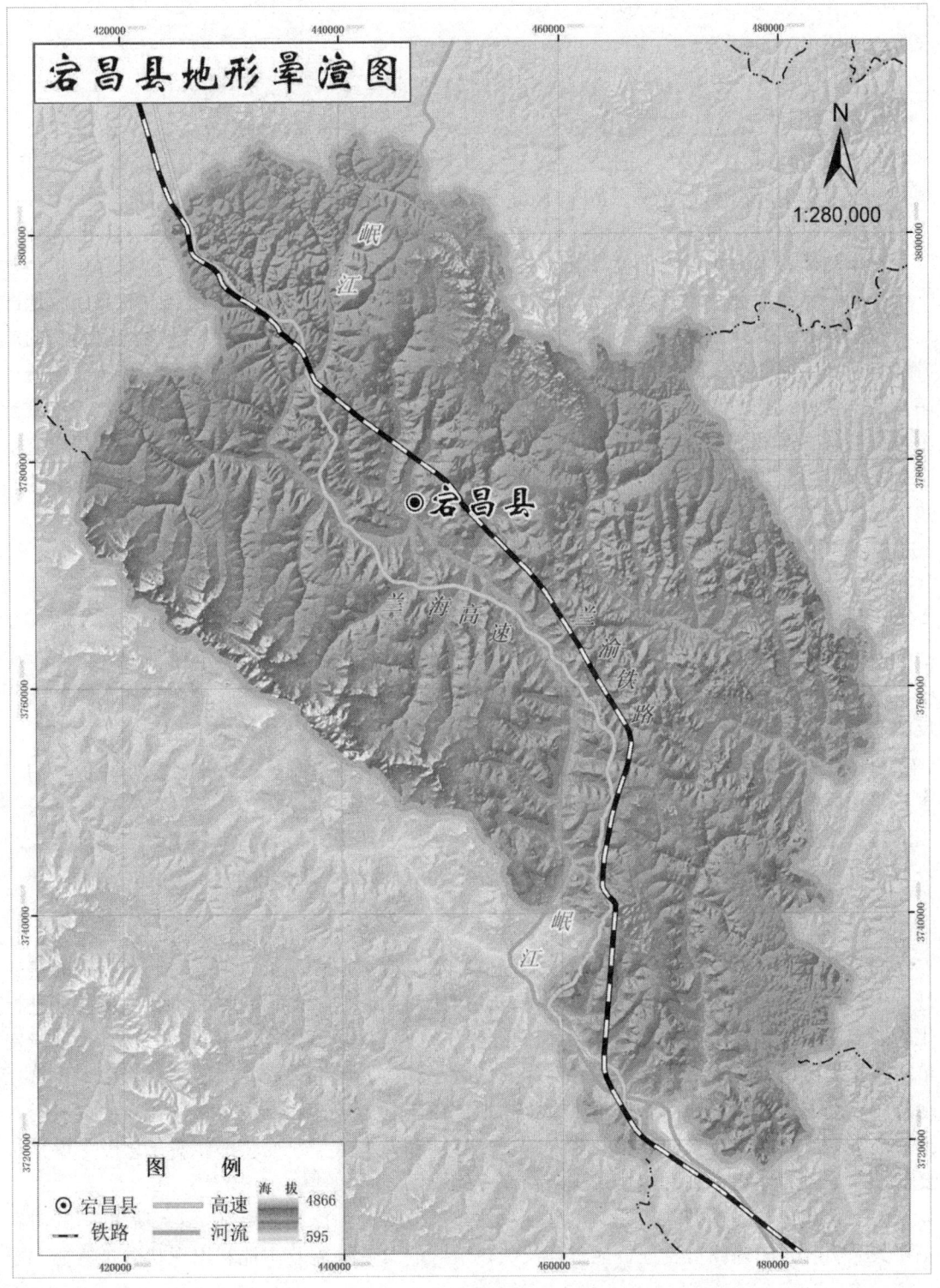

图 5-2-14 宕昌县地形晕渲图

任务 5-3 旅游资源分布图制作

 一、应用背景

旅游地图是发行量较大的专题地图，是人们外出旅游的必备工具之一。随着人们生活水平的提高，旅游服务得到快速发展，旅游已经成为人们生活的一部分。随着人们对旅游地图这一特殊的旅游向导工具的需求日益增大，要求质量不断提高，如何生产出令人们满意的旅游向导产品，是相关制图工作者不断探讨的话题。旅游地图是地图学和旅游学交叉、渗透、结合的产物，是旅游地理信息产业和与之相应的社会经济信息的图形表达形式，是表示旅游主体、旅游客体和旅游媒介三者在时间和空间上位置分布、相互联系及其发展变化的时空信息，是专门为旅游决策者、旅游经营管理者和旅游者服务的专题地图。从广义说，旅游地图包括导游图、旅游交通图、旅游宣传图、旅游规划图等。

 二、基础知识

1. 专题地图

专题地图是在地理底图上按照地图主题要求，突出表示与主题相关的一种或几种要素，反映制图对象空间分布特征的地图。专题地图的内容由如下两部分构成：

（1）专题内容：突出表现自然或社会经济现象及其有关特征，是专题地图重点表达的内容，是图面的主题部分。

（2）地理基础：作为描绘主题要素的骨架，用于表明专题要素的空间位置与地理背景的普通地图内容，主要有经纬网、水系、境界、居民地等。底图要素是制作专题地图的地理基础。

2. 制图综合

缩编是一种制图综合的过程，需要对制图对象进行选取和概括，选择对制图有用的信息进行保留在地图上，不需要的信息则舍掉，同时，对制图物体的形状、数量和质量特征进行化简。制图综合包括要素的合并和化简，依比例单元转化为不依比例单元、面转点、双线变单线，正确协调各要素之间关系以及对注记的大小和位置的调整。在地图制图者由大比例尺地形图缩编成小比例尺地图的过程中，根据地图成图后的用途和制图区域的特点，以概括、抽象的形式反映制图对象的带有规律性的类型特征和典型特点，而将那些对于该图来说是次要的、非本质的地物舍去，这个过程叫作制图综合。

各要素综合时要遵循现势性、合理继承性及简便易行的原则。要确保缩编后的图的内容主要关系明确，图幅载负合理，能正确反映该地区的总体地貌及土地利用现状分布特征。

三、学习目标

（1）掌握制图综合与地图缩编的原理与流程。

（2）以天水市旅游资源为例，制作旅游资源分布专题图件。

四、案例数据

本案例用到的数据位于"…\任务 5-3 旅游资源分布图制作"文件夹，具体说明见表 5-3-1。

表 5-3-1　案例数据

名称	格式	坐标系	说明
旅游资源注记	Shapefile 点要素	CGCS2000_3_Degree_GK_Zone_35	用于展示旅游资源注记
行政中心注记	Shapefile 点要素	CGCS2000_3_Degree_GK_Zone_35	用于展示行政区划注记
乡镇界	Shapefile 线要素	CGCS2000_3_Degree_GK_Zone_35	用于展示乡镇界限
县界	Shapefile 线要素	CGCS2000_3_Degree_GK_Zone_35	用于展示县界
市界	Shapefile 线要素	CGCS2000_3_Degree_GK_Zone_35	用于展示市界
公路	Shapefile 线要素	CGCS2000_3_Degree_GK_Zone_35	用于展示公路
铁路	Shapefile 线要素	CGCS2000_3_Degree_GK_Zone_35	用于展示铁路
河流	Shapefile 线要素	CGCS2000_3_Degree_GK_Zone_35	用于展示河流
行政区	Shapefile 面要素	CGCS2000_3_Degree_GK_Zone_35	用于展示行政区
旅游景点信息表	*.xls	—	用于展示旅游景点

五、任务要求

本案例设计并制作一幅旅游资源分布图，制作要求如下：

（1）通过制图综合与地图缩编对交通、水系、境界线等地理要素做综合简化处理，以突出旅游专题。

（2）突出旅游专题要素的表达，对旅游资源要素应根据制图相关要求做相应处置，做到旅游专题要素醒目、清晰；再根据地图整饰等要求完成图件其他的要素的制作，达到图件清晰易读、简洁明了。

（3）导出地图。检查地图空间布局是否合理，表达要素是否齐全，地图三要素是否正确，检查完成后导出地图。

六、操作步骤

1. 加载数据

（1）打开 ArcGIS，右击【图层】→【添加数据】，在弹出的数据框中选择数据存放位置，点击打开即可将数据添加至地图界面。

地图符号化（旅游资源分布图制作）

（2）加载天水市旅游景点信息表 Excel 数据表，鼠标右键点击"Sheet1$"，点击【显示 XY 数据（X）】，弹出【显示 XY 数据】对话框，指定 X 字段和 Y 字段对应的坐标字段，如图 5-3-1 所示。继续点击【编辑】按钮，选择空间参考为"CGCS2000 3 Degree GK Zone 35"，点击【确

- 187 -

定】即可，如图 5-3-2 所示。最后将点数据导出，即选择"Sheet1$个事件"图层右击导出，命名为"天水市旅游景点"。

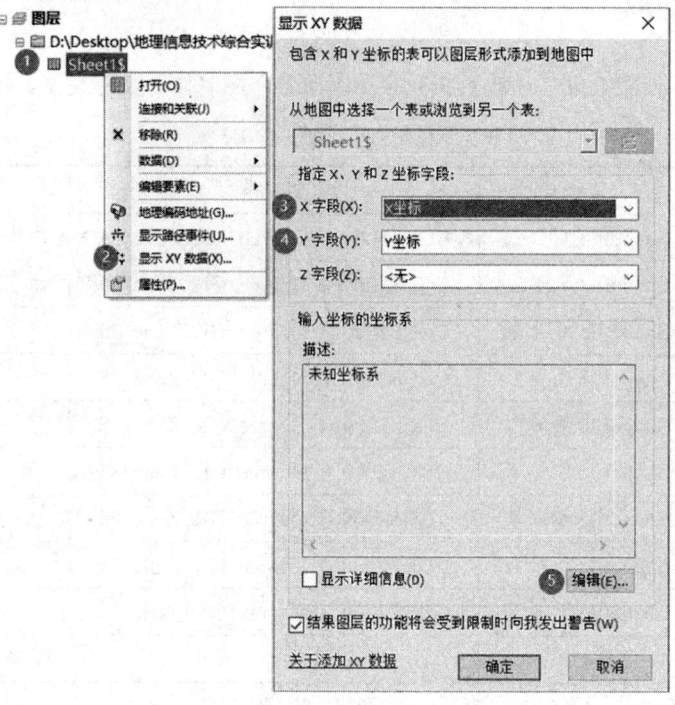

图 5-3-1 数据转换

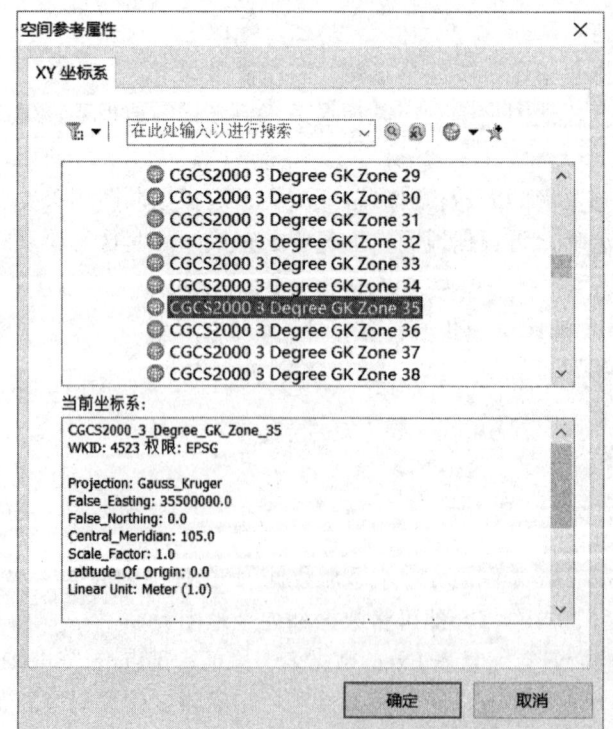

图 5-3-2 指定坐标系

2. 图框制作

图框制作方法参考任务5-1内容方法。根据地图制图标准,市级比例尺一般为1∶50 000~1∶25 000,结合打印纸张大小及图面清晰度多方考虑,本案例专题图比例尺选择1∶25 000。

页面宽度根据固定比例尺下视图大小进行调整,设为110 cm,高度为70 cm。参考页面大小本案例数据框宽度设为105 cm,左右距外边框2.5 cm;高度为62 cm,距下边框3 cm,考虑到要插入标题,故距上边框的距离为5 cm。

3. 制图综合

为了突出专题要素,增强主图区域的视觉对比度,将道路水系等地理要素做隐退处理,因此要进行制图综合。对于乡镇、兴趣点等需要根据重要程度与实际情况删减,而下文则对线要素简化做详细的介绍。

(1) 线简化处理。

在不改变基本几何形状的情况下,通过移除相对多余的折点来简化线。如道路弯曲严重的区域,在图上显示不简洁美观,需要进行简化处理。

简化容差越大,简化力度越大,有棱角的部分越大。简化容差相同的情况下,BEND_SIMPLIFY算法较POINT_REMOVE算法更为精细,对原始图像的拟合程度更好。生成的简化线与原始线的大体形状十分接近,但速度较慢,实际应用时可根据两种方法的特点进行合理选择。

(2) 线平滑处理。

简化后的路网转角处生硬失真,对线中的尖角进行平滑处理以使制图更加美观或改善制图质量。

平滑算法有PAEK和BEZIER_INTERPOLATION两种算法。PAEK算法一般用于初次提取后做平滑;BEZIER_INTERPOLATION算法一般用于二次平滑处理。

(3) 道路数据处理。

① 线简化处理。

第一步:点击打开【ArcToolbox】工具箱,在右侧弹出的地理处理工具依次点击【制图工具】→【制图综合】,双击【简化线】,在弹出的面板中设置参数。

第二步:进行参数设置,输入要素选择"国道",然后对输出路径进行设置,简化算法选择BEND_SIMPLIFY,简化容差即允许偏移量设为200 m,点击【确定】即可。注意简化线时容差值不宜设太大,跨度太大会致其失真。如图5-3-3所示。

若简化线不能如上输入容差,依次点击【简化线】→【批处理】,在弹出的对话框中直接输入参数即可,如图5-3-4、图5-3-5所示。

② 平滑处理。

点击打开【ArcToolbox】工具箱,在右侧弹出地理处理工具,依次点击【制图工具】→【制图综合】,双击【平滑线】,在弹出的面板中设置参数,如图5-3-6所示。

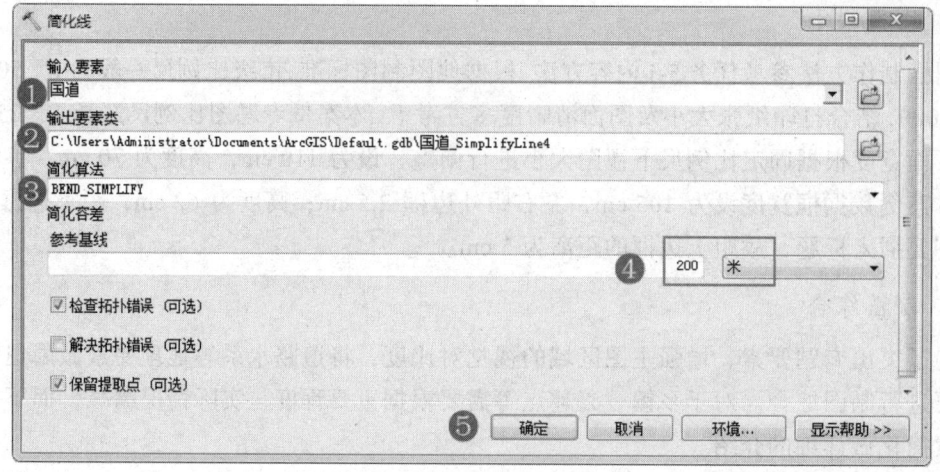

图 5-3-3 简化线设置

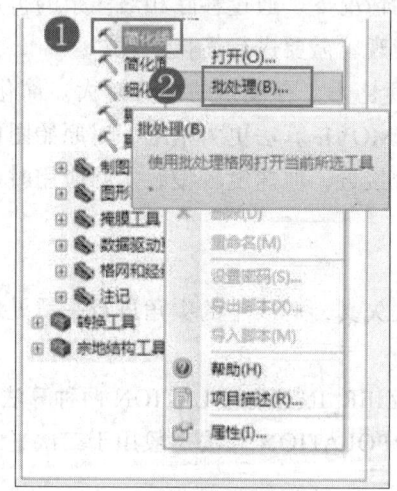

图 5-3-4 简化线批处理 1

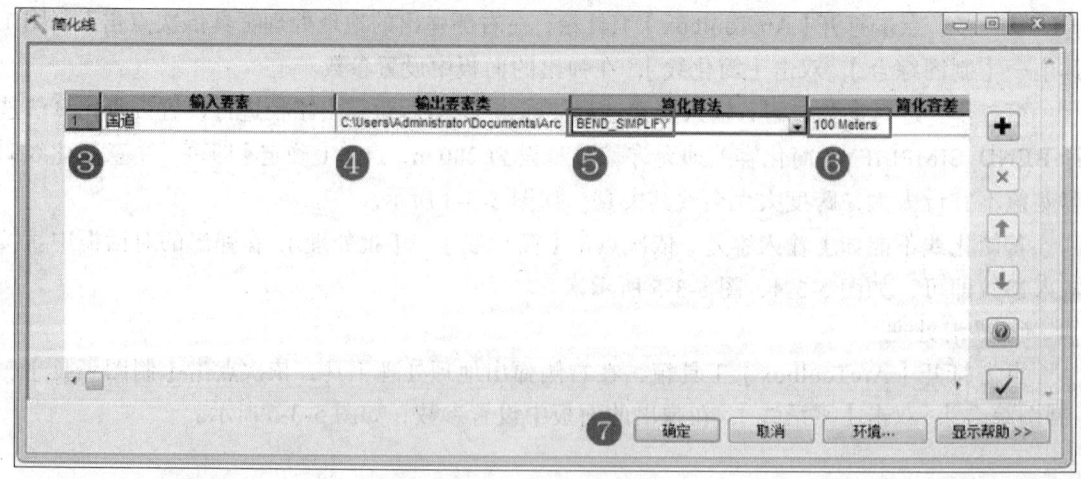

图 5-3-5 简化线批处理 2

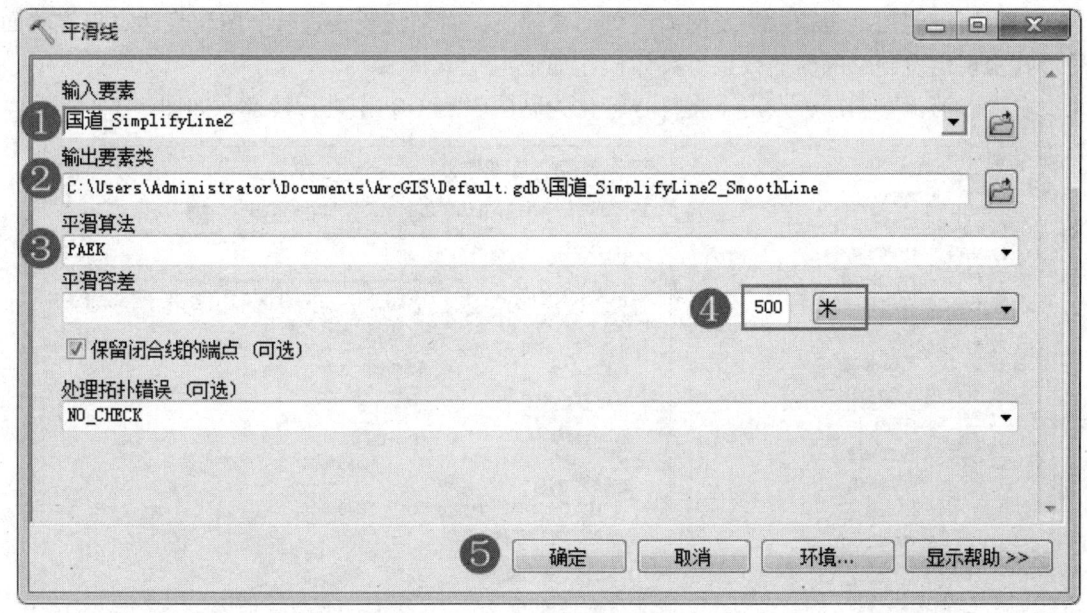

图 5-3-6 平滑线处理

参数设置,输入要素选择简化后的线"国道_SimplifyLine",然后对输出路径进行设置,简化算法选择 PAEK,平滑线容差值太小效果不明显,因此设置比简化融合值大一点,具体差值根据实际情况而定。本案例允许偏移量设为 500 m,点击确定即可。处理完成后效果对比如图 5-3-7 所示。

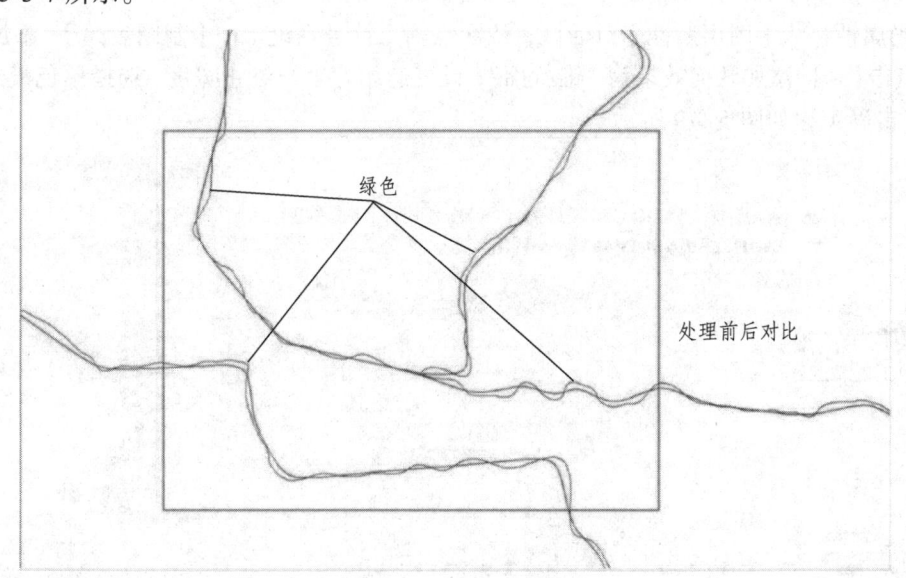

图 5-3-7 处理成果对比

注:其中红色线为简化平滑后的道路,绿色为未处理的道路。

4. 河流要素处理

(1)重复以上操作对河流进行线简化及平滑处理。

（2）河流制图化表达。为了使河流更形象逼真，对河流要素进行制图化表达，以锥状面的形式实现由宽到窄的渐变效果。具体操作如下：

右击"河流"图层，点击【将符号转化为制图表达（B）】进行转换，如图 5-3-8 所示。

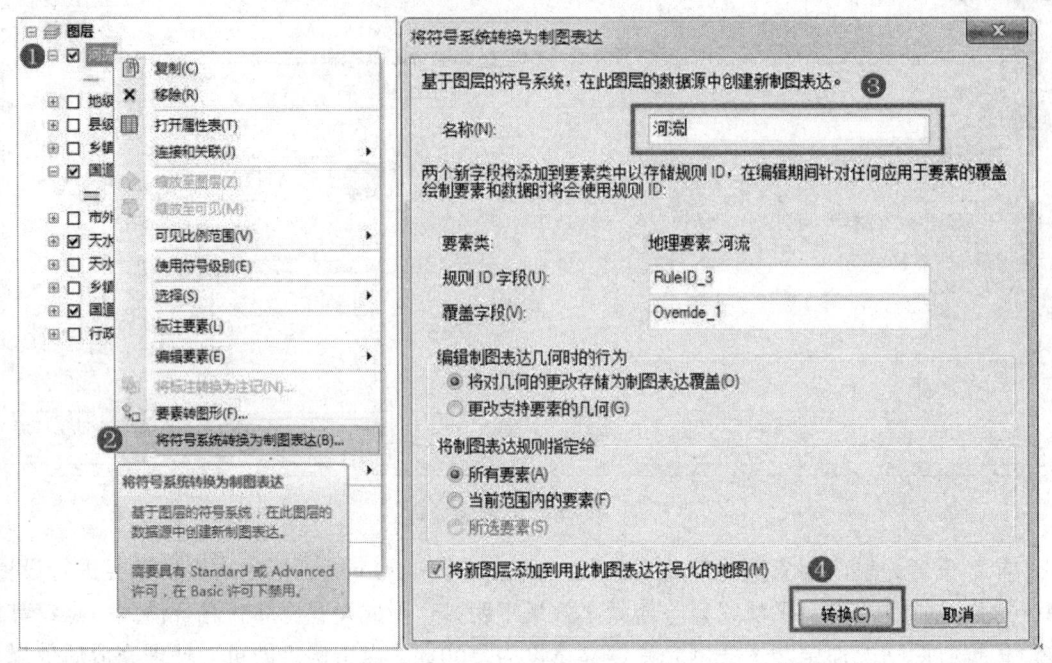

图 5-3-8　制图化表达转化

点击属性进入【图层属性】对话框，依次点击【符号系统】→【制图表达】，添加新填充图层，点击【+】，添加几何效果为"锥状面"，设置起始宽度与终止宽度，选择单色模式为"蓝色"，点击确定，如图 5-3-9 所示。

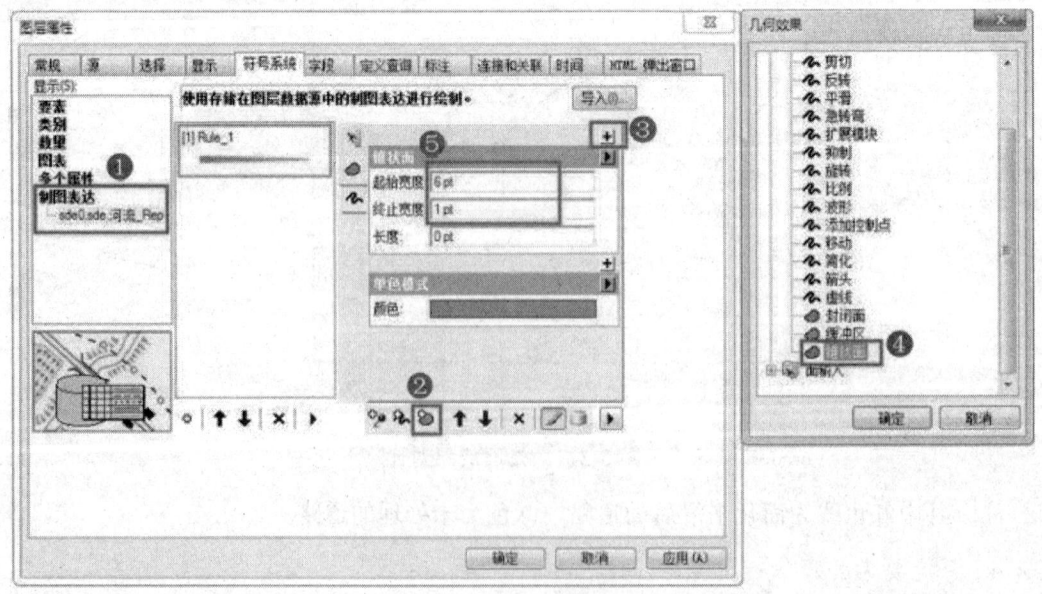

图 5-3-9　河流锥状面显示

5. 符号化表达

（1）简单点状符号化。

直接双击符号或右击符号选择【属性】→【符号系统】，双击符号进入【符号选择器】对话框，在【全部样式】中选择一个符号作为该要素的表达形式，或者点击【编辑符号】进行设置调整。以"地级行政中心"符号化为例，操作如图 5-3-10 所示。

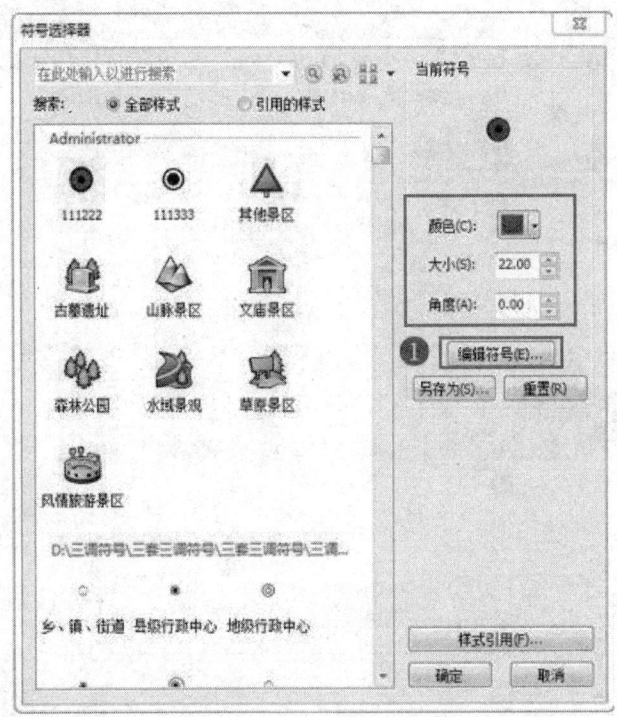

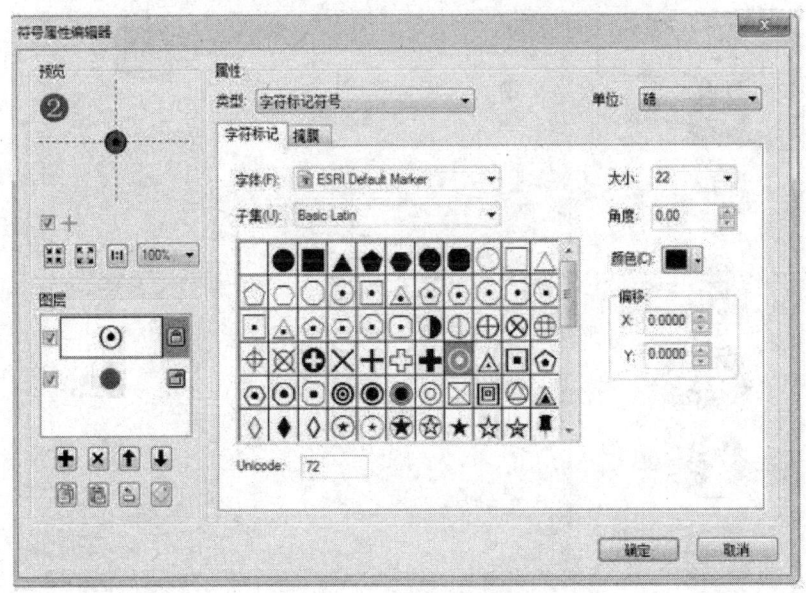

图 5-3-10　点状符号化

（2）旅游景区点状符号化。

选择"天水市旅游资源"图层，依次点击【属性】→【符号系统】→【类别】→【唯一值】，在【值字段】下拉菜单中选择"景区类型"，点击【添加所有值】，取消勾选"其他所有值"，点击【确定】。回到内容列表，双击"草原景区"符号进入【符号选择器】为其进行选择相应的符号，操作如图 5-3-11 所示。

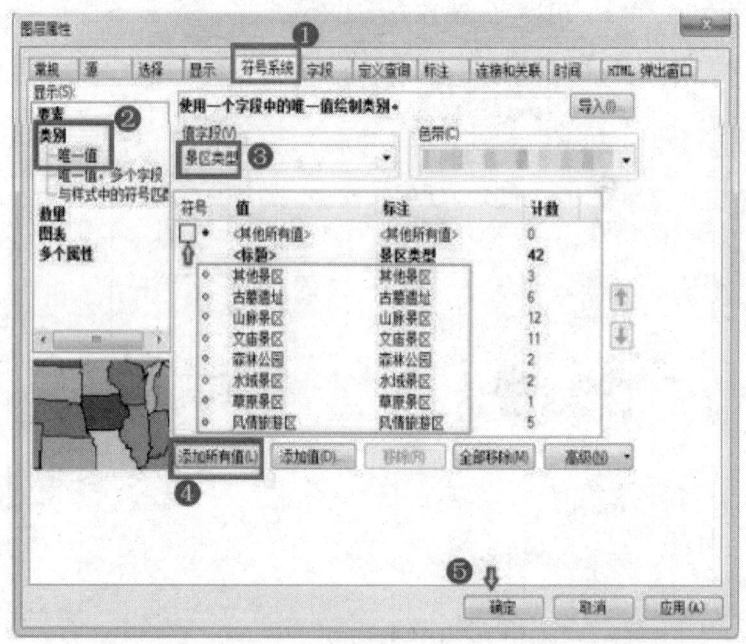

图 5-3-11　旅游景点符号化

（3）线状符号化。

直接双击符号或右击符号选择【属性】→【符号系统】，双击符号进入【符号选择器】面板，在全部样式中选择一个符号作为该要素的表达形式。

这里市外界线包括了两种类型的界线，因此要按类型进行符号化。右击符号依次选择【属性】→【符号系统】→【类别】→【唯一值】，在【值字段】下拉菜单中选择"界线类型"，点击【添加所有值】即可看到两种类型的线性，取消勾选"其他所有值"，点击【确定】。回到内容列表，双击"地级界"符号进入【符号选择器】为其进行选择相应的符号，操作如图5-3-12 所示。

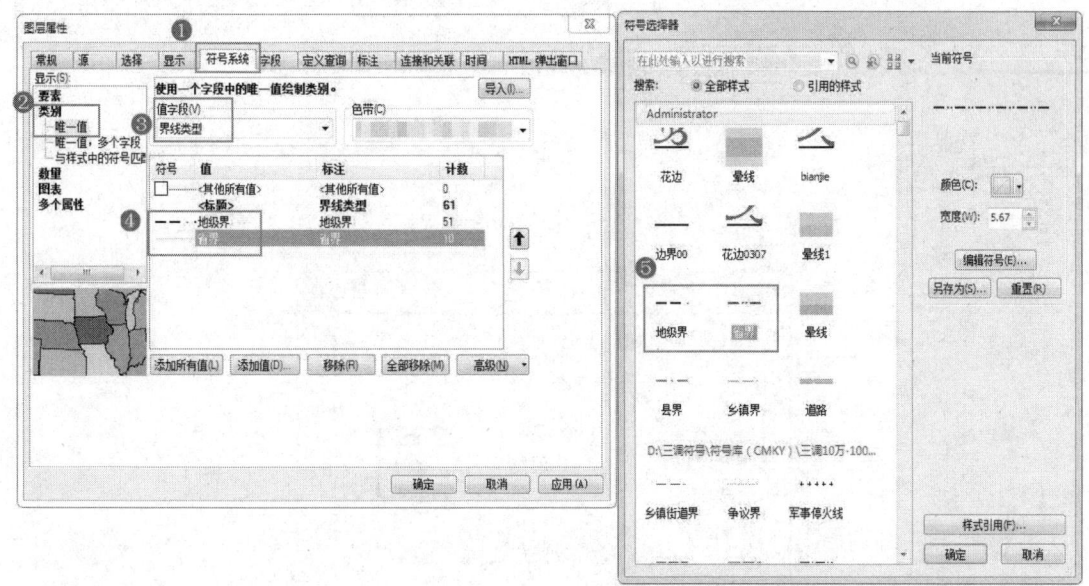

图 5-3-12　市外界线符号化

同理选择其他界线进行符号化。

本案例所用符号库存放至作业数据库文件夹。

6. 地图整饰

（1）标注。

ArcGIS 自带的标注是紧挨在一起的，在制作比例尺地图时会显得空旷，故展开标注使得整体看上去更加和谐。因此，在作图时各种标注配合使用将会达到不一样的效果。以下是几种标注方法的实践操作。

地图整饰（旅游资源
分布图制作）

① 以相同方式为所有要素加标注。

双击需要定义标注的图层或鼠标右键点击图层，切换到【标注】选项卡，勾选标注此图层中的要素。在【标注字段】下拉菜单中选择所要标注的字段名称，修改文本符号大小。点击【放置属性】工具进行标注放置位置的更改，当出现多级标注压盖时，可在【冲突检测】面板设置优先级来平衡，凸显的要素权重设置为高，其他要素按实际情况设定，点击【确定】。设置好标注属性后点击应用，根据图面效果继续进行调整后点击【确定】，如图5-3-13 所示。

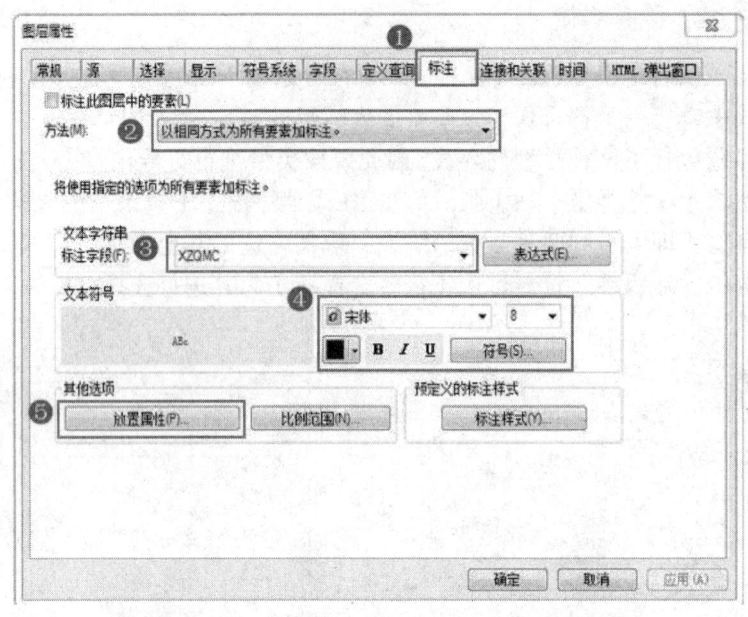

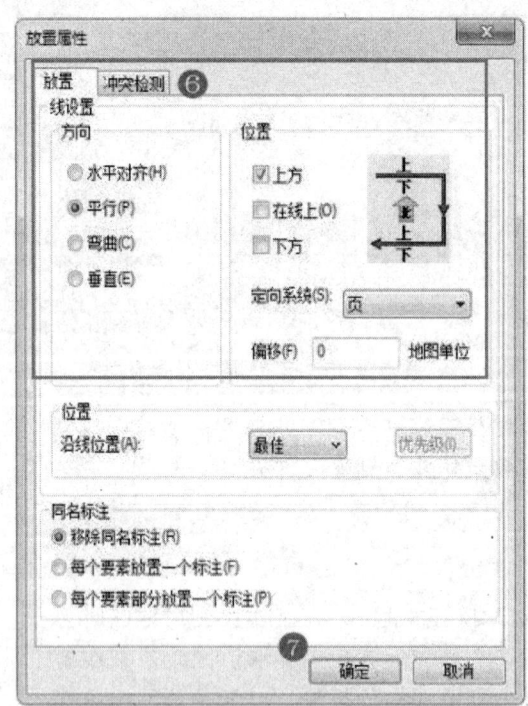

图 5-3-13　以相同方式为所有要素加标注

② 定义要素类并且为每个类加不同的标注。

以旅游景点数据为例,双击需要定义标注的图层"天水市旅游资源"或鼠标右键点击图层,在打开的【图层属性】对话框中切换到【标注】选项卡,勾选标注此图层中的要素。在【方法】中,选择"定义要素类并且为每个类加不同的标注。",在【类】下取消勾选"默认"类中的标注要素,点击【添加】输入新的类名称,这里分为三级标注,因此添加三个类名称,如图 5-3-14 所示。

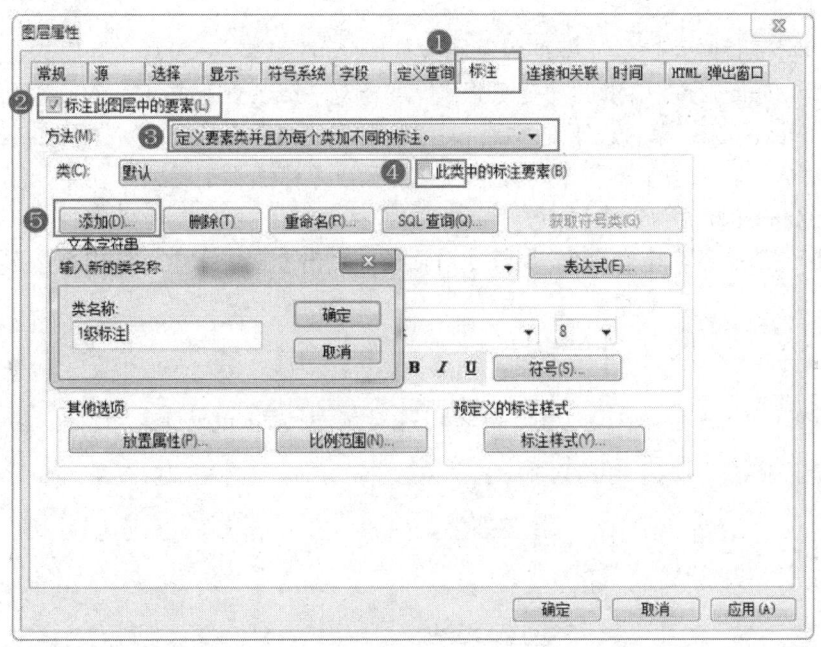

图 5-3-14 输入新的类名称

【类】选择为"1 级标注",在【标注字段】下拉菜单中选择"景区名称",在【文本符号】中修改文本符号大小、标注字体、晕圈等属性。点击【放置属性】工具进行标注放置位置的更改,在【冲突检测】面板设置优先级来平衡,点击【确定】。设置好标注属性后点击应用,根据图面效果继续进行调整后点击【确定】,操作如图 5-3-15 所示。

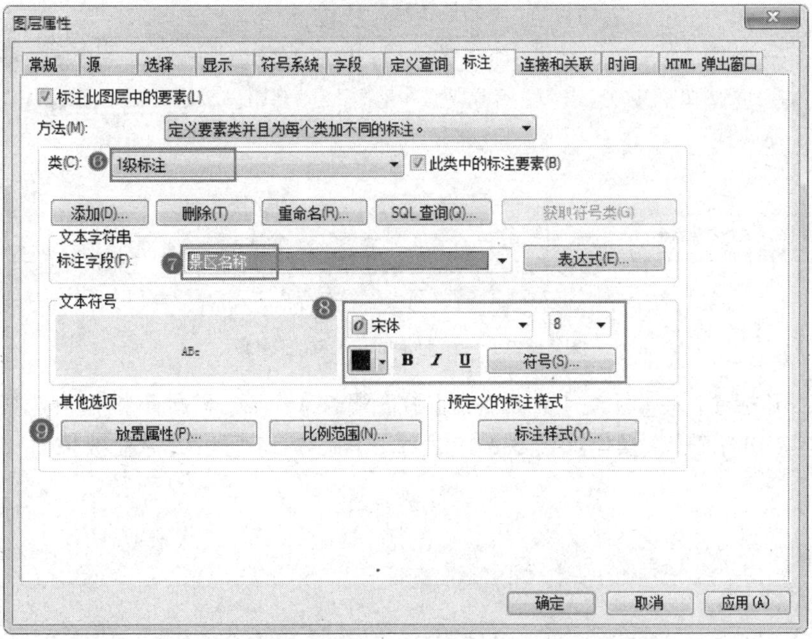

图 5-3-15 标注设置

③ 展开标注。

ArcGIS 自带两种标注引擎：标准引擎和 Maplex 标注引擎。一般默认开启的是标准引擎，但通常而言，Maplex 标注引擎的功能更强大，可通过 Maplex 标注引擎来实现展开标注。

开启 Maplex 标注引擎，以下是 Maplex 标注引擎的两种开启方法，如图 5-3-16 所示。

开启方法之一：右击工具栏空白处然后点击开启【标注】工具栏，在【标注】下拉框中勾选【使用 Maplex 标注引擎】，即可开启成功。

开启方法之二：开启【数据框 属性】对话框，点击【常规】,【标注引擎】选择"标准标注引擎"。

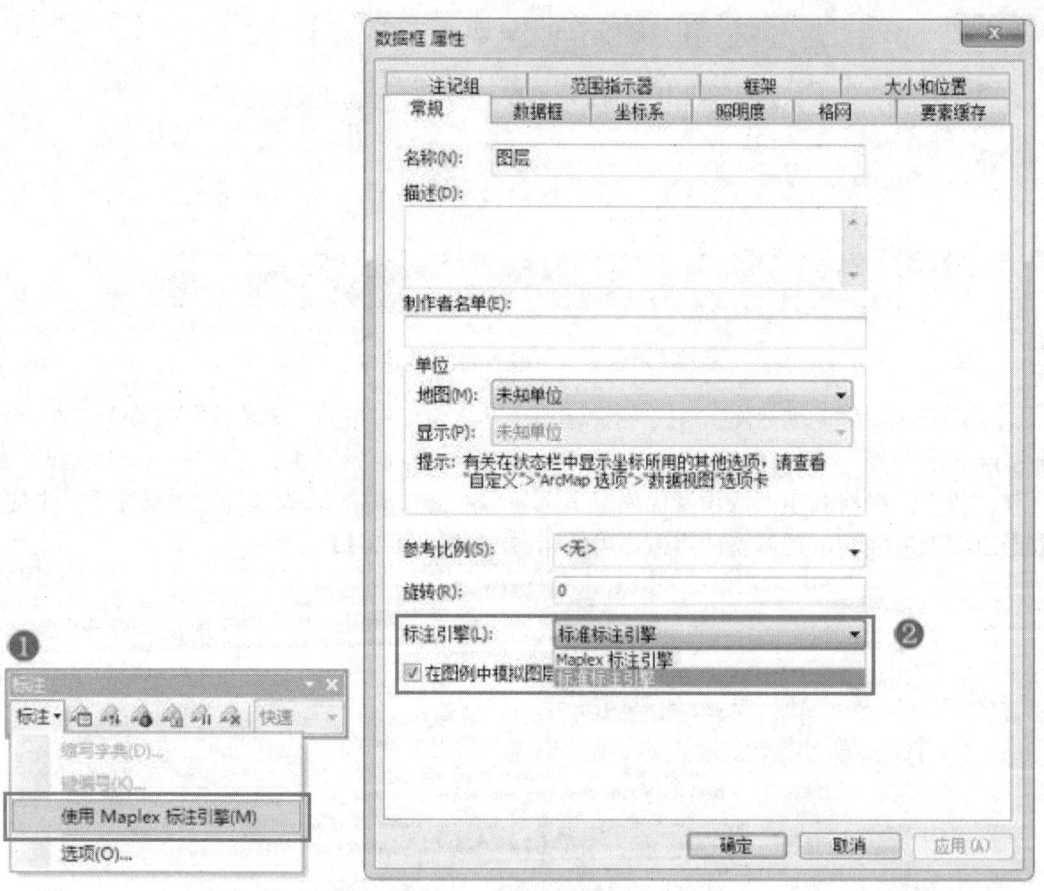

图 5-3-16　开启 Maplex 标注引擎

a. 平直展开标注。在【标注】界面点击【放置属性】界面，常规下拉框下选择放置类型，选择下方的"展开字符"，操作如图 5-3-17 所示，图 5-3-18 所示为标注效果。

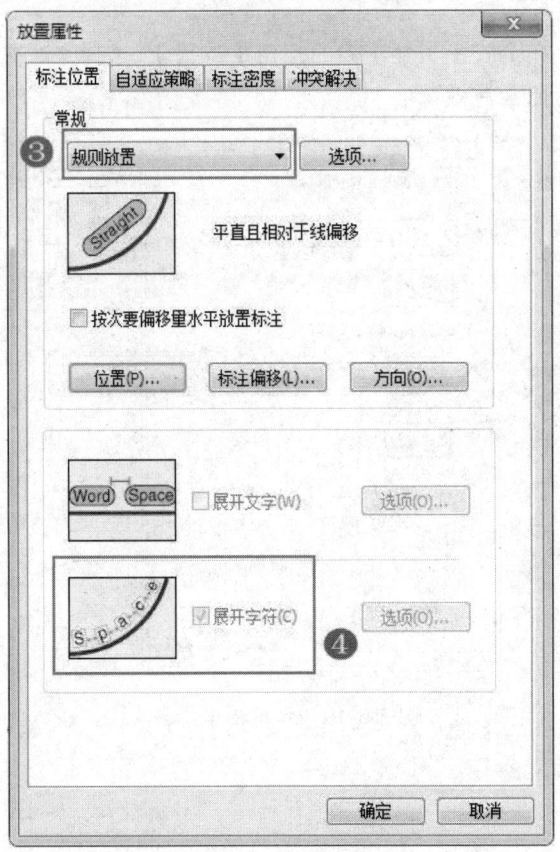

图 5-3-17 平直展开标注

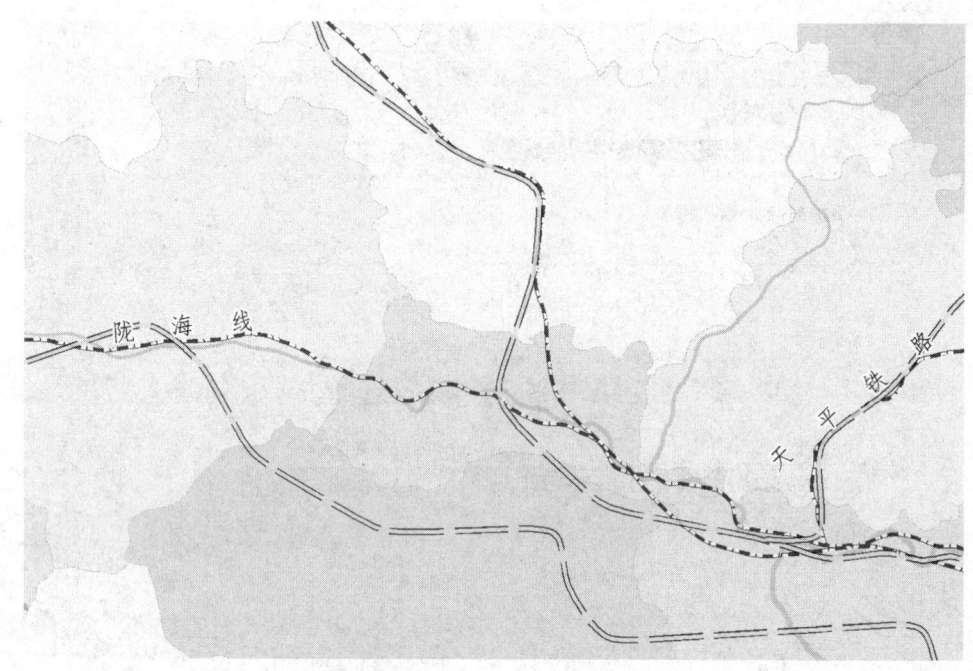

图 5-3-18 平直标注效果

b. 弯曲展开标注。在【放置属性】界面点击【位置】,选择"弯曲"。操作如图 5-3-19 所示,图 5-3-20 所示为弯曲标注效果。

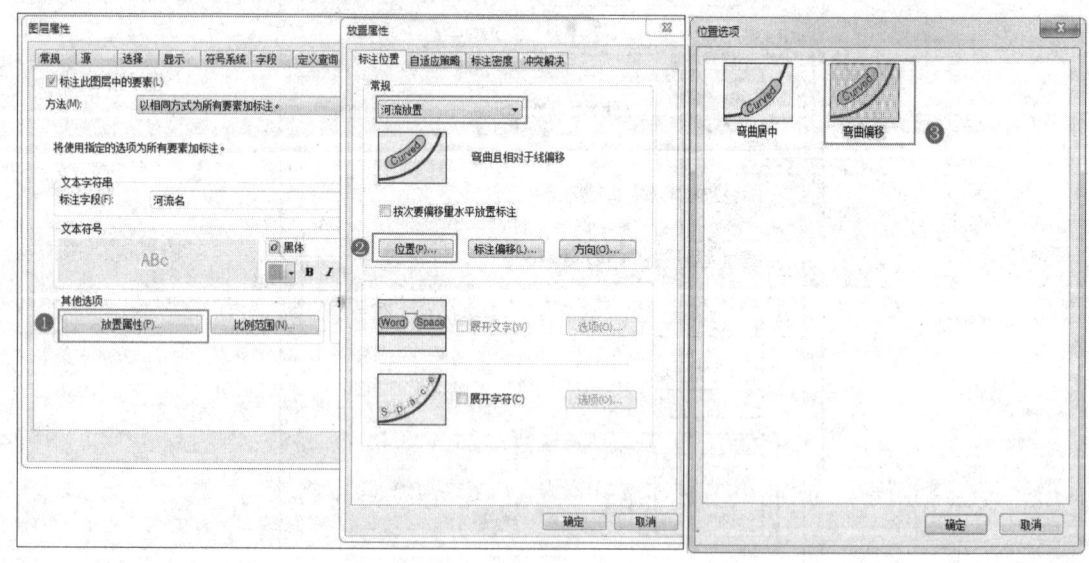

图 5-3-19 弯曲展开标注

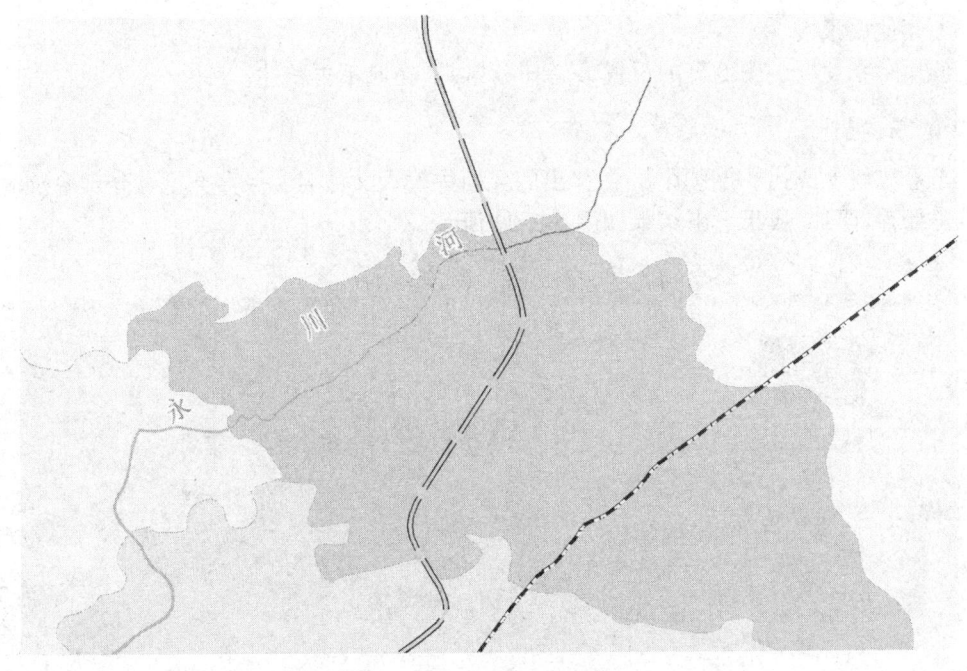

图 5-3-20　弯曲标注效果

（2）插入图片。

在地图中可插入重点旅游景区图片及简介说明，可增添专题地图的特色，使地图内容更丰富。在顶部工具栏中依次点击【插入】→【图片】，加载存储图片的文件夹，选择对应的图片，调整至合适大小，可适当配文字描述，插在地图空白处即可。插好图片后双击图片，进入属性界面，勾选【将图像保存为文档的一部分】，如图 5-3-21 所示。

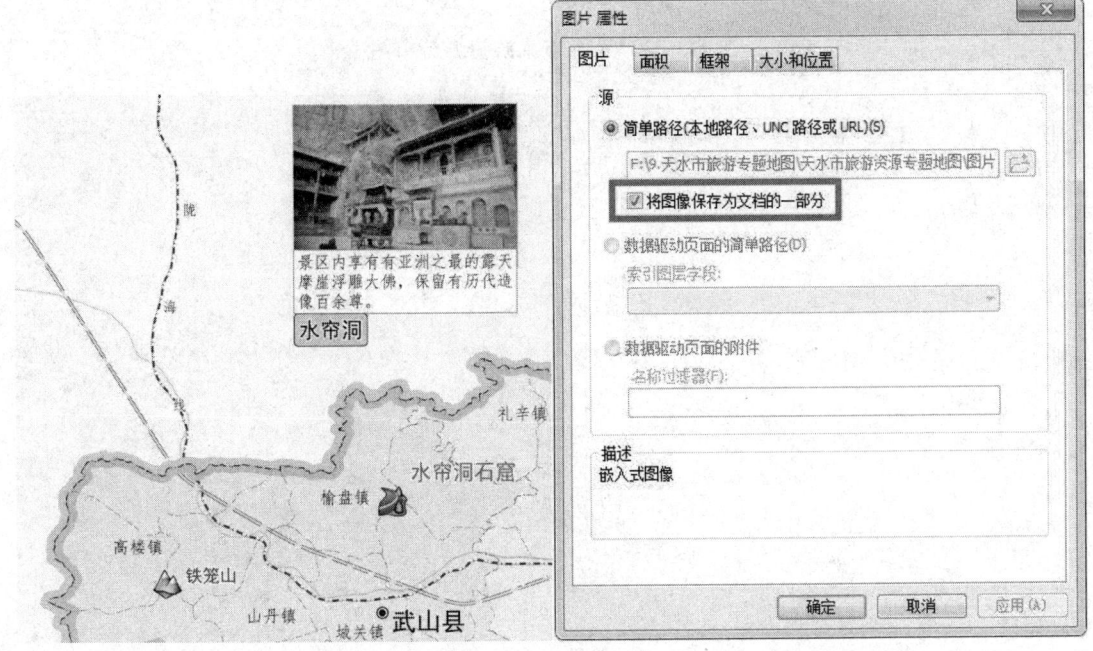

图 5-3-21　插入图片

(3)其他要素。

比例尺、指北针、图例等的设置参考任务 5-1，在此不再赘述。

7. 成果输出

点击【文件】→【导出地图】，在弹出的界面中输入文件名、保存类型、分辨率及输出格式，点击保存即可。成果输出结果如图 5-3-22 所示。

图 5-3-22　天水市旅游资源分布图

参考文献

[1] 汤国安,杨昕. ArcGIS 地理信息系统空间分析实验教程[M]. 2 版. 北京：科学出版社，2012.

[2] 闫磊. ArcGIS 从 0 到 1[M]. 北京： 北京航空航天大学出版社，2019.

[3] 吴建华，跃锋. ArcGIS 软件与应用[M]. 北京： 电子工业出版社，2017.

[4] 晁怡，郑贵洲，杨乃. ArcGIS 地理信息系统分析与应用[M]. 北京：电子工业出版社，2018.

[5] 尹海峰，孔繁花. 城市与区域规划空间分析实验教程[M]. 2 版. 南京：东南大学出版社，2016.

[6] 谭衢霖，胡吉平，王斌. 地理空间信息技术应用高级实验教程[M]. 北京：北京交通大学出版社，2014.

[7] 王美玲，付梦印. 地图投影与坐标变换[M]. 北京：电子工业出版社，2014.

附 录

附录A　ArcGIS 基本概念

（1）地图文档（MXD）：在 ArcGIS 中，一个地图存储数据源的表达方式（地图、图表、表格）以及空间参考。在 ArcGIS 中保存一个地图时，ArcMap 将创建与数据的链接，并把这些链接与具体的表达方式保存起来。当打开一个地图时，它会检查数据链接，并且用存储的表达方式显示数据。一个保存的地图并不真正存储显示的空间数据。

（2）数据框架（Data Frame）：在"新建地图"操作中，系统自动创建了一个名称为"Layers"的数据框架。在 ArcGIS 中，一个数据框架显示统一地理区域的多层信息。一个地图中可以包含多个数据框架，同时一个数据框架中可以包含多个图层。例如，一个数据框架包含中国的行政区域等信息，另一个数据框架表示中国在世界上的位置。但在数据操作时，只能有一个数据框架处于活动状态。在 Data View 中只能显示当前活动的数据框架，而在 Layout View 可以同时显示多个数据框架，并且它们在版面布局上也是可以任意调整的。

（3）要素类：具体的点、线、面和注记数据，也就是常说的矢量数据。

（4）组图层：有时需要把一组数据源组织到一个图层中，把它们看作 Contents 窗口中的一个实体。例如，有时需要把一个地图中的所有图层放在一起或者把与交通相关的图层（如道路、铁路和站点等）放在一起，以方便管理。

（5）元素：注记的文本，布局的数据框、插入的图片、插入的图例、绘图工具条中画点、线、面等。

（6）表：就是数据库属性表，是标准二维表格，列是字段，行是记录。

（7）图层：ArcGIS 可以将多种数据类型作为数据层进行加载，诸如 AutoCAD 矢量数据 DWG，ArcGIS 的矢量数据 Coverage、GeoDatabase、TIN 和栅格数据 GRID，ArcView 的矢量数据 Shapefile，ERDAS 的栅格数据 Imagefile，USDS 的栅格数据 DEM 等。注意，如没有相应的工作站授权，则 Coverage 数据不能直接编辑，要编辑需要将 Coverage 转换成 Shapefile。

（8）几何要素类型：包括点（point）、线（polyline）、面（Polygon）、点集（Multipoint）、面集（MultiPatch）。

（9）数据精度：由比例尺决定，是以肉眼观察最小距离（0.1 mm），乘以对应比例尺（如 1∶10 000），0.1 mm × 10 000=1 m，其他比例尺以此类推，1∶2 000，就是 0.2 m，1∶500 就是 0.05 m，即 5 cm。

（10）像元：栅格数据中最小的信息单位。每个像元都代表地球上对应单位区域位置上的某一测量值，也称像素。

（11）影像数据：一个离散的阵列代表一幅连续的图像，最小单位为像元，一个像元的高度和宽度就是分辨率，一个像元有几个值，就有几个波段。影像数据可以存储为 TIF、IMG

等，也可以放在数据库中。在 ArcGIS 中，所有影像也称为栅格数据，一个栅格数据也称为栅格数据集。

（12）工作空间（Workspace）：对于 SHP 和 TIF 影像，它所在的文件夹就是它的工作空间，不含子文件夹；数据库的数据、地理数据库就是它的工作空间。工具箱工具参数是工作空间，可以选文件夹，也可以选择地理数据库（可以文件数据库 GDB 或个人数据库 MDB）。

（13）数据集（Dataset）：数据集是所有数据的统一称呼，可以是要素类，也可以是要素数据集，还可以是栅格数据。

（14）镶嵌数据集：存在地理数据中，可用于管理、显示、提供和分发栅格数据。

（15）结构化查询语言（Structured Query Language，SQL）：结构化查询语言是一种数据库查询语言，包括分数据操作语言（DML）和数据定义语言（DDL）。其中，DML 包括 SELECT、UPDATE、DELETE、INSERTINTO；DDL 包括创建、修改、删除所有的数据库、表和索引的操作。

（16）制图综合：由大比例尺地图缩编（修改）成小比例尺地图的过程。

（17）默认数据库：ArcGIS 工具箱所有输出默认放在数据库，每个地图文档都有一个默认地理数据库。右击一个文件地理库在其右键菜单中可以设置默认数据库。

（18）默认工作目录：存储地图文档的文件夹位置，在 ArcCatalog 最上面，添加数据，查看数据很方便。保存地图文档，打开文档时，文档所在位置就是默认工作目录。

（19）锚点：默认锚点是图形的几何中心，是图形旋转基点，可以使用旋转按钮改变锚点，使用 S（Second）快捷键，可以增加第二锚点。

（20）XY 容差：是坐标之间的最小距离，小于该距离的坐标将捕捉到一起。

（21）拓扑容差：是坐标之间的最小距离，大于拓扑容差检查错误，小于等于拓扑容差不检查错误。

（22）参考比例尺：一般为地图打印比例尺和数据建库的比例尺。

附录 B　ArcGIS 常用快捷键

ArcGIS 常用的快捷键见附表 B1。

附表 B1　常用键盘快捷键

快捷方式	命令含义
Ctrl+N	新建 MXD 文件
Ctrl+O	打开 MXD 文件
Ctrl+S	保存 MXD 文件
Alt+F4	退出 ArcGIS
Ctrl+Z	撤销以前操作，编辑状态是撤销之前的编辑
Ctrl+Y	恢复以前操作，编辑状态是恢复之前的编辑
Ctrl+X	剪切选择的对象（要素和元素）
Ctrl+C	复制选择的对象（要素和元素）
Ctrl+V	粘贴复制的对象（要素和元素）
Delete	删除选择的对象（要素和元素）
F1	ArcGIS Desktop 帮助
F2	重命名（在内容列表重命名图层名，在 ArcCatalog 重命名数据名）
F5	刷新并重新绘制地图显示画面
Ctrl+F	打开搜索窗口
Z	放大
X	缩小
C	连续缩放/平移（点击拖动鼠标可进行缩放；右击拖动鼠标可进行平移）
Q	漫游（按住鼠标滚轮，待光标改变后进行拖动，或者按住 Q）
ESC	取消

附录 C ArcGIS 使用注意事项

1. 可能出现的中文问题

（1）不建议安装在中文路径下。

（2）计算机名称不建议用中文。

（3）临时文件所在的 temp 文件夹不建议用中文。

2. 1935 错误

安装提示 1935 错误，说明注册表内存太小，修复方法如下：

（1）在命令行中运行 regedit.exe，找到对应的位置修改注册表：HKEY_LOCAL_MACHINE\System\CurrentControlSet\Control；Key：RegistrySizeLimit；Type：REG_DWORD；Value 修改为：0xffffffff（4294967295）。

（2）需要重启电脑，修改才有效。解决计算机问题的 5 个方法：① 重启。重启软件是最简单的方式，重启 ArcGIS 就可以解决很多问题。② 杀病毒。装杀毒软件，保持电脑不要有病毒。③ 重装系统。④ 备份。电子数据很容易丢失。⑤ 网上搜索。

3. 设置不对或无对应授权文件

出现附图 C1 所示的"未经许可的工具"弹框所示的问题，可能是因为没有对应授权文件，或者未在扩展模块中勾选对应模块。解决方法为附图 C2 所示在 ArcGIS【自定义】菜单栏中点击【扩展模块】子菜单，勾选扩展模块对话框中的所有模。

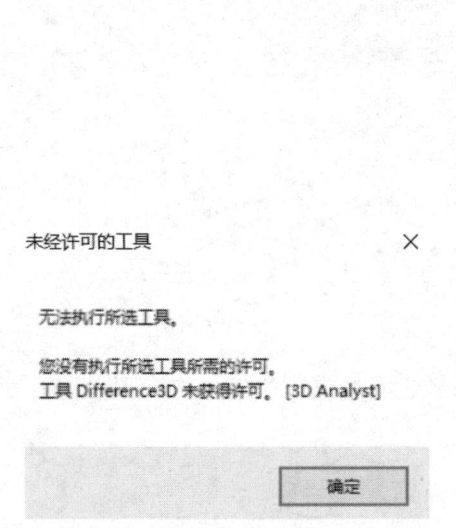

附图 C1 未经许可的工具提示框

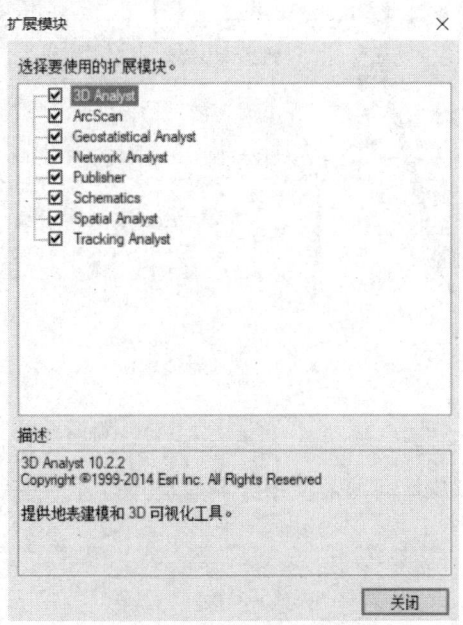

附图 C2 勾选扩展模块

4. 缺少".NET Framework 3.5sp1"运行环境

由于 ArcGIS10.2 以上版本安装与运行需要微软的".NET Framework 3.5sp1"运行环境，因此若电脑未安装该运行环境则弹出附图 C3 所示的对话框。解决方法为去微软官网下载并安装该运行环境。（注：安装".NET Framework 3.5sp1"需在线联网安装。）

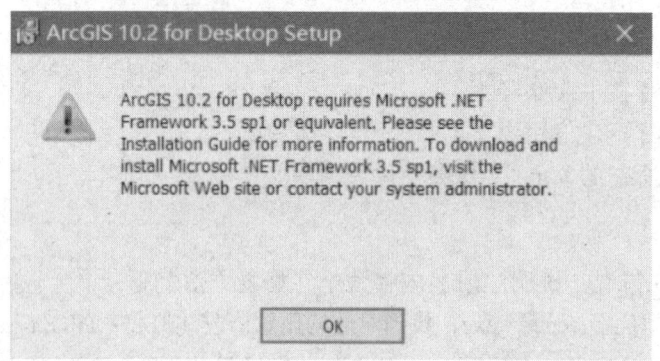

附图 C3　未安装".NET Framework 3.5sp1"运行环境

5. ArcScan 半自动矢量化问题

在使用 ArcScan 工具，进行人机交互矢量化栅格数据时，常出现附图 C4 所示的警告提示，而不能正常使用该工具进行矢量化。

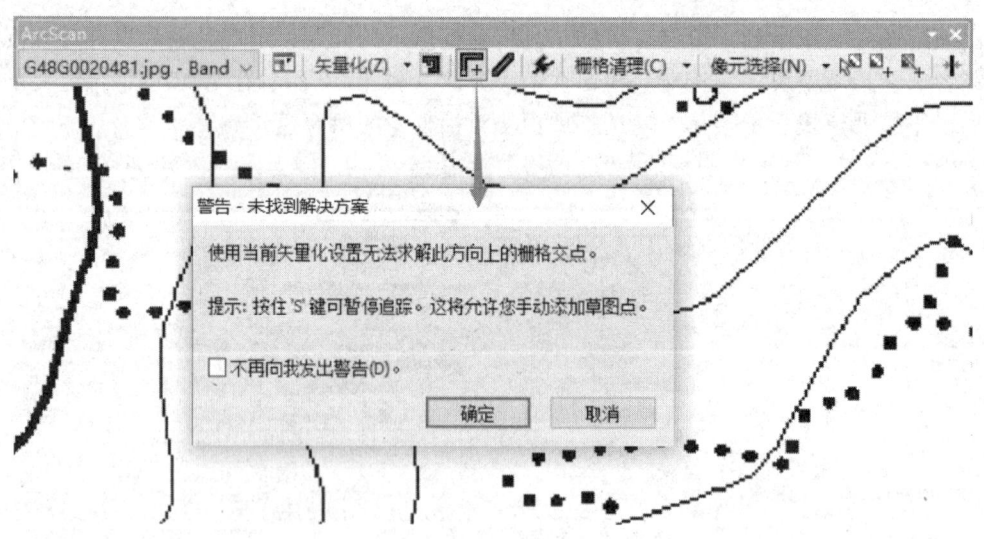

附图 C4　ArcScan 警告

解决该问题需使用经典捕捉并设置一些基本参数，具体操作如附图 C5、附图 C6 所示。

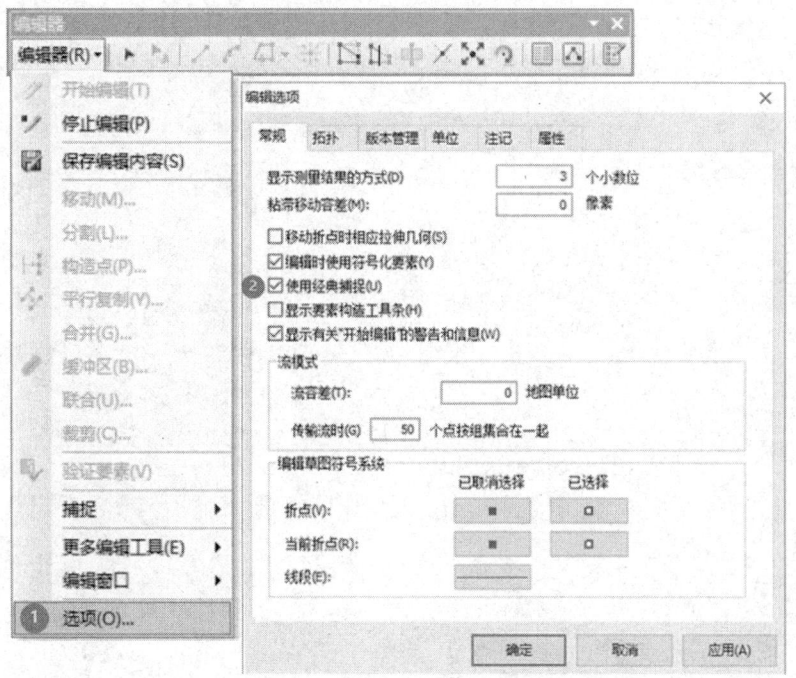

附图 C5　开启经典捕捉

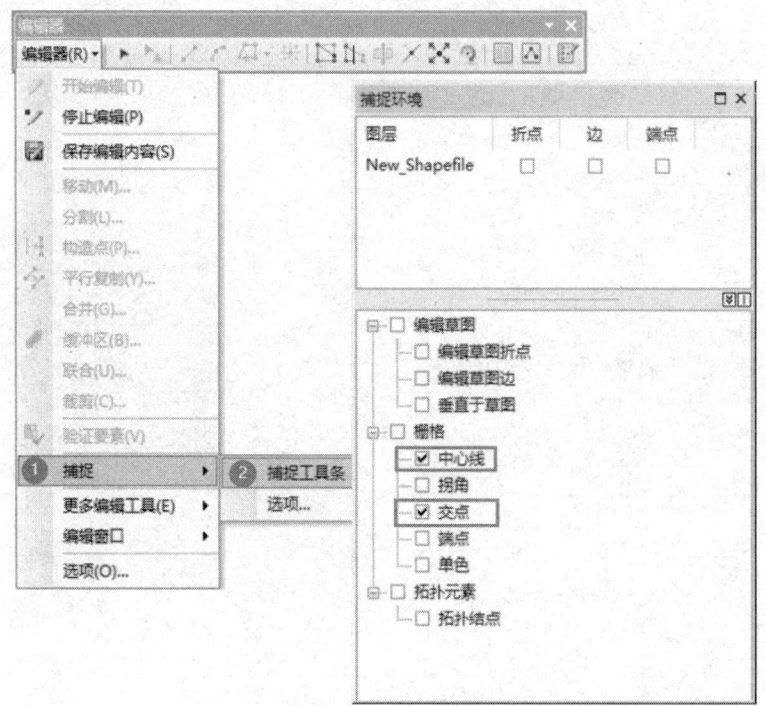

附图 C6　设置捕捉环境